国家出版基金项目
NATIONAL PUBLICATION FOUNDATION

ARJ21新支线飞机技术系列

主编 郭博智 陈 勇

支线飞机市场研究 技术与方法

Market Research Technology and Methodology for Regional Aircraft

陈 勇 杨 洋 等 编著

上海交通大学 出版社
SHANGHAI JIAO TONG UNIVERSITY PRESS

大飞机读者俱乐部

内容提要

　　本书全面、系统地介绍了民用飞机市场工程的基本理论、方法和技能,围绕市场战略、产品战略两条主线,对包括民用飞机市场预测、销售支援、运营经济性及资产管理、客户化选型、政策环境分析、项目市场可行性及经济可行性分析、产品实现过程管理等在内的各项市场工程工作进行了详细阐述,重点是对以 ARJ21 新支线飞机为代表的国产民用飞机市场研究和市场开拓工作中摸索形成的理论、方法进行系统总结,力争为国内民用飞机的市场研究及市场营销工作提供一本结合型号实际经验、可资参考的专业工具书。

图书在版编目(CIP)数据

支线飞机市场研究技术与方法/陈勇等编著.—上海:
上海交通大学出版社,2017
(大飞机出版工程)
ISBN 978 - 7 - 313 - 17926 - 5

Ⅰ.①支…　Ⅱ.①陈…　Ⅲ.①民用飞机-研究　Ⅳ.①V271

中国版本图书馆 CIP 数据核字(2017)第 197733 号

支线飞机市场研究技术与方法

编　　著:陈 勇 杨 洋 等			
出版发行:上海交通大学出版社		地　　址:上海市番禺路 951 号
邮政编码:200030		电　　话:021 - 64071208
出 版 人:谈　毅			
印　　制:上海万卷印刷有限公司		经　　销:全国新华书店
开　　本:710 mm×1000 mm　1/16		印　　张:20
字　　数:379 千字			
版　　次:2017 年 12 月第 1 版		印　　次:2017 年 12 月第 1 次印刷
书　　号:ISBN 978 - 7 - 313 - 17926 - 5/V			
定　　价:168.00 元			

大飞机出版工程

丛 书 编 委 会

总主编
顾诵芬（中国航空工业集团公司科技委原副主任、中国科学院和中国工程院院士）

副总主编
贺东风（中国商用飞机有限责任公司董事长）
林忠钦（上海交通大学校长、中国工程院院士）

编委会（按姓氏笔画排序）
王礼恒（中国航天科技集团公司科技委主任、中国工程院院士）
王宗光（上海交通大学原党委书记、教授）
刘　洪（上海交通大学航空航天学院副院长、教授）
任　和（中国商飞上海飞机客户服务公司副总工程师、教授）
李　明（中国航空工业集团沈阳飞机设计研究所科技委委员、中国工程院院士）
吴光辉（中国商用飞机有限责任公司副总经理、总设计师、中国工程院院士）
汪　海（上海市航空材料与结构检测中心主任、研究员）
张卫红（西北工业大学副校长、教授）
张新国（中国航空工业集团副总经理、研究员）
陈　勇（中国商用飞机有限责任公司工程总师、ARJ21飞机总设计师、研究员）
陈迎春（中国商用飞机有限责任公司C929飞机总设计师、研究员）
陈宗基（北京航空航天大学自动化科学与电气工程学院教授）
陈懋章（北京航空航天大学能源与动力工程学院教授、中国工程院院士）
金德琨（中国航空工业集团公司原科技委委员、研究员）
赵越让（中国商用飞机有限责任公司总经理、研究员）
姜丽萍（中国商用飞机有限责任公司制造总师、研究员）
曹春晓（中国航空工业集团北京航空材料研究院研究员、中国工程院院士）
敬忠良（上海交通大学航空航天学院常务副院长、教授）
傅　山（上海交通大学电子信息与电气工程学院研究员）

ARJ21 新支线飞机技术系列

编委会

总　　序

　　国务院在 2007 年 2 月底批准了大型飞机研制重大科技专项正式立项,得到全国上下各方面的关注。"大型飞机"工程项目作为创新型国家的标志工程重新燃起我们国家和人民共同承载着"航空报国梦"的巨大热情。对于所有从事航空事业的工作者,这是历史赋予的使命和挑战。

　　1903 年 12 月 17 日,美国莱特兄弟制作的世界第一架有动力、可操纵、比重大于空气的载人飞行器试飞成功,标志着人类飞行的梦想变成了现实。飞机作为 20 世纪最重大的科技成果之一,是人类科技创新能力与工业化生产形式相结合的产物,也是现代科学技术的集大成者。军事和民生对飞机的需求促进了飞机迅速而不间断的发展和应用,体现了当代科学技术的最新成果;而航空领域的持续探索和不断创新,为诸多学科的发展和相关技术的突破提供了强劲动力。航空工业已经成为知识密集、技术密集、高附加值、低消耗的产业。

　　从大型飞机工程项目开始论证到确定为《国家中长期科学和技术发展规划纲要》的十六个重大专项之一,直至立项通过,不仅使全国上下重视我国自主航空事业,而且使我们的人民、政府理解了我国航空事业半个多世纪发展的艰辛和成绩。大型飞机重大专项正式立项和启动使我们的民用航空进入新纪元。经过 50 多年的风雨历程,当今中国的航空工业已经步入了科学、理性的发展轨道。大型客机项目产业链长、辐射面宽、对国家综合实力带动性强,在国民经济发展和科学技术进步中发挥着重要作用,我国的航空工业迎来了新的发展机遇。

　　大型飞机的研制承载着中国几代航空人的梦想,在 2016 年造出与波音公司

B737和空客公司A320改进型一样先进的"国产大飞机"已经成为每个航空人心中奋斗的目标。然而,大型飞机覆盖了机械、电子、材料、冶金、仪器仪表、化工等几乎所有工业门类,集成数学、空气动力学、材料学、人机工程学、自动控制学等多种学科,是一个复杂的科技创新系统。为了迎接新形势下理论、技术和工程等方面的严峻挑战,迫切需要引入、借鉴国外的优秀出版物和数据资料,总结、巩固我们的经验和成果,编著一套以"大飞机"为主题的丛书,借以推动服务"大飞机"作为推动服务整个航空科学的切入点,同时对于促进我国航空事业的发展和加快航空紧缺人才的培养,具有十分重要的现实意义和深远的历史意义。

　　2008年5月,中国商用飞机有限公司成立之初,上海交通大学出版社就开始酝酿"大飞机出版工程",这是一项非常适合"大飞机"研制工作时宜的事业。新中国第一位飞机设计宗师——徐舜寿同志在领导我们研制中国第一架喷气式歼击教练机——歼教1时,亲自撰写了《飞机性能及算法》,及时编译了第一部《英汉航空工程名词字典》,翻译出版了《飞机构造学》《飞机强度学》,从理论上保证了我们的飞机研制工作。我本人作为航空事业发展50多年的见证人,欣然接受上海交通大学出版社的邀请担任该丛书的主编,希望为我国的"大飞机"研制发展出一份力。出版社同时也邀请了王礼恒院士、金德琨研究员、吴光辉总设计师、陈迎春副总设计师等航空领域专家撰写专著、精选书目,承担翻译、审校等工作,以确保这套"大飞机"丛书具有高品质和重大的社会价值,为我国的大飞机研制以及学科发展提供参考和智力支持。

　　编著这套丛书,一是总结整理50多年来航空科学技术的重要成果及宝贵经验;二是优化航空专业技术教材体系,为飞机设计技术人员的培养提供一套系统、全面的教科书,满足人才培养对教材的迫切需求;三是为大飞机研制提供有力的技术保障;四是将许多专家、教授、学者广博的学识见解和丰富的实践经验总结继承下来,旨在从系统性、完整性和实用性角度出发,把丰富的实践经验进一步理论化、科学化,形成具有我国特色的"大飞机"理论与实践相结合的知识体系。

　　"大飞机出版工程"丛书主要涵盖了总体气动、航空发动机、结构强度、航电、制造等专业方向,知识领域覆盖我国国产大飞机的关键技术。图书类别分为译著、专著、教材、工具书等几个模块;其内容既包括领域内专家们最先进的理论方法和技术成果,也包括来自飞机设计第一线的理论和实践成果。如:2009 年出版的荷兰原福克飞机公司总师撰写的 *Aerodynamic Design of Transport Aircraft*(《运输类飞机的空气动力设计》);由美国堪萨斯大学 2008 年出版的 *Aircraft Propulsion*(《飞机推进》)等国外最新科技的结晶;国内《民用飞机总体设计》等总体阐述之作和《涡量动力学》《民用飞机气动设计》等专业细分的著作;也有《民机设计 1000 问》《英汉航空双向词典》等工具类图书。

　　该套图书得到国家出版基金资助,体现了国家对"大型飞机"项目以及"大飞机出版工程"这套丛书的高度重视。这套丛书承担着记载与弘扬科技成就、积累和传播科技知识的使命,凝结了国内外航空领域专业人士的智慧和成果,具有较强的系统性、完整性、实用性和技术前瞻性,既可作为实际工作指导用书,亦可作为相关专业人员的学习参考用书。期望这套丛书能够有益于航空领域里人才的培养,有益于航空工业的发展,有益于大飞机的成功研制。同时,希望能为大飞机工程吸引更多的读者来关心航空、支持航空和热爱航空,并投身于中国航空事业做出一点贡献。

2009 年 12 月 15 日

序

民用飞机产业是大国的战略性产业。民用客机作为一款高附加值的商品,是拉动国家经济发展的重要力量,是体现大国经济和科技实力的重要名片,在产业和科技上具有强大的带动作用。

自新中国成立以来,中国民机产业先后成功地研制了 Y–7 系列涡桨支线客机和 Y–12 系列涡桨小型客机等民用飞机。在民用喷气客机领域,曾经在 20 世纪 70 年代自行研制了运–10 飞机,国际合作论证了 MPC–75、AE–100 等民用客机,合作生产了 MD–80 和 MD–90 飞机。民机制造业转包生产国外民机部件,但始终没有成功研制一款投入商业运营的民用喷气客机。

支线航空发展迫在眉睫。2002 年 2 月,国务院决定专攻支线飞机,按照市场机制发展民机,并于 11 月 17 日启动 ARJ21 新支线飞机项目,意为"面向 21 世纪的先进涡扇支线飞机(Advanced Regional Jet for the 21st Century)"。从此,中国民机产业走上了市场机制下的自主创新之路。

ARJ21 作为我国民机历史上第一款按照国际通用适航标准全新研制的民用客机,承担着中国民机产业先行者和探路人的角色。跨越十五年的研制、取证和交付运营过程,经历的每一个研制阶段,解决的每一个设计、试验和试飞技术问题,都是一次全新的探索。经过十五年的摸索实践,ARJ21 按照民用飞机的市场定位打通了全新研制、适航取证、批量生产和客户服务的全业务流程,突破并积累了喷气客机全寿命的研发技术、适航技术和客户服务技术,建立了中国民机产业技术体系和产业链,为后续大型客机的研制打下了坚实的基础。

习近平总书记考察中国商飞公司时要求改变"造不如买、买不如租"的逻辑,坚持民机制造事业"不以难易论进退",在 ARJ21 取证后要求"继续弘扬航空报国精神,总结经验、迎难而上"。马凯副总理 2014 年 12 月 30 日考察 ARJ21 飞机时,指出,"要把 ARJ21 新支线飞机项目研制和审定经验作为一笔宝贵财富认真总结推广"。工信部副部长苏波指出:"要认真总结经验教训,做好积累,形成规范和手册,指导 C919 和后续大型民用飞机的发展。"

编著这套书,一是经验总结,总结整理 2002 年以来 ARJ21 飞机研制历程中设计、取证和交付各阶段开创性的重要成果及宝贵经验;二是技术传承,将民机研发技术专家、教授、学者广博的学识见解和丰富的实践经验总结继承下来,把丰富的实践经验进一步理论化、科学化,形成具有我国特色的民机理论与实践相结合的知识体系,为飞机设计技术人员提供参考和学习的材料;三是指导保障,为大飞机研制提供有力的技术保障。

丛书主要包括了项目研制历程、研制技术体系、研制关键技术、市场研究技术、适航技术、运行支持系统、关键系统研制和取证技术、试飞取证技术等分册的内容。本丛书结合了 ARJ21 的研制和发展,探讨了支线飞机市场技术要求、政府监管和适航条例、飞机总体、结构和系统关键技术、客户服务体系、研发工具和流程等方面的内容。由于民用飞机适航和运营要求是统一的标准,在技术上具有高度的相似性和相关性,因此 ARJ21 在飞机研发技术、适航验证和运营符合性等方面取得的经验,可以直接应用于后续的民用飞机研制。

ARJ21 新支线飞机的研制过程是对中国民机产业发展道路成功的探索,不仅开发出一个型号,而且成功地锤炼了研制队伍。参与本套丛书撰写的专家均是 ARJ21 研制团队的核心人员,在 ARJ21 新支线飞机的研制过程中积累了丰富且宝贵的实践经验和科研成果。丛书的撰写是对研制成果和实践经验的一次阶段性的梳理和提炼。

ARJ21 交付运营后,在飞机的持续适航、可靠性、使用维护和经济性等方面,继续经受着市场和客户的双重考验,并且与国际主流民用飞机开始同台竞技,因此需要针对运营中间发现的问题进行持续改进,最终把 ARJ21 飞机打造成为一款航空公司愿意用、飞行员愿意飞、旅客愿意坐的精品。

ARJ21是"中国大飞机事业万里长征的第一步",通过ARJ21的探索和积累,中国的民机产业会进入一条快车道,在不远的将来,中国民机将成为彰显中国实力的新名片。ARJ21将继续肩负着的三大历史使命前行,一是作为中国民机产业的探路者,为中国民机产业探索全寿命、全业务和全产业的经验;二是建立和完善民机适航体系,包括初始适航、批产及证后管理、持续适航和运营支持体系等,通过中美适航当局审查,建立中美在FAR/CCAR-25部大型客机的适航双边,最终取得FAA适航证;三是打造一款具有国际竞争力的喷气支线客机,填补国内空白、实现技术成功、市场成功、商业成功。

这套丛书获得2017年度国家出版基金的支持,表明了国家对"ARJ21新支线飞机"的高度重视。这套书作为上海交通大学出版社"大飞机出版工程"的一部分,希望该套图书的出版能够达到预期的编著目标。在此,我代表编委会衷心感谢直接或间接参与本系列图书撰写和审校工作的专家和学者,衷心感谢为此套丛书默默耕耘三年之久的上海交通大学出版社"大飞机出版工程"项目组,希望本系列图书能为我国在研型号和后续型号的研制提供智力支持和文献参考!

ARJ21总设计师

2017年9月

前　言

　　比尔·盖茨说:"莱特兄弟创造了自书写发明以来唯一的最伟大文化力,飞机成为第一个互联网,它把人、语言、理念和价值联系在一起。"的确,虚拟的互联网,实现了全球亿万人的信息共享和高速传递。由遍布全球的航空网络构成的"实体互联网",是现代全球社会和经济快速运行的血脉,山川湖海不再是阻隔交通的地理障碍,乘飞机在24小时内几乎可以到达地球的任何一个城市,人员、理念、科技、文化和货物的快速交流成为现实。2014年,全球约有1 400家航空公司,在50 000多条航线上运营25 000多架飞机,每天执行99 700个航班,运送860万旅客。乘坐飞机,已成为今天人们商务或休闲出行的基本选项之一。

　　在这"实体互联网"中,罕见"中国制造"的身影,这正是中国人"大飞机梦"的发端。ARJ21和C919项目寄托着中国人的大飞机梦,它们将见证中国航空人如何把"中国制造"扩展到商用飞机领域。

　　中国航空人的"圆梦之旅"将是一次艰辛之旅,而起步要做好的第一件事是市场研究。当飞机制造商要启动一个总投资动辄数百亿的商用飞机项目时,它首先要认真研究:市场需要什么样的飞机。当飞机制造商向目标市场推出它的飞机产品时,首先要向客户证明:这款飞机能满足你的市场需求。即使是高手如云的波音公司和空中客车公司(简称空客公司),做市场也偶有失手的时候。十余年前,空客公司的市场专家认为,市场将进一步集中,枢纽到枢纽航线将是重点发展方向,据此研发了550座级大型客机A380;但波音公司的市场专家却认为,市场分割(market fragmentation)趋势将是主流,绕过枢纽的直达远程航班将更受欢迎,据此研发了超远程中型宽体客机B787。后来的事实无情地证实,空客公司输了这场争辩,虽然A380飞机的燃油效率低至创纪录的每客百公里仅3 L油耗,但A380的订单数远低于预期,为市场研究的失手付出了惨重的代价。

　　市场研究要求市场工程师的视野足够宽,能够依据历史和现状,合理预测未来;要求市场工程师的视野足够深,能够综合利用市场、技术和经济性的知识,评估飞机产品的价值所在,支持飞机产品的研发和销售。本书将要讨论的内容是:市场工程师对飞机产品的研发和销售,要做哪些市场研究以及怎样做市场研究。

1) 航空运输的市场价值

由于航空运输对社会和经济的巨大带动作用,它一直以高于GDP增速的速度在快速发展。我们不禁要问,与地面和水面交通体系相比,航空运输的市场价值在哪里? 而航空市场研究,就应该从它的市场价值着手去研究航空市场的发展方向。

毫无疑问,航空运输的核心价值是"省时"。为了便于讨论,我们把"旅客的旅行时间"定义为"途中时间、地面延展时间和等待航班时间之总和";把"等待航班时间"定义为"旅客优选的出发时间与最近可利用航班时刻之差"。于是,下面列举的航空市场研究中的一些费解的问题就变得清晰而易于理解。

(1) 航班频率是航空公司最重要的竞争手段。

增加航班频率,缩短旅客"等待航班时间",提升航空的核心价值,对于旅客(尤其是对时间敏感的公、商务旅客)有巨大的吸引力。如航班频率偏低,旅客等待时间过长,他可能转而选择其他替代交通方式(如高铁或公路)出行,或选择其他航空公司的航班。此外,提高航线覆盖率和航班衔接率,也是提升航空核心价值的重要手段。

(2) 航空与高铁的竞争。

飞机虽然途中时间短,但考虑到地面延展时间(机场远离市中心、办理乘机手续及安检的时间长),对于800 km航程以内的航线,航空运输的时间优势荡然无存,高铁的替代性很强。对于1 200 km航程以上航线,航空运输的时间优势依然存在,高铁的替代性不明显。

(3) 相同舱位,差别定价。

差别定价的基础是区分消费群体。公、商务旅客与休闲度假旅客相比,有两个特点,第一,时间价值高,价格敏感度低,愿为"省时"付高价;第二,"购票窗口"短,要求随到随走,愿为保留座位支付风险补偿。提高航班频率,为公、商务旅客提供更多的时间选择并缩短等待时间,是提升航空时间价值的根本措施。航空公司一方面,向支付高价的公、商务旅客提供随到随走和灵活改变旅程的权利;另一方面,利用支付低价的休闲度假旅客填满"剩余座位",但他们必须接受提前订票、不可改签或不可退票的约束。

(4) 航空联盟和"代码共享"。

航空联盟的主要特色是"代码共享"。"代码共享"指的是两家或两家以上航空公司依据"代码共享协议"共享同一个航班。你从某家航空公司订购机票,实际上乘坐的可能是由另一家协议航空公司运营的不同航班编号(即"代码")的航班。"代码共享"意味着航班频率的增加,可以利用协议航空公司的航线网络,把自己的服务网络延伸到更多的目的地(提高航线覆盖率),在协议航空公司之间相互借力,提升竞争力。

(5)支线航空的困局。

由于小座级的支线机单位运行成本高,中国航空公司普遍采用窄体机来运营客流量低的支线市场。其结果是航班频率很低,航空的"省时"优势不复存在,支线航空的发展受到严重抑制。另一个原因是中国适合于发展支线航空的西部机场运行条件恶劣,现役支线机严重限载。解决困局的希望在国产支线机身上。

2) 航空市场研究的意义

美国投资大师沃伦·巴菲特曾有一句戏言:投资者应当在莱特兄弟的第一架飞机上天时,就将它打下来。其意思是说,投资航空公司,几乎无利可图。图0-1展示了一个令人意想不到的结论:在美国资本市场中,星巴克的市值超过在经济和社会生活中占有非常重要地位的美国航空运输业市值的总和。

星巴克的市值超过美国航空运输业市值的总和
(单位:10亿美元,2011年10月1日。资料来源:ATA)

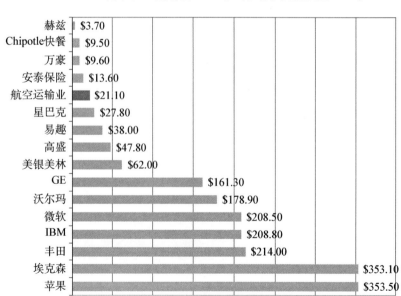

图0-1　美国航空运输业在资本市场中的地位

航空运输业不是一个容易挣钱的行业。从图 0-2 可以看出,进入 21 世纪以来,航空运输业总体上亏多盈少,受外部经济波动(2001 年的"9·11"恐怖事件和 2008 年的金融危机)的冲击很大;2013 年称得上是好年景,航空公司从每一个旅客获取的平均净利润是 3.39 美元,全球航空运输业的平均投资回报率(ROIC)为 4.5%,而其他行业投资者的 ROIC 期望值为 7%~8%。图 0-3 给出了2012 年全球航空公司平均每张机票的收益、成本和净利润统计数据,从每一个旅客获取的平均收益是 228.26 美元,扣除税和债务后的平均净利润仅为 2.56 美元。

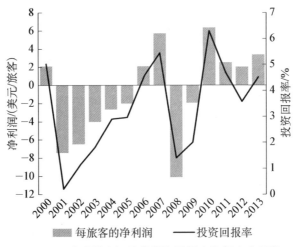

图 0-2　全球航空运输业投资回报率和每客净利润

资料来源:IATA,ICAO。

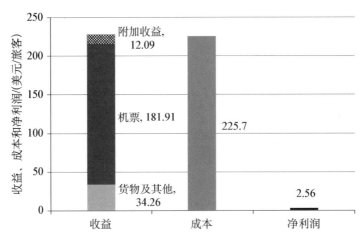

图 0-3　全球航空公司平均每张机票的收益、成本和净利润统计数据（2012 年）

资料来源:IATA。

航空运输业"挣钱难"的原因是多方面的。其中,最重要的原因之一是运力相对固定与市场需求波动的矛盾。航空公司一旦购买或租赁了飞机,其运力供给量相对固定,而市场需求是波动变化的,随经济周期而波动,随旅游季节而波动,每周和每日不同时段的客流量也是周期性波动。要达到运力与需求的合理匹配,需要市场工程分析人员对经济环境(国民经济增速和油价等)、政策环境(产业政策和税收政策等)和市场环境(客流量、上座率、航班频率、替代交通和同行的竞争等)做出可信的评估,然后提出机队配置和航班计划的实施方案。

造成航空运输业挣钱难的另一个重要因素,是机票价格多年不变而运营成本逐年上升的矛盾。在中国,1997 年给出的机票基准价(0.75 元/千米)至今维持不变,而航油价格和人工成本节节攀升。统计数据表明,在过去的 40 年间,在飞机制造业和航空运输业的共同努力下,成功地把单位运营成本降低到仅是原来的一半。不过,航空公司没有把效率提高的好处留给自己,而是几乎全部让利给乘客,创造了航空运输业快速发展的社会效益。成本的压力,油价的上升,越来越严厉的排放标准,窄小的赢利空间,造成座公里能耗高的飞机被加速淘汰。尤为突出的是,20 世纪 90 年代初才开始风靡市场的 50 座级喷气支线机,10 余年后逐步开始退出了市场。精明的巴西航空工业公司(Embraer)把它的支线客机(如 E190 和 E195)的座位数延伸到 100 座以上,虽然 100 座级以上市场是窄体机的传统地盘,但在 100~120 座级范围里,每排 4 座的支线机与每排 6 座的窄体机相比具有一定的成本优势,且迎合了支线航空发展的趋势,因而获得了不俗的市场业绩。

航空运输业"挣钱难"使得航空公司在选择机型时,关注的不是飞机拥有多少耀眼的先进技术,而是飞机是否适合其市场,是否能挣钱。航空市场的需求在不断变化,航空公司"口味"也在变化。飞机制造商的市场工程研究的意义在于:跟踪市场的变化,以追求航空公司收益最大化为根本目的,为航空公司研发出有市场价值的飞机产品。

3) 航空市场研究的范围

航空市场工程研究的任务,可划分为两种不同的类型:第一类,是支持新机研发的市场工程研究;第二类,是支持新机销售和市场推广的市场工程研究。商用喷气客机通常可划分为:支线客机、单通道客机(也称"窄体机")、双通道客机(也称"宽体机")和大型客机(见图 0-4)。对于不同类型的机型,市场工程研究的任务和范围是类似的。

(1) 支持新机研发的市场工程研究。

当飞机制造商有意开发某一类型商用客机(支线机、窄体机或宽体机)时,要求飞机设计师初步构划出新飞机的大致模样,此时至少需要下述 4 组来自航空

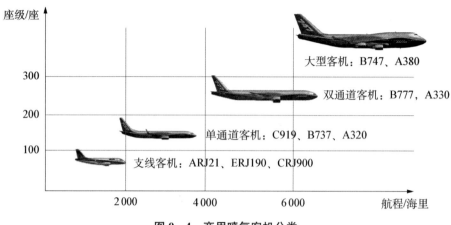

图 0 - 4　商用喷气客机分类

市场分析的数据：

　　a. 飞机座级,依据同类现役机型座级的统计分析。

　　b. 飞机航程,依据同类现役机型运营航线的统计分析。

　　c. 巡航速度,依据同类现役机型巡航速度的统计分析。

　　d. 起降距离,依据同类现役机型运营机场的统计分析。

　　有了这 4 组数据,飞机设计师可以粗略给出新飞机的概念设计方案(包括展示机翼和机身等基本尺寸的飞机三面图、最大起飞重量、最大升力系数和发动机推力需求等)和系列化研发设想。当飞机制造商要与发动机和系统供应商洽谈联合研发新机型、真正启动一个商用飞机项目时,还需要更多更详细的航空市场分析来支持,至少包括:

　　a. 航空市场发展分析和预测:包括经济和航空运输需求预测;目标市场未来 20 年机队演变和新机需求量预测。

　　b. 航空基础设施(机场和空管等)发展评估。

　　c. 航空运输政策变化评估(航空市场开放政策、适航规章、环保政策、税收政策和油价政策等)。

　　d. 同类机型竞争分析和评估。

　　e. 行业竞争(例如低成本航空公司的发展)和替代交通发展分析和评估。

　　(2) 支持新机销售和市场推广的市场工程研究。

　　初步设计阶段结束的标志是设计方案冻结。此时,飞机制造商通常要向飞机潜在客户征求对设计方案的意见,在获得启动客户一定量的定单后才进入详细设计。也就是说,新机销售和市场推广的市场工程研究,在初步设计阶段结束时就已开始,并贯穿飞机产品全寿命。

新机销售和市场推广的市场工程研究,至少包括下述内容:

a. 新机项目的市场适应性分析。包括:目标市场的现状和未来趋势,民航管理当局的政策导向和适航规章修订对飞机构型和运行可能带来的影响,航空旅客特征(商务客或休闲度假客)的变化,同类机型竞争分析等。利用这些分析,确定产品的市场和销售战略,确定潜在客户,编辑、出版和印刷飞机推广和销售的各类材料。

b. 新机项目和同类机型的价值分析和定价建议。

c. 新机项目在目标市场运行的航线适应性分析。

d. 新机项目在目标市场运行的机场适应性分析。

e. 新机项目在目标市场运行的经济性分析。

f. 目标航空公司机队和航线规划建议。

4) 本书写作目的

本书的写作旨在为国内商用飞机的市场研究及市场营销工作提供一本结合型号实际经验、可资参考的工具书。编写组成员均来自于国产民用飞机市场工作一线,在 ARJ21 和 C919 飞机的市场工程工作中积累了丰富的实战经验。在本书写作过程中,编写组对国产民用飞机市场研究和市场开拓工作中摸索形成的理论、方法进行了系统总结,也借鉴了波音、空客等飞机制造商的成功经验和做法,力求覆盖新机研发、新机销售和市场推广过程中的各项市场工程研究工作的需求,为读者提供全面的视角和有益的借鉴。

在本书的编写过程中,得到了来自中国商飞公司市场营销部党铁红副部长、上海飞机设计研究院邵光兴总会计师、上海财经大学陈晓和教授、中国民航飞行学院孙宏教授、中国民航大学于剑教授等众多专家的大力支持和帮助,在此表示衷心感谢。由于编写组水平所限,本书存在的一些不足和错漏之处,敬请读者批评指正。

目　　录

第1篇　市场战略

第2篇　产品战略

第 1 篇　市场战略

民用飞机是综合的高技术产品,价格昂贵、投资风险大,面临的市场竞争又异常激烈,其市场营销工作远较一般产品更为复杂,交易周期也更长,航空公司、租赁公司等客户往往需要对飞机产品及相关服务进行深入、细致的全方位评估之后才能做出购买决策。为了有效地开展民用飞机产品的市场营销工作,尽可能多地获取订单,扩大市场份额,飞机制造商必须建立起强大的市场研究与销售能力,尤其是在航空公司、租赁公司等客户购机决策中的关键考虑因素方面,如客户自身发展需求、飞机性能及适应性、价格及运营经济性、投资回报等。做好需求调查,针对客户当前存在的问题提出解决方案,让客户完全理解其购买决策可能带来的价值,是民用飞机这类高价值产品销售成功的关键。

与此同时,一款民用飞机产品的研发需要花费近十年的时间,而其投入市场之后的生命周期也往往可以延续数十年,如此长周期的市场营销工作必然需要有清晰的战略指引和灵活的战术应用,才能有望获得飞机产品的市场成功和商业成功。在从飞机产品进入市场,到最后衰落退出市场的整个生命周期内,飞机制造商须针对各个阶段制定不同的战略目标,形成相应的市场营销策略。在导入期通常以吸引客户为主要目的,通过各种促销手段、优惠政策把飞机产品引入市场,力争提高其市场知名度;在成长期则以占领市场为目标,营销重点在于保持并扩大市场份额、加速飞机交付;在成熟期则以打造企业品牌为目标,通过开发新的市场来保持和扩大飞机产品的市场份额,通过调整营销组合来刺激销售,并通过飞机产品的改进升级来提高销量;而到了衰退期,战略目标则通常转移至开发新一代飞机产品。因此,建立市场动态分析、市场需求预测、潜在客户评估、销售策略研究、政策研究等市场工程研究能力对于飞机制造商而言就尤为重要。

综合民用飞机产品整个生命周期的市场营销规划和具体销售环节、销售对象的任务需求,后续章节将重点聚焦市场预测、销售支援及客户化选型、运营经济性及资产管理、政策环境等方面,就市场战略主线上开展的主要市场工程工作的内容、方法和流程进行阐述。

市场预测是飞机制造商把握民用飞机市场需求的最基本手段,是正确制定飞机产品市场营销策略的坚实基础。通过对全球及各区域市场航空运量、飞机需求量的分析和预测,飞机制造商可以准确地把握航空运输市场的发展趋势和竞争态势,合理地选择目标市场和营销策略,及时发掘市场机会,判断市场时机。在第2章中,将重点阐述民用喷气支线飞机发展历程,现有市场格局和竞争态势,以及ARJ21工程立项的背景和必然性。在第2章中,我们将重点介绍民用航空市场预测的基本流程、理论模型及主要参数,并阐述市场预测结果的战略意义。

销售支援是飞机制造商开拓市场、促进销售的核心支持力量,关注航空公司、租赁公司等客户的需求,为客户提供价值是其各项工作的根本出发点。机场航线适应性分析、飞行计划可以向客户清楚地表明飞机产品对于其运营环境的适应性;客户市场分析及战略研究可以帮助飞机制造商准确把握客户的需求,发掘销售机会;机队和航线网络规划在为客户提供解决方案、创造价值的同时,促进了飞机产品的销售。而客户化选型是销售过程中的重要环节,以飞机产品的基本构型为基础,通过选型来实现不同客户的多样化构型、功能、性能需求,在规模化和个性化之间寻求平衡。在第3章中,我们结合理论方法、数学模型和案例分析,对上述内容进行了详细阐述。

在第4章,我们重点关注商用飞机的运营经济性、价值评估及定价的分析方法、影响因素和理论模型。运营经济性是航空公司、租赁公司等客户引进飞机时最为关心的问题,是评估不同候选机型的关键性指标,也是飞机制造商向客户展示购机决策带来价值的基础。飞机的保值潜力也是航空公司尤其租赁公司选购飞机的重要决策依据。而定价策略则是飞机制造商营销策略的关键组成部分,直接影响到市场开拓的步伐。此外,我们也提出了飞机引进方式的评估优选方法,以帮助航空公司选择最佳的飞机引进方式、融资方案,解决其资金问题。

第5章的政策环境研究覆盖了航空运输市场政策、产业政策、国外民机扶持政策、国产民机扶持政策、政策制定及执行机制、政策效应评估等内容,旨在帮助飞机制造商深入理解民用飞机产业和航空运输业相关的政策法规,积极为飞机产品的国内外市场开拓创造有利的政策环境。

1   ARJ21 支线飞机市场定位

1.1   对民用航空运输市场和民用飞机的理解

1.1.1   快捷舒适飞行是民用航空发展的原动力

航空器在第一次世界大战后获得迅速发展。虽然航空器最早应用于战争领域，但是来自商业运输体系中的持续需求在极大程度上推动了航空器技术的进一步发展和应用。

航空运输的核心特点就是速度快且机动性强，因此飞机首先是作为汽车和火车旅行的补充出现的，汽车主要用于短途交通出行，而火车作为中长途低成本出行方式与飞机存在着一定的替代性竞争关系，这种竞争推动了铁路技术的进步，高铁的出现又进一步推动了两者竞争与合作的关系。目前飞机已经与汽车、火车、轮船等陆地和海洋交通工具形成了互相竞争，互相促进，共同繁荣的现代交通运输体系，值得一提的是飞机作为跨洋旅行的替代方式，使得曾经辉煌的远洋客轮最终演变成为远洋游轮。

从出现第一架飞机开始，飞机的速度越来越快，同时飞行高度也越来越高，因此导致飞机的舱内压力低，空气稀薄，并且噪声也越来越大；长途旅行又对旅客餐饮的供应和客舱娱乐系统的需求提出了新挑战。基于这些原因，民用飞机制造商不断创新和推出新的航空技术，以设计出更为舒适的客舱，这些也是推动航空技术进步的重要因素。

随着民机市场不断发展壮大，作为航空运输市场的 3 个主体，旅客、航空公司和飞机制造商必然要扩大其商业需求。

旅客除了希望快捷舒适出行外，还希望以相对低廉的票价乘坐飞机，而不是奢侈旅行。这样运载更多旅客、单位成本更低的大型飞机能够更好地压低票价，受到了市场的欢迎；航空公司是以利润为目标，这样就要求飞机采购成本、油耗、维护维修费用等与飞机直接相关的成本更低，以获取最大的利润；飞机制造商希望有足够的市场容量和市场份额，这样可以规模化生产以降低研发和生产成本，而系列化的发展更好地扩展了飞机的市场适应性。

从民机百年的发展历史可以看到,整个交通运输体系之间的竞争和合作,以及航空运输市场主体的本能需求在不断地推动着民机的技术进步,使得飞行更快捷、客舱更舒适成为了民用航空发展的原动力。

1.1.2　民用客机的出现和发展

全世界第一次有记载的商业飞行发生在 1914 年,由一架小型螺旋桨飞机完成,从那时起民用飞机的市场就开始逐步形成。1916 年第一家航空公司在英国成立,1926 年罗孚汉莎航空公司也在德国宣告成立。

到 20 世纪 30 年代,第一款现代意义的民用客机 B247 飞机投入市场,这款采用全金属封闭机身结构的螺旋桨飞机,使得乘飞机旅行不再遭受风吹日晒。同时期,更大商载航程的 DC-3 飞机投入市场,其巡航速度达到 331 km/h,航程达到 3 400 km,最大载客量为 32 人,由于该飞机具有较大的商载航程能力,使得航空公司盈利成为可能。1937 年全美客运量已经达到了 110 万人次,在这一时期,现代民机市场才真正发展起来。

在 20 世纪 40 年代初,洛克希德推出了星座客机,最多可以载客 81 人,巡航速度可以高达 490 km/h,由于飞行高度更高,为了保证客舱舒适性,还采用了增压客舱。星座改进型的航程可以达到 8 000 多公里;道格拉斯同期研制的 DC-6 载客 50 人,该飞机一直使用到 20 世纪 80 年代才退役。这些飞机的出现,使得越洋商业飞行成为现实。至此民机市场已经覆盖了国内和国际航线市场。

1) 民用喷气客机的出现

更快捷、更舒适的飞行始终是人类商业飞行的极致追求。在 20 世纪 50 年代初期,德·哈维兰公司推出了全世界第一款喷气客机"彗星号",从此民机市场按照机型可以划分为螺旋桨和喷气客机。从该阶段开始,喷气客机以其快捷安静的特点,逐步将螺旋桨客机赶出了中远程和越洋航线,使得其只能固守在 1 000 km 以内的航段运营。

在 20 世纪六七十年代诞生的 B737 和 B747 两款飞机,将干线飞机又细分为单通道窄体机和双通道大型宽体机两种,当今全球主要干线飞机制造商基本都是按照这样一种族谱划分来研发竞争性飞机,如空客 A320 就属于和 B737 飞机进行竞争的单通道窄体飞机。

2) 舒适性和商业价值

在航空运输业的早期,飞机制造商一直在追求民用飞机速度的提升,直到超声速客机协和号由于成本和收益的问题退出了民用客机运输市场,制造商对于速度提升的需求才似乎有所止步。

随后飞机制造商不断在舒适性和商业价值方面进行改进和发展。B737 飞机自推出 50 多年来,先后经过两次换发,多次缩短或加长以提高市场适应性;A320 也经过了一次换发,多次加长或缩短来改进和提高航线适应性。这说明了单通道窄体机面向的市场是成熟的,飞机型号也是一个平台,要把它的商业价值发挥到极致,就要根据市场需求不断地升级改型。

但是对于宽体客机,全球第一款 B747 飞机问世以来,在远程和越洋航线上显示出卓越的优势;再后来出现的 B777 和 A330 双发飞机,在发动机和可靠性技术突破的基础上能够实现越洋飞行,并逐步取代了 B747 等早期四发宽体机的主导地位,其最大的优点就是燃油和维修成本的大幅度降低;新一代的 B787 和 A350 更是通过全新材料,飞控、多电和客舱技术等的运用,在点对点远程直飞这个细分市场获得了巨大成功,全面提升了宽体飞机的商业价值。

但是民用飞机更快捷飞行这个初衷并没有被忘记,随着相关技术成熟度的提高,目前发展超声速民用客机已经重新被提上议事日程。

1.1.3　对民机市场的理解

民机市场发展百年,已经演变成为一个日趋成熟和细分的市场,要想研制一款成功的民用客机,必须要充分地研究并找到潜在的市场,甚至提出新的细分市场概念。对于新入市场的制造商必须在快捷、舒适和经济性上下足功夫,研发出具有市场竞争力的机型,才能打破现有市场的垄断秩序。

民用飞机市场成功基于以下 3 个基本条件,分别是全寿命周期的安全性,不断拓展的机场航线适应性,系列化发展和升级。这些条件的最终目标是实现商业价值,让所有市场主体享受到利益。

1) 全寿命周期的安全性

在全寿命周期安全性方面,首先需要按照功能和性能要求设计出满足适航要求的飞机,并通过符合性验证取得初始适航证(TC);然后按照适航要求,建立经过适航批准的批生产体系,取得批生产认证(PC)。

飞机投入市场运营时,还必须按照要求建立持续适航体系,对设计、制造和运营过程中出现的可能影响安全的事件,按照基于安全性分析的风险评估对事件的危害等级和暴露时间进行分析,并据此制订相应的临时处理措施;对于原因难以确定的事件开展调查活动,明确原因,采取改进措施,最终贯彻在飞机上面,使得飞机在全寿命周期内具有持续的安全性。

飞机的安全性也是由可靠性决定的,如果可靠性达不到要求,飞机和系统的安全性分析就不成立。制造商必须不断地搜集可靠性数据,对多发故障列入可靠性事件调查,找出可靠性降低的原因究竟是设计、制造缺陷,还是操作和维修问题,并采取相应的纠正措施。

维护维修也是保证民用飞机安全的关键环节,维修计划分析是基于可靠性分析制订的,影响民用飞机安全的维修还要纳入适航审定维修项目。按照维修计划维护维修,可以保证安全性。但值得一提的是,过度的维护维修会对飞机的日利用率和运营成本有负面影响,因此需要运营商根据实际运行情况进行权衡。

2) 不断拓展的机场和航线适应性

不断拓展飞机的机场和航线适应性,对于提高市场份额有明显好处。民用飞机在项目论证的初期,就得对项目的全寿命发展提出整体的规划,通过基本型、加长型和缩短型等市场需求研究,提出不同的客座和航程需求,并对机身、机翼和发动机推力也做适应性设计调整。

加长型飞机可以提升载客量,使得飞机具有更低的单位成本,获得更好的经济性;缩短型飞机单位成本有所上升,但航程增大、性能提升可以满足如高温高原机场起降和特殊航线运行要求,获得进入细分市场的能力。另外,民用飞机还需要在用途方面进一步拓展,包括公务机、货机、专机和特种飞机等。

从技术层面讲,民用飞机要想具有良好的机场和航线适应性,实现在民机市场环境中顺畅运营,必须要满足以下 3 个方面的要求,首先是满足所在国的运营规章要求;其次是机场和航线性能要求;第三是航空公司运营程序要求。这些是一个持续满足的过程,因为随着航空运输市场的发展和扩容,民航的运营规章、飞机新技术要求以及运行程序要求也在不断地发展和完善。

运营规章方面,为了应对繁忙机场和紧张空域的运行,推出了航路最小垂直间隔(RVSM)飞行程序、区域导航(RNAV)飞行程序,所需导航性能(RNP)程序等;为了应对低能度进场着陆的要求,推动平视显示器(HUD)和视景增强技术(EVS)等技术的试点和应用。

机场和航线适应性方面,除了跑道、标高、场温、风向风速对飞机的起飞着陆性能有要求外,还包括污染跑道、障碍物、排放、噪声和特殊爬升等;在航线适应性方面,除了航路高度、速度、航路风、航线障碍物,用油计算条件对飞机性能的要求,还包括客舱释压供氧、航路结冰气象、高速巡航和经济巡航等,这些都对飞机和系统的设计提出了很多挑战。

航空公司运营程序方面,必须依据用户的运行手册和放行程序,还包括一些特殊的要求,比如根据机型特点和飞机缺陷的限制,制订特殊的运营限制和放行要求,包括机组资格、训练要求、气象限制、机场限制、重量重心限制和备份油限制等。

3) 系列化发展和升级

民用飞机在设计上应该准确定位目标细分市场,包括尽量拓展机场和航线的适应性,但这不是由单一机型能够实现的,而是由系列化发展最终实现的。飞机运营初期一般推出的是基本型,要求其能在航线上实现顺畅运营,并解决新飞机暴露的问题;然后逐步推出加长型和(或)缩短型,在成熟的平台上不断扩大市场份额,这个过程需要多年时间的积累。

随着气动力、发动机和机载系统技术以及复合材料的持续性发展,飞机投入市场后,又有条件进行发展和升级,进一步提高飞机的性能、经济性、舒适性和环保性。当然,这些新技术的综合性应用也可以使得制造商推出一款全新的民用飞机来参与市场竞争。

1.1.4　民用飞机的商业价值

在民用飞机的商业价值方面,主要应该体现民机 3 个市场主体的价值,首先是作为终端用户的旅客;其次是使用民用飞机提供运输服务的航空公司;最后是提供民用飞机的制造商。只有这 3 个市场主体都能够获得预期的甚至超值的商业价值,飞机才能得以长远的发展。

可以这么说,民用飞机的商业价值首先是设计出来的,又是由航空公司运营出来的,最终由旅客用脚投票评选出来的,但是这 3 个市场主体所体现的商业价值又不尽相同。

1) 旅客商业价值需求

航空旅客所关心的是快捷,舒适,品牌知名度。快捷可以演变为民用飞机的飞行性能、签派可靠性和过站时间等需求;舒适性可以演变为客舱尺寸、旅客座椅、客舱噪声水平和抗颠簸特性等需求;品牌知名度与制造商的发展历史和经验、交付飞机品种和数量、交付飞机的安全记录、口碑等相关。

2) 航空公司商业价值需求

航空公司所关心的是通过运营飞机,运载客货,最大限度地获取商业利润,这与飞机的采购成本、飞机的可靠性、飞机的航线适应性、商载航程、燃油经济性、飞机维护维修成本、飞机使用寿命和飞机残值等密切相关。

其中飞机的机场和航线适应性、商载航程、燃油经济性等需求可以演变为飞机的性能需求;维护维修成本、使用寿命、残值需求可以演变为飞机可靠性、维修性和经济寿命的需求。

3) 飞机制造商的商业价值

制造商在项目论证初期,根据确定的目标市场和航线,提出航空公司购置、运营直到飞机报废全寿命周期的商业利润模型和利润目标,并对影响商业利润的上述参数提出飞机构型需求、飞机价格以及交付数量需求。

制造商所关心的是飞机在目标市场的分享量、单机成本、盈亏平衡点以及飞机的品牌价值等,其中飞机的研发和制造成本决定了飞机的售价是否具有市场竞争力,也影响到整个项目是否经济可行;而品牌价值是一个长期积累的过程,对制造商的质量和交付服务也提出了比较苛刻的要求。

总之,民机研制是一个高度复杂的系统工程,研发费用投入高,技术难度大,回收期和利润产出周期长。尤其是从市场调研、市场定位、决策立项、研制开发,到投入航线运营并实现最终的商业成功是一个漫长的过程,不确定因素众多,风险控制难度大,因此市场研究工作是确定民用飞机全寿命周期商业成功非常关键的先导环节。

1.2 支线运输市场的形成和发展

1.2.1 支线航线的分类

支线航线通常有两种典型的定义,一种是连接大型枢纽城市和中小城市的航线,或是连接中小城市间的点对点航线;还有一种定义是按照航线的客流量划分,通常把日单向客流量为 200～400 名旅客的航线称为中等运量航线,50～200 名旅客的航线称为瘦薄航线,小于 50 名旅客的航线称为缝隙航线。

这两种定义支线航线的方式,都可以在全球区域市场找到其案例,也都有其合理性,分别代表了各支线市场的区域特点或发展阶段。

1.2.2 支线市场的形成

20 世纪 50 年代,在航空运输业的早期,欧美国内和短途国际航线主要是少数大城市之间的点对点航线,大多数飞机的航程也相对较短,因此具有天然的"支线"特征。当大座级和长航程飞机逐步研发并投入市场后,小型飞机的定位逐步转换为大型航空公司枢纽机场输送或疏散旅客,形成了所谓的支线航线。

随着全球政治和经济的进一步发展,出现了很多区域性的政治、经济和交通中心,并形成了所谓轮辐式的航线网络结构;由于枢纽城市的虹吸效应,还涌现了很多新增的支线机场,这些机场与枢纽城市开通了新的航线后又形成了新的轮辐式网络,进一步巩固了支线运输市场的地位。

支线运输市场的出现,使得中小城市和枢纽城市、中小城市和中小城市间的联系更加紧密,更加快捷。支线航线运输成为了城市间旅客交通中转,上班通勤的重要交通方式之一。

1.2.3 支线网络的发展

支线运输市场的出现,使得宽体客机、窄体客机和支线客机相互分工协作,共同运作全球民用航空运输网路,大型宽体客机主要负责大型枢纽之间或远程越洋航线,窄体客机主要负责区域枢纽之间的航线,支线客机主要负责枢纽城市和中小城市,以及中小城市间的航线。

当然也有例外,像个别国内超大型枢纽城市之间的航线由宽体客机执飞,部分支线航线由窄体客机执飞,这些也是由客流量和商业模式所驱动。如国内窄体机执飞支线航线通常使用甩辫子形式,主要是为了提高飞机利用率来摊薄飞机的拥有成本,再加上一些政策性的航线补贴,支撑了这种特殊的商业模式。

绝大多数支线航线不是公益航线,因此支线航线必须拥有独特的商业和盈利模式,才能够和整个民用航空运输市场一起发展壮大。如欧美支线飞机数量达到机队总规模的 30%～35%,支线航线客运量占比达到 30%～40%,就是因为其拥有较好的盈利模式;而中国运输市场的支线飞机数量只占 5%左右,支线航线客运量占比也仅仅只有 4%,主要是由于国内支线航线运营尚未形成比较好的商业模式,支线市场尚处于发展的初级阶段,商业运营举步维艰。

1) 美国支线运输模式

支线飞机成功的典型案例在北美航空运输市场,作为全球最发达的航空运输市场,美国拥有庞大的支线机队,其与干线机搭配形成的轮辐式枢纽航线网络和点对点航线网络纵横交错,相互补充,形成了一个干支飞机各司其职、良性竞争的市场环境。美国支线运输市场基本都是干线和支线航空公司分业经营,相互合作,如达美航空公司和天西航空公司的合同关系;或者是支线航空公司本身就是干线航空公司的子公司,如美国航空公司的子公司美国鹰航空公司。

美国作为世界第四大国土面积的国家,幅员辽阔,形成了很多城市群,城市群主要由大型城市和围绕的小城市组成,形成了一系列大型航空运输枢纽。例如,亚特兰大、洛杉矶、芝加哥、纽约、明尼阿波利斯等前 15 大航空枢纽,年旅客吞吐量都超过 3 000 多万人次。从该意义上来讲,美国的地理环境,城市分布所形成的航空运输网络,特别适合发展枢纽轮辐式的支线航空运输网络。

以美国大陆航空公司和喷气快捷航空公司的合作为例,大陆航空公司以休斯敦的乔治布什洲际机场、纽瓦克自由国际机场、克里夫兰的霍普金斯国际机场为枢纽机场,航线网络遍布美洲、欧洲、亚洲和大洋洲;其中大陆航空从纽瓦克自由国际机场可转飞至全美 150 多个目的地。喷气快捷航空公司则拥有全球最大的 30～50 座级 ERJ145 机队,通航全美 170 多个城市,负责将众多二三线城市旅客输送到大陆航空公司的几大枢纽机场,再由大陆航空公司负责满足这些旅客跨大陆或跨洲长途飞行的需求,便利了全美各地乘客的出行。

这种合作模式获得了很大的成功,大陆航空公司的枢纽机场之一克里夫兰霍普金斯国际机场,2007 年支线航班起降架次占全部起降架次的 75.44%。要填满一架远程干线飞机需要多架支线飞机从各地运来的客源,这也是绝大多数美国枢纽机场,支线飞机起降架次都占总起降架次半数以上的原因。

2) 欧洲的支线模式

由于欧洲和美国的地理环境、航线特点和机场分布差距很大,因此呈现出不同的支线航线网络特点。欧洲作为单一的一体化航空运输市场,区域内国家多,各国面积较小,国内航线平均航程短,不同运输方式间的竞争十分激烈,地面公路和高速铁路网络发达。

欧洲航空运输市场经历了由点对点航线模式,到枢纽轮辐式和点对点模式相结合的航线分布特点。相对于美国典型的枢纽轮辐式航线,欧洲点对点的支线航线网络更为发达,这主要是由于欧洲枢纽机场的基础设施限制,造成枢纽机场的拥挤,限制了枢纽轮辐支线航线的发展。

欧洲枢纽轮辐支线航线按照洲际、洲内通达城市可以分为两级枢纽,第一类为国际大型枢纽机场,包括希思罗、戴高乐、法兰克福和阿姆斯特丹机场。这些机场拥有很好的洲际及欧洲内部网络通达性;第二类为二级枢纽机场,包括布鲁塞尔、马德里、罗马、慕尼黑等机场,这类机场具有欧洲内部网络通达性。

英国支线航空公司 Flybe 是欧洲地区点对点航线成功的典型案例,Flybe 的总部位于英国埃克塞特国际机场,其运营着很多二三级城市间的支线航线,主要基地包括伯明翰、南安普敦、贝尔法斯特、曼彻斯特、泽西、根息、因弗内斯、爱丁堡和哥拉斯哥等,机队由 120 座的 E195 和 60 座的 Q400 组成。它经营的 170 多条航线绝大多数为点对点航线,覆盖了 12 个国家,目的地包括英国境内的 24 个机场和欧洲大陆的 30 多个机场。其机队配置灵活,航班频率、执飞机型可以根据客流量和航班需求的变化而灵活调整。如在伯明翰到爱丁堡点对点航线上,周二至周五繁忙时每天单程航班可达到 6 班,周六客流量下降时单程每天只有 2 班;同一天的早晨、傍晚客流量大,则使用 120 座的 E195 执飞,中午客流量相对较少,则使用 Q400 飞机执飞。

根据不同时段的客流量安排机型混飞的模式,既满足了旅客的通勤需求,也照顾到了航空公司的商业利益,这是一种非常巧妙的支线航线运行方式,保持了优秀的服务质量,培养了旅客忠诚度,使得航空公司得以保证较强的盈利能力。

相对于国内支线航线普遍由单一的窄体机执飞,并且在很大程度上依靠补贴才能维持运营的方式,欧洲这种运营模式的经验非常值得国内航空公司借鉴。

1.2.4 支线运输市场的商业模式

1) 枢纽轮辐支线网络商业模式

对于枢纽轮辐式航线网络,干支航空公司相互配合中,其首要任务是彼此航线连接顺畅,快捷高效,航班时间和客流量等调度有序。干支搭配实现"无缝连接",不但优化了资源配置,让干支航空公司发挥各自的优势,提高了各自的盈利能力,使乘客享受到更加方便(一张机票完成旅行)、快捷(中转迅速)和高质量(频率高选择余地大)的航空服务。

干线航空公司和支线航空公司因为其经营理念和方式各异,成本收益核算办法不同,所以必须分开经营,独立核算。在枢纽轮辐式航线网络发展成熟的北美地区,干线航空公司和支线航空公司相互独立,一家支线航空公司可为多家干线航空公司提供服务。

由于干线航空公司和支线航空公司是合作经营,必然存在利润如何分配的问题。一般情况下,航空公司为了给旅客提供更多方便来提高竞争力,干支搭配的航线绝大部分采用"一票到底"的方式售票,那么势必存在干支航空公司两者之间的收益分配问题。

比较典型的收益分配办法主要有两种：运力购买和比例分摊协议。

(1) 运力购买协议（CPA）。

运力购买协议是指干线航空公司购买支线航空公司的运力，以指定的频率、时间运营干线航空公司指定的航线。

在运营方面，干线航空公司负责干线航线的运营，以及综合计算航线收益，全面规划航线布局，规定航线、航班时间和频率，机票价格折扣程度等一切商务相关事宜；支线航空公司负责提供支线航线运营所需的飞机和机组人员、飞机维护、航班签派和飞机运营控制等。

在协议包含的支线航线的成本承担方面，支线航空公司承担包括员工工资、飞机维护、备件、航材等费用以及飞机租赁费用，培训费用，通信及差旅费用等可控成本；干线运营商承担燃油费用一类非可控成本。对成本和收益进行核算，并保障支线运营商的一定收益之后，双方协议对支线运营商所提供的运力服务进行定价，一般常见的支付单位为每轮挡小时或每个起降。

(2) 比例分摊协议（Fare Prorate）。

比例分摊协议是指干支航空公司以一个经过商讨确认的函数模型为基础分配票价收益。

例如，一条航线从二级城市机场出发，经过某枢纽机场，到达另一跨洲目的地城市机场，整个行程分为该二级城市机场到某枢纽机场，某枢纽机场到最终目的地机场两段，分别由支线航空公司和干线航空公司负责运营。这条航线上的旅客只需要购买一张机票，机票收益则由双方商定的方式进行分配。

如果支线和干线运营商严格按照彼此执行的航段距离之比分配票价收益，由于存在飞行过程中边际成本随航线距离增加而递减的效应，势必对支线航空公司不公平，甚至导致其亏损。同时，支线航空公司在一定意义上是输送旅客的源头。因此，通常合作双方会通过磋商制订一个双方共同认可的函数模型，用以分配联程票价的收益。

2）点对点支线网络商业模式

运营点对点航线的支线航空公司通常服务于二级或三级城市之间客流量相对不高的航线。航空公司根据航线客流量选用合适座级的飞机，在保证客座率和盈利的同时，尽量以提高航班频率来提升整体服务水平，并使直达航线深入更多非枢纽城市。

从这个意义上，点对点航线实际上和枢纽轮辐航线具有一定的竞争和互补关系。运营点对点航线的航空公司一般是廉价航空公司，提供的运输服务更多情况下是"平民服务"，能够切实保证航空服务深入一般人群。

点对点航线通常以单一制造商机型、规模化机队提供服务，并保障航班的高频率和灵活性来提高竞争力。点对点航线的运营商不存在收益分配问题,它们需要考虑的是综合分析市场确定合适的航线布局,如所运营航线会根据一年中的淡、旺季,一天中的不同时段调整,并选用不同座级的机型,通过科学和灵活的机型调配达到收益最大化的效果。

1.3　支线飞机的发展和趋势

按照飞机的大小划分,支线飞机通常是指 100 座级及以下的飞机,一般又分为涡桨支线飞机和涡扇支线飞机。

1.3.1　涡桨支线飞机发展历程

喷气支线飞机投入商业运营是导致涡桨支线飞机没落的主要原因之一。但是在燃油价格不断攀升的今天,在短程航线具有良好经济性的涡桨支线飞机重新获得了不少航空公司的青睐。

2005 年至今,ATR、庞巴迪的涡桨支线飞机都取得了不错的销售业绩,中国的"新舟 60"也实现了批量出口。与喷气式支线客机相比,涡桨飞机的主要优势在于运营和维护成本较低。一架 ATR 涡桨飞机的耗油量比同级别的支线喷气式客机少50％,而飞机的价格和维护成本也更低。与同级别的支线喷气式客机相比,20 架ATR72 客机每年能够节省超过 3 000 万美元的燃油成本。

不过,在距离超过 400 n mile[①] 的航线上,飞行速度更快的喷气式支线客机带来的效率优势变得愈加重要。这意味着,涡桨飞机主要用于不超过 400 n mile 的航线,这样的航线费时不多,但是可以大幅减少燃料消耗。飞机制造商目前已经停止生产 50 座的喷气支线客机,70 座喷气支线客机也几乎没有新增订单,这就为涡桨飞机的市场发展提供了更多的机会。

目前主要运营和新研的涡桨支线客机有:区域运输飞机公司(Avions de Transport Regional,ATR)公司的 ATR42、ATR72 系列约占全球涡桨支线市场的80％,庞巴迪公司的 Q400 和西飞公司的 MA60 占比较少,新研制的涡桨支线客机目前仅有西飞公司的 MA700 飞机。

1.3.2　喷气支线飞机发展历程

1978 年美国实施了放松管制后,市场蓬勃发展,竞争加剧,逐步形成的轮辐式航线网络为支线飞机的发展注入了强大的动力。

1992 年第一款现代意义上的双发喷气支线客机 CRJ100/200 投入运营后,50座级的涡扇支线飞机经历了相当长一段繁荣期。但自 2005 年后,随着油价复苏,50座的飞机运营成本高企,市场更倾向于单位成本更低的更大座级的支线飞机,喷气

---

① n mile 为海里,1 n mile＝1 842.94 m。

支线飞机的座级从 50 座级不断发展到 70 座级、90 座级以及 100 左右座级。这些飞机的单座成本低于 50 座级,而总成本则低于窄体客机,在单位成本和总成本间达到很好的平衡,因此受到航空公司的欢迎。目前全球最大的喷气支线机制造商是巴西航空工业公司,其机型分为两大系列,分别为 ERJ145 和 EJets 系列。ERJ145 系列共 4 款,分别为 50 座的 ERJ145 和 ERJ145LR,44 座的 ERJ140 和 37 座的 ERJ135。EJets 系列共 4 款,分别为 70～80 座的 E170,78～88 座的 E175,98～114 座的 E190 和 108～122 座的 E195,EJets 的第二代升级产品 E2 系列将于 2018 年开始交付市场。

加拿大庞巴迪公司是全球第二大支线客机公司,其机型也分为两大系列,分别为 CRJ100/200 和 CRJ700/900/1000 系列。CRJ100/200 系列为 50 座级的支线飞机;CRJ700/900/1000 系列包括 70 座的 CRJ700、90 座的 CRJ900 和 100 座级的 CRJ1000。

喷气支线飞机的后来者还有苏霍伊的 SSJ100,其采用了翼吊发动机布局,每排 5 座机身,基本型最大 108 座;中国商飞的 ARJ21,尾吊发动机布局,每排 5 座机身,基本型最大 90 座;日本三菱公司的 MRJ90,翼吊发动机布局,每排 4 座机身,基本型最大 92 座。而庞巴迪研发的 C 系列飞机进一步加大座级,逐步与单通道窄体飞机接轨,超出了传统喷气支线飞机的范畴。

1.3.3　支线飞机未来发展趋势

目前支线运输市场上不断降低的票价,更加恶化了座公里成本较高的 50 座级涡扇支线飞机的市场,总体上使得 50～70 座级的市场份额逐步由涡桨客机取代,喷气支线机的趋势则向大型化发展,逐步与窄体干线客机接轨。

1.4　中国支线运输市场

1.4.1　中国支线运输模式

进入 21 世纪以来,中国支线运输市场尽管面临着很大的历史发展机遇,支线航空运输的发展问题也一直是业内关注的焦点,但仍然没有突破性进展,关键是还没有形成规模化的合理的商业运营模式,也缺少经济效益好的承运机型,特别是适合中国支线运输市场的的支线飞机。

1) 枢纽轮辐航线

枢纽轮辐航线发展的表现主要有两类旅客客源的增加,一类是中小城市旅客通过交通枢纽城市中转到其他枢纽,包括出境;一类是受政治和经济格局的影响,中小城市旅客前往区域性政治和经济中心城市。

根据民航局机场布局规划,国内尤其中西部地区将新建更多的支线机场,且中小城市和枢纽城市间的客流量持续性增长,增加了区域性枢纽轮辐支线网络的需求;特别是地理环境复杂,幅员辽阔,地面交通不发达的省份,对于以省会为中心的枢纽轮辐式支线运输航线需求更大;随着城市化进程的加速以及地面交通运输系统的发展,从中小城市到政治和经济中心通勤旅客数量日益增多,对支线航线的服务品质、航班频度也提出了更高的要求。

尽管支线机场建设速度加快,但是也存在很多不利的因素,主要是由于大型枢纽机场航班密度大,时刻紧张,效率跟不上,很难增加小座级的支线航班,这将影响北京、上海等特大城市与中小城市之间的通达性。

2) 甩飞航班

国内支线运输市场的另一个业态就是通常所说的甩飞航班,干线航空公司利用同一架窄体飞机串飞干线航段和支线航段,在保障收益的同时兼顾支线市场。优点是,航空公司可以利用一款窄体干线机型同时执飞干线航线和支线航线,避免了多机型带来的培训、备件等问题;缺点是,支线航线时刻取决于干线航线的航班时刻,不利于旅客的中转和支线航线市场的培育,经济性也达不到最优化。

3) 点对点航线

中国支线运输市场的另一个特点是中国二三线城市之间的点对点航线潜力巨大,这主要是因为中国二三线城市数量庞大,人口众多,特别是随着城市化进程的加快,为点对点航线的发展创造了客源条件。

目前国内二三线城市的点对点航线,多是由窄体干线飞机执飞。干线飞机虽然可以安排点对点直飞航线,但受到客源限制,航班频度无法得到有效保证,使得航空旅客的出行习惯无法形成,市场增长缓慢。

因此在单座成本和航段成本间达到较好平衡的 100 座级支线机,尤其适于运营这类二三线城市间的中低客流航线,可以按照旅客的出行目的和出行需求安排直达航班,并分时段增加航班频度,为二三线城市间的旅客提供更好的出行方式,提高出行效率。

1.4.2　对中国支线运输模式的认识

综上所述,国内支线航线运输主要有枢纽轮辐和点对点两种业态,其中枢纽轮辐式网络仅在局部地区初见成型,还没有形成规模,目前主要由干线飞机通过甩飞航班兼顾;点对点航线在国内形成了一定规模,这是因为国内二三线城市群远比美国密集,人口数量也多于欧洲的点对点航线城市,而且旅客非常明显的偏爱点对点直飞。

枢纽轮辐式支线航线还没有形成主要有以下原因:

(1) 国内枢纽机场运力限制和中转流程效率低,使得效率降低。枢纽机场高峰时段的中转服务,将直接影响正点率等运行品质,而国内枢纽机场的航班时刻普遍较为紧张,往往很难分配给支线飞机。

（2）支线机场的保障条件还有待提高。对于支线机场而言，由于保障条件限制，往往只能提供过站条件，很多支线机场没有机库等必要的维护维修条件，还有些不具备夜航条件。此外边远地区机场的雾、霜、雪等天气，在外站摆放飞机的成本高、风险高，调配灵活性小。这也就意味着最有效率的中转联程无法实现，枢纽轮辐网络的意义也就难以体现了。

（3）二三线城市经济发展还不足以支撑航空出行的旅客数量和习惯，地面交通运输系统还是出行的主要方式。国内个别比较成功的区域性枢纽如乌鲁木齐和昆明，成功的主要因素是特殊的地理位置和困难的地面交通状况，适合枢纽轮辐式支线航线的发展。

（4）没有充足的支线机队和合适的机型。国内支线机队的数量占比仅 5％，远低于欧美市场比例，无法支撑枢纽轮辐式的规模化运营，经济效益也难以体现。而复杂的气象条件、西部高原高温运营环境也对支线飞机的技术性能提出了更高的要求。

（5）国内还没有完全形成干线航空公司和支线航空公司干支配合的合作模式，支线航空公司的单位收益水平已经低至不足以覆盖成本，甚至难以为继。而干线航空公司也没有从支线运输航线中得到更多的客源，为其国内航班和国际航班带来更大的收益。虽然支线公司拥有连接支线机场与枢纽的航线，但由于时刻资源、地面保障等原因不能建立有效的中转联结。目前也出现了一种特殊的枢纽轮辐式业态，就是华夏航空公司反过来购买干线运力的尝试，实现干支联运，在没有干线公司全力配合的前提下也只能维持在小规模的水平。

（6）国内支线航线主要依靠干线航空公司甩飞航班。在国内干线市场仍有较多发展空间的大环境下，干线航空公司发展支线网络的积极性不高，并不愿在区域性枢纽投入额外的支线飞机运力。

1.5　ARJ21 飞机概况

1.5.1　ARJ21 飞机市场定位

ARJ21 项目启动的背景是基于对国内外支线运输市场的研究和判断，其名字的内涵就是面向 21 世纪支线运输市场的大型喷气支线客机，其在研制初期充分考虑了自身与国际成熟制造商的差距，并分析了世界支线运输市场的发展特点，特别是中国航空支线运输市场的现状和发展趋势。

ARJ21 飞机的市场定位就是避开热门市场，奉行市场缝隙的差异化发展战略，瞄准了支线市场的枢纽轮辐式航线，二三线城市间的点对点瘦薄航线，包括部分中国支线运输市场所谓的甩飞航线，并重点考虑中国国内西部地区的高温高原机场和航线。

1) 项目概况

ARJ21 飞机定位于 100 座级左右的大支线，小干线式喷气支线飞机，目前该级别的飞机在国际支线运输市场已经逐步成为喷气支线飞机的主流机型。

ARJ21 飞机采用每排 5 座双圆切面机身、下单翼、尾吊两台涡扇发动机、高平尾、前三点式可收放起落架布局；驾驶舱采用两人体制，航电系统采用总线技术，LCD 平板显示并高度综合化；动力装置采用低油耗、低噪声、可靠性高、维修方便的先进涡扇发动机。

ARJ21 项目首先启动研制的是基本型飞机 ARJ21 - 700，其混合级客舱布局为 78 座、全经济级客舱布局为 90 座；为适应不同地区、不同航线结构对支线飞机的需求，基本型具有标准航程型（STD）和加大航程型（ER）两种构型。标准航程型主要满足从中心城市向周边中小城市辐射型航线的使用要求；加大航程型满足部分"点对点"的瘦长航线使用要求。

ARJ21 飞机贯彻以我为主、机制创新、市场运作、全国大协作的发展原则，以国内市场为切入点，立足国内科研生产力量，采用成熟、适用的先进技术，研制具有自主知识产权和国际竞争力的喷气支线飞机，满足我国民航运输业持续发展和进入国际市场的需要，推动我国民用飞机产业化发展。同时积极申请获得美国和欧洲等国外适航证。

2) 座级演变过程

2002 年 6 月，ARJ21 项目立项之初，基本型定位在 50～70 座级，竞争机型包括 ERJ145、CRJ100/200、ERJ170、CRJ700；随后由于航油价格和人工成本的快速攀升，单位成本高的 50～70 座级支线机订单快速下降并且逐步退出支线市场，航空公司则选择了 80～90 座级甚至更大座级的飞机。

ARJ21 在研制中越来越深刻地认识到市场需求对项目成功的重要性，在立项论证时定位为 50 座级，方案论证阶段则提升到 80 座级，在进入详细设计阶段，基本型进一步提升至 90 座，并考虑加长型提升至 110 座左右，通过各种方式的市场调查表明，客户普遍认可 ARJ21 调整后的座级定位。

后来的市场发展情况也表明，ARJ21 座级的定位是有远见的。如巴西航空工业公司和庞巴迪公司在同期也分别推出了 100 座级左右的大型喷气支线客机，包括巴西航空工业公司推出的座级覆盖 70～120 座的 EJets 系列；庞巴迪公司推出的 70～100 座级的 CRJ700/CRJ900/CRJ1000 系列。

客舱剖面的选择对飞机的定位和长期发展影响很大，其中每排 4 座的支线机在超过 100 座后，气动效率和结构效率明显下降；每排 6 座的窄体机在缩短至 120 座级左右（如 A318）后，经济性下降比较厉害；而每排 5 座的 100 座级左右的支线飞机则兼具了支线飞机的经济性和窄体飞机的灵活性，具有非常明显优势。

因而，ARJ21 飞机选择的一排 5 座的客舱剖面将会在 90～120 座级的范围里有进一步开发的巨大潜力,民航运输市场发展的趋势和其他制造商后期推出的 CS 和 SSJ 等大型支线飞机进一步证明,ARJ21 当年的座级和每排 5 座机身剖面的选择是有远见的,为后续飞机的改进改型和平台升级留下巨大空间。

3）主要面向的用户

ARJ21 飞机可以面向专业的支线航空公司,作为单一的主力机型,满足枢纽轮辐航线网络和点对点瘦长航线,特别是高温高原航线的需求;也可以面向干线航空公司,干支结合,为其区域枢纽和干线航班输送旅客,或者根据航线流量分布安排执飞二线点对点航线,以提高这些航线的航班频率和经济性。

对于新成立的航空公司,选用 ARJ21 大型支线飞机起步,并作为主力机型无疑是一个非常理想的选择,特别是在国内主要干线市场已被国有骨干和地方航空公司占据情况下,可以瞄准次干线、点对点和枢纽轮辐航线,减轻承受的成本压力,为公司盈利留下更多空间。

1.5.2　ARJ21 飞机研制特点

ARJ21 飞机作为一款全新推出的喷气支线客机,其目标市场可以说是前有来者,后有追兵。项目研制过程中,不断有新研飞机投入市场运营,包括了 EJets/CRJ 以及已投入运营的 SSJ100;投入航线运营后,全新研制和平台升级的还有 MRJ90、EJets E2、C 系列等机型,这些机型的共同特点是采用升级换代和燃油效率更高的发动机,以及电传飞控和先进复合材料。

ARJ21 飞机要想在竞争激烈的市场中求生存,必须要有自己的独特定位和细分市场,因此从研制初期就全面提出了四性一化的设计要求,具体就是指适应性、舒适性、经济性、共通性和系列化,这也是 ARJ21 飞机研制的主要特点。

1）适应性

ARJ21 飞机首先瞄准国内市场,基本型可以实现高高原机场满客起飞,性能经过扩展,还可以满足青藏高原机场的起降和航线运营要求。而以欧美地区为传统市场的现役支线机"高温、高原"能力不佳,难以在中国西部地区运行。

针对国外市场,ARJ21 优先开发的是非洲和亚洲市场,这些地区国家的国土面积和运输特征适合发展支线,但缺少适用的支线飞机;ARJ21 不但座级适合这些市场,还能很好地适应这些地区的运营特点,比如运营环境严酷、跑道条件相对简陋、机场地面保障比较薄弱等。

中国国内 98% 航班的航线距离短于 1 500 n mile/2 778 km,88% 航班的航线距离短于 900 n mile/1 667 km;其他亚太国家运营的航线距离更短;ARJ21 - 700 设计航程定位为 2 000 n mile/3 704 km,在航线距离上也具有广泛的适应性,不仅对中国、亚太、非洲等目标市场具有良好的覆盖度,也能够满足欧美市场的要求。

因此,从 ARJ21 飞机本身的性能方面来看,具有非常良好的市场适应性,具备开拓全球民航运输市场的能力。

2）舒适性

ARJ21 飞机平均每客拥有的空间尺寸与主流窄体飞机相当,甚至略优于个别窄体飞机,即舒适性可与干线飞机相媲美,成为其最大的市场卖点之一。

在项目研制初期,ARJ21 飞机每排 5 座的客舱剖面相对于其他支线飞机拥有最宽敞的机身,解决了国内旅客希望乘坐大飞机的偏好。有趣的是,在欧美成熟市场,近年来也出现了这些趋势,比如在 ARJ21 之后立项研制的大型支线飞机和小座级单通道飞机都采用了每排 5 座的宽敞机身,如 SSJ100 和 C 系列飞机。

3）经济性

ARJ21 研制的理念是利用国内机体设计和生产经验,利用全球成熟的系统技术进行系统集成创新,以较低成本研制一款先进的喷气支线客机。这就意味着,ARJ21 飞机的摊销研制费用较低,飞机的售价在市场上将具有很好的竞争力。

大量成熟系统和技术的使用,保证了 ARJ21 飞机在运营中具有较高的可靠性和较低的运营成本。6 万飞行小时、6 万起落和 20 日历年的设计经济寿命解除了航空公司的后顾之忧,有效降低了全寿命周期成本。

ARJ21 作为一款大型喷气支线客机,由于其在单座成本和整机运营盈亏平衡点都具有一定的优势,意味着其在支线航线布局上具有更好的灵活性,能够为航空公司提供更好的运营经济性。

4）共通性

ARJ21 飞机在研制初期就制订了与窄体客机的共通性战略,也是基于中国支线运输市场特点的考虑。

首先,基于旅客的乘坐体验和需求,这点在前面已经有所描述。

其次,飞机的性能,包括航程、巡航速度、机场和航线适应性及运营规则等方面和窄体客机保持相对一致的要求,这样可以在点对点航线上,根据客流量情况与窄体客机进行灵活调配。

再次,考虑到国内飞行员主要是执飞干线飞机,飞行员希望 ARJ21 飞机与干线飞机保持相对一致的驾驶操作共通性,ARJ21 飞机在驾驶舱布局、驾驶杆盘、驾驶舱设计理念、显示和告警方式等方面与市场运营的主流窄体飞机保持了较大的共通性。这样飞行员培训的成本也会大幅降低。

5）系列化

按照民用客机发展的规律,研发一款喷气支线客机就是研发一个可持续发展的平台,制造商在全寿命周期内通过系列化的产品发展最大化的获取市场份额,从而最终取得项目的商业成功,实现商业价值最大化。

ARJ21 在研制初期不但确定了要研制基本型,加长型等型号,还计划改装为货运型飞机、行政飞机和特种飞机等;ARJ21 飞机也是改装大型公务机的合适平台,现已获得个别客户的公务机改装订单。

1.5.3 平台发展和升级

成功的民用客机机型往往被制造商打造成为一款不断发展、日臻完善的技术平台,为高效推出系列化衍生产品、升级产品乃至全新产品奠定基础,例如 B737 和 A320 飞机就是典型的案例,这两款机型经过了几十年持续的改进升级,目前仍然是国际航空运输市场的常青树。

1) 根据运营和客户要求持续改进

自 2015 年年底交付首架 ARJ21 以来,不断收到营运方提出的改进意见和新的运营要求,为了降低制造和运营成本、满足运营规章,全面提升客户满意度和飞机的市场竞争力,应持续开展飞机的设计优化工作。

(1) 新增运行要求。

近年来,中国民航局颁布了很多运营条例及相关的政策法规,新增了对飞机 RNP AR 能力、广播式自动监视系统(ADS‑B)、增强型飞机视景系统(EFVS)的要求。为了贯彻这些新增的要求,适应新的运营环境,相关的优化设计工作正在积极推进中,以便 ARJ21 飞机具备相应的功能。

(2) 解决运营暴露的使用问题。

飞机投入航线运营后,运营监管方和客户会不断提出影响顺畅运营的问题,尤其是对于新研制的飞机而言,这完全是正常的。但是,需要认真对待、系统地梳理出现的问题,特别是影响机组操作和使用维护的问题,这些问题将直接影响飞机的签派可靠度。必须通过对需求的重新认识和分解,变为各层面的飞机设计要求,提出解决方案,并在 ARJ21 飞机上贯彻和落实。

(3) 不断提高飞机的适应性。

目前我国有高原机场 16 个,高高原机场 15 个,基本都在西部地区,且这类机场的数量还在增加。连接这些机场的航线开发,对于国家安全和区域经济发展具有重要战略价值。

目前在国内高高原机场运行的飞机,主要是经高高原改装的 B737‑700 和 A319 飞机,其在部分客流量较低的高高原机场运行时座级偏大,ARJ21 飞机将进一步开展试验试飞工作,并通过民航局的补充适航认证,以期早日满足客户的高高原运行需求。

(4) 提高飞机可维修性。

飞机在取证和示范运营过程中暴露出一系列维修性方面的问题,主要包括维修可达性较差、连接方式不合理导致拆装不便、与主流机型互换性不好等问题,直接影响航线短停维护的时间,易导致航班延误并增加运营成本,也增大了设备工具的管理难度。

ARJ21 飞机维修性的优化工作也将会是一项持续性工作,使产品最大限度地满足维修性的定性和定量要求,逐步降低对维修资源、成本的要求,为提高飞机的签派可靠度,降低运营成本提供保障。

2)平台持续进行升级和改造

ARJ21 喷气支线客机作为一款飞机平台,应在投入航线运营后持续地在噪声与排放、经济性、驾驶舱人机工效、客舱舒适性等方面进行改进升级来提高产品在全寿命周期内的竞争力。

按照目前主流飞机制造商的经验,后期平台升级改造可能采用的技术措施主要包括:

(1)换装新发动机,降低噪声、排放和油耗。

(2)优化机翼设计,提高巡航经济性。

(3)升级航电系统,提升人机工效。

(4)增加复合材料使用,降低空机重量,增加经济性。

(5)采用新客舱设计,增加旅客舒适度。

2 市场预测

2.1 民用航空市场预测的意义

民机产品不同于其他产品,特点非常明显。第一个特点是价值高,目前航空公司主流机型如 B737、空客 320 飞机的市场价格通常为每架飞机 3 亿元人民币左右。第二个特点是研制、销售周期长。比如 B787 从研制到交付,时间长达 7 年。而飞机销售从与航空公司初次接触开始,也要历经几年才能完成整个交易过程。这两个特点决定了市场预测在民机制造业中的重要性,一个机型的市场成败往往决定了企业的生死存亡。

通过对民机市场进行研究、分析,得到未来一定期限内市场容量及市场构成的预测是民机制造业的一项核心竞争力。其意义如下:

(1) 通过对航空市场长期预测,可以得到关于全球航空市场运量和运力需求的趋势,了解全球航空运输业的发展趋势和规律,为公司产品在全球不同市场销售和市场定位提供依据。

(2) 通过市场预测工作,按年度编写并发布市场预测年报,向业界传达企业对航空市场的看法,可以增强客户对公司产品的信心。目前主流的航空制造企业每年都会发布自己的市场预测年报。

2.2 民用航空市场预测流程

2.2.1 基本参数

旅客周转量(RPK):衡量航空需求的重要因素,为收益旅客数×飞行距离,受 GDP、旅行的真实成本因素驱动。

可供座公里(ASK):衡量供给的重要因素,为可供座位数×飞行距离,反映了运力的大小。旅客周转量(RPK)÷可供座公里(ASK)=客座率($Load\ Factor$)。

飞机机队:按座级及区域划分,考虑利用率后就能得到 ASK。

2.2.2 预测流程

市场预测通过自上而下的需求预测[即 RPK(旅客周转量)预测]与自下而上的

供给预测(即机队预测)协调迭代得以实现。具体而言,需求预测模型通过分析且量化历史上社会政治、经济环境,以及行业发展等外在因素与相应区域内航空运量的保有量及发展趋势的内在关系,通过多变量回归分析,建立需求预测模型;然后根据未来相应区域内的社会环境、政治经济发展、行业发展趋势预判,经由需求预测模型投射得到未来航空运量需求。而供给预测模型则通过分析各区域内历史机队及其发展趋势(退役、客转货、作为二手机流向其他区域,以及新增交付等各种影响机队规模的因素),通过设定合适的(合理的且充分反映公司市场及产品发展策略的)机队发展参数,预测未来相应研究区域内机队的规模。

　　无论是通过需求模型预测的未来 RPK 需求,还是通过供给模型预测的未来机队规模,都须转化为统一的,量化的 ASK(可供座公里)数值,通过比较两者的 ASK,并重复调整供给预测模型中的各种参数(机队规模及成长率、机队构成、座级构成、飞机利用率等),直至需求模型输出的 ASK 与供给模型输出的 ASK 之间的差异小到可以接受的程度(通常为 2% 以下)。经由此迭代过程获得的未来机队数据即作为市场预测报告内部或公开发布。

　　民用飞机市场预测主要考虑需求与供给两方面的因素。从图 2-1 中可以看

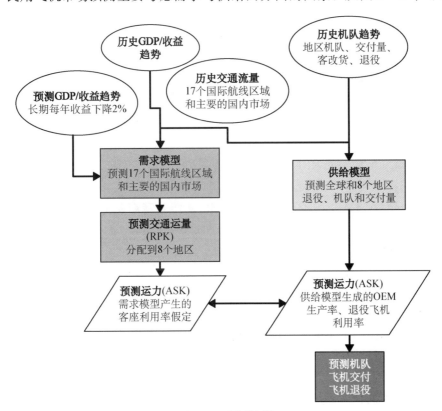

图 2-1　预测流程

到,预测模型包含需求模型与供给模型两个模块。

1) 需求模型——需求分析

预测流程图清楚地指出,市场预测的需求模型主要依赖两种外部因素的输入:GDP 数据和收益数据。选用该两项数据作为需求模型的输入变量主要基于其合理性/科学性,以及相应历史及未来数据的完备性/可靠性。

图 2-1 传达的另外一个重要信息则是整个预测分析的迭代与协调是以量化的 ASK 数值为基础的。由于需求预测考察的是特定区域内或区域间的"流量"(客货运输需求),即 RPK,并不能直接给出 ASK 数值,而 RPK 向 ASK 转化依赖于客座率数据,而供给预测的是每个地区的机队数与交付量,需要将每个地区的机队转化成 ASK 数值和需求预测相匹配。因此,选用科学合理的 ASK 转化算法对需求预测乃至整个市场预测也极为重要。

分析全球历年商用航空交通运量需求是预测的第一步。首先从各种来源中收集详细的历年数据,包括国际民用航空组织(International Civil Aviation Organization,ICAO)中 17 个主要国际航线区域的历史运量和收益数据。接着对这些数据进行预处理,然后输入恒定的需求数据库,目的就是为了更好地理解全球主要区域过去历年的航空运量需求。GDP 的增长对民用航空业的发展和未来有着重要的影响。因此,我们从一些外部的权威机构,如国际货币基金组织(International Monetary Fund,IMF)、经济学人智库(Economist Intelligence Unit,EIU)收集关于历史 GDP 和 GDP 的未来预期值数据。

对于以上历史运量、收益和 GDP 数据的回归分析可以发现区域和主要的国内市场交通流量的变化模式,对多年的变化进行归纳后得出预测公式。

通过以上公式得出所需的系数,我们建立了需求预测模型来产生交通运量数据,以跨区域和区域间的 RPK 表示。

然后将需求模型产生的预测收入客公里(RPK)转换成各预测节点的飞机运力,即可供座公里(ASK)。因此还要设定客座率,才能确定需要多少 ASK 来满足预测要求的 RPK 值。

2) 供给模型——供给分析

供给分析与上面的需求分析是相互平行产生的。首先,要按照特定区域、飞机的座级,从数据库(比如航升在线)中搜索出民用旅客飞机机队历史数据,并建立供给数据库。通过分析数据库,同时基于对航线网络发展的理解,得到每个区域历年的机队变化趋势,即关于退役、替换、交付、增长、飞机类型、尺寸、航线距离等数据分析结果。依据所给定的 ASK 算法,机队运力应是飞机数量(机队规模)、可供座位数和实际生产率(利用率和飞行距离)的函数。

为期 20 年的供给预测是以航空公司基准年运营客机机队为基础的。比如,2010 年的预测其基准日期是 2009 年 12 月 31 日。按照预测要求,机队根据指定区域以及座级进行细分,分成支线飞机、单通道飞机和双通道飞机。每个区域都有相对应的机队增长率,以此来获得机队预测。其他列入考虑的因素还包括飞机的机龄、储备订单、机队趋势、航空公司机队规划等。

3) 飞机的分配和协调

当需求预测和供给预测都已完成,那么,就需要将结果与需求和供给结合起来,开始进行协调统一过程。在自下而上的机队预测和自上而下的运量预测之间的主要联系就是 ASK。ASK 的预测产生于需求模型(如基于运量预测),它必须和供给模型协调一致。分配和协调过程是一项迭代过程,需要对模型进行反复的检查和调整,目的是为了获得最合理的结果。

2.3 民用航空市场预测模型

2.3.1 需求预测模型

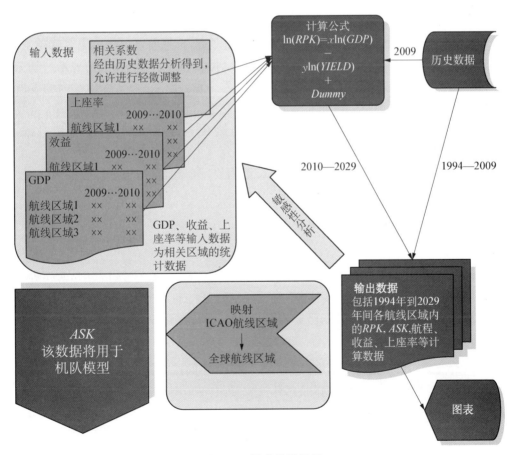

图 2－2 需求模型原理

图 2-2 为需求模型原理图(以 2010 年至 2029 年预测为例),由于商用飞机市场预测的基本策略是反复迭代供给模型的结果来匹配作为预测基准的需求模型结果,所以预测最后结果的精度与可信度高度依赖需求模型的合理性及准确性。而需求预测一般通过回归分析历史上外部环境(社会政治、经济环境以及行业发展等)与实际航空运量的相关关系构建,在市场预测需求模型中选择了以下两个参数。

(1) GDP 数据。GDP 数据是最重要的反映宏观经济环境与社会结构的经济学参数。GDP 增长率不仅反映了被统计国家或地区的宏观经济情况,同时也折射出国际社会对该国家或地区未来发展的期望及信心。历史数据显示,GDP 和航空运量呈现高度正相关。几乎全世界所有国家或地区都有详尽的 GDP 统计数据可供使用,大量的国际性研究机构也能够提供未来 15~30 年的全球主要国家及地区的GDP 预测数据。

(2) 收益数据。在需求模型中引入收益数据是该市场预测的一项创新。一般而言,GDP 数据从宏观角度反映出社会经济发展对航空运量发展的促进作用,收益数据则从相对微观的角度反映了社会大众对航空运量发展的影响。收益即为每客公里收入,直接反映航空公司的票价水平。票价越高,选择航空出行的旅客就越少;票价越低,选择航空出行的旅客反而越多。所以收益与运量呈负相关的关系。基于目前包括高铁、私人汽车等多种交通运输工具在全球,特别是包括中国在内的发展中国家的长足发展,航空运输业面临源自其他交通运输工具日益严峻的竞争,将收益数据包括在航空运输需求预测模型的意义自然不言而喻。不过,相比 GDP 数据,收益数据的收集及规整化更加烦琐与困难。

如前所述,航空运量需求与 GDP 增长正相关,而与航空运输平均收益负相关,其关系可用下式来描述:

$$RPK\ growth = \exp[x\ \ln(GDP\ Growth) - y\ \ln(real\ yield\ growth) + z]$$

$$(2-1)$$

模型有两个基本的自变量:$RPK\ growth$(RPK 增长),$real\ yield\ growth$(实际收益增长)。对 ICAO 划分的 17 个主要国际航线区域和 5 个国内市场的交通流量进行深入分析,通过对这些市场历史数据的回归分析,得到 x, y, z 的系数。

2.3.2　供给预测模型

供给模型的目标是预测未来 5、10、15 和 20 年的机队规模以及每个 5 年周期内按照区域、飞机类别和座级划分的交付量。其主要预测式为

$$Forecast\ Fleet[nth\ year] = Forecast\ Fleet[(n-1)th\ year] +$$
$$Forecast\ Delivery[nth\ year] -$$
$$Forecast\ Net\ Retirement[nth\ year]$$

$$(2-2)$$

意思为：预测年的机队数＝预测年前一年的机队数＋预测年的交付飞机数－预测年的飞机净退役量。

为此我们需要进行按座级和地区的历史机队及交付分析，还要知道历史交付中分别用于替换和机队增长的比例。然后通过历史数据分析所要预测现有机队的未来替换、退役、循环；分析按座级和地区的机队增长趋势和储备订单。供给模型原理如图2－3所示。

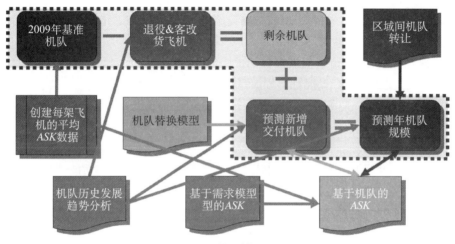

图 2－3　供给模型原理

一旦供给模型通过预测机队得出未来 ASK 后，要与需求模型中产生的 ASK 数据相比较。它们之间的差异可以通过各座级的平均 ASK(ASK per aircraft)转化为飞机数量的差异。当飞机数量差异不大时可以忽略，举例来说，20 年中 20 架飞机数量的差异是可以忽略不计的，因为只占预测机队总数的极小比例。当出现显著差异时，就有必要改变飞机机队的数量，使其与需求模型预测的 ASK 数据更加匹配。

2.4　预测结果是企业市场战略的体现

以上需求-供给模型流程中，为尽可能准确且客观地预测未来需求数据(RPK)，如空客公司与波音公司在其预测模型中均对全球航线区域进行非常细致的划分，甚至可能将全球航线区域划分为数千个点对点数据单元，然后进行大规模回归分析。此类大规模回归分析的真正困难在于各种历史数据以及未来各种影响因素(如GDP、人口)的收集与估算。尽管收集整理这些数据需要花费巨大的人力和物力，而且采用不同来源的数据也存在不同程度的差异，但大部分航空预测报告的需求模型几乎都能够得到类似的结果，因而也旁证了需求预测模型的可靠性与健壮性。

不同于各种预测报告中需求模型结果大同小异，最终所得出的交付预测结果却截然不同。究其原因是,需求模型是一个定解方程,其数学分析从自变量推算因变量,而供给模型则是开放式方程,其处理模式是由因变量(ASK)逆向迭代,以期从中找出"合理的自变量组合(各座级机队发展)",以实现所需要的因变量(ASK),因而在逻辑上几乎可以有无限多的可能性(各座级机队进化组合),而市场研究人员则需要综合考虑各种因素,从数学上的无限可能性中提炼出最可能的情形,并据此制订公司的产品研发及差异化市场竞争策略。

如何从诸多可能性中确定最合理的供给模型,考验的是市场人员对未来商用飞机技术发展趋势,机场、航空管制等基础设施建设,以及未来旅客选择出行方式时最重视的因素等的把握能力。

归根到底,所有的市场预测报告都试图回答以下的3个问题:

(1) 未来航空运输市场的前景与可能的变数是什么?

(2) 飞机的选择应如何随航空运输市场的变动而变化?

(3) 在预测的航空运输市场状况下,如何优化机队配置以便在竞争中获胜?

各大制造商的预测年报中均看好未来航空工业的发展前景,例如,空客公司预测在2015—2034的20年间旅客周转量年平均增长率为4.6%,而波音公司预测相同区间内的年均增长率为4.8%。空客公司及波音公司均认为,未来制约航空流量发展的重要瓶颈为全球主要交通枢纽城市机场吞吐量趋于或已经饱和,而要解决该瓶颈则需要飞机制造商及航空公司的创新。

事实上,早在20世纪90年代末,空客公司及波音公司的预测年报中就已经意识到这个瓶颈,而两家公司为克服该瓶颈所提出的解决方案则截然不同。

当意识到主要交通枢纽机场的吞吐量已经趋于饱和时,波音公司认为解决该问题的最好办法是尽量分散客流,避免客流过度集中于大型的交通枢纽机场。通过研发座位数相对较小,巡航速度更快的新式飞机(Sonic Cruiser),认为航空公司通过开通更多的点对点直飞航班,可有效地缓解对大型枢纽机场的依赖程度,以获取更高的运营收益;波音公司同时认为,虽然休闲旅客对票价更为敏感,但航空公司主要收益来源的商务旅客在选择快捷与经济性时会倾向于更为快捷的直飞航班。波音公司的主要依据部分来源于B747飞机在不同主要航线上上座率不断下降的统计数据,以及对商务旅客对时间更加敏感的判断上。此后,虽然波音公司因为成本的原因放弃了Sonic Cruiser的研发,并一度试图与空客公司合作开发比B747更高座级的大型双通道客机,但是波音公司最终将资源集中在大量采用新材料,新技术的250座级双通道的B7E7(后改名为B787)客机项目之中。

而空客公司则认为由于主要枢纽机场跑道利用率将趋于饱和,在无法提升起降频率扩大吞吐量的前提下,提高单次起降所能够搭载的旅客数是解决瓶颈的最好方法。空客公司确信通过研发更高座级的大型双通道客机,航空公司能够大幅度降低每座公里成本,从而为航空公司带来更多的运营收益。特别是空客公司认为在人口密集、航空运输发展迅猛的中国和亚太地区,大型双通道客机市场广阔。因此,虽然与波音公司共同开发大型双通道飞机的合作项目最后被迫中止(或者可以认为是空客公司主动终止了该合作项目),空客公司依然投入巨资(总研发经费超过 100 亿欧元)研发了世界上最大的 A380 大型双通道客机。空客公司一直坚持研发大型双通道客机,而不是像波音公司那样在大型双通道客机及速度更快的 Sonic Cruiser 之间摇摆的一个可能的原因是,空客公司已经拥有了两倍声速的协和式超声速客机并曾经投入商业运营,空客公司对高速客机的运营成本比波音公司有更加深刻的理解。

表 2-1 所示空客公司与波音公司对 2015—2034 年双通道喷气客机交付预测清晰地体现了这两家商用飞机制造企业对未来航空运输模式的不同理解。

表 2-1　空客公司与波音公司对 2015—2034 年双通道喷气客机交付预测

交付量 (2015—2034)	小型双通道 喷气客机	中型双通道 喷气客机	大型双通道 喷气客机
空客公司	8 108		1 550
波音公司	4 770	3 520	540

虽然波音公司先是在更大的大型双通道飞机与更快的 Sonic Cruiser 之间摇摆,此后决策投入巨资研发大量采用新材料与新技术的 B787 Dreamliner 飞机,研发过程中遭遇了诸多技术瓶颈,不仅大幅延长了 B787 的研发周期,最终研发成本也严重地超出了最初预算,使空客公司在一定程度上获得先机。但目前 B787 的订单情况一直良好。而空客公司经济效益更高的大型双通道喷气客机迎合了高密度市场的需求。事实上,随着网络技术的高速发展,以及对出行成本控制的日益严格,个人及商务出行都对票价越来越敏感,这两款飞机的未来前景,很大程度上取决于它们的实际运营情况。

当然,作为大型航空器生产的全球两大寡头,无论是波音公司还是空客公司都采取了稳健的产品研发策略。波音公司在 B787 之后重新启动 B747 Stretch 项目以对抗空客公司的 A380,而空客公司则以研发 A350 来抵御波音公司 B787 对市场的冲击。

综上所述,民用飞机市场预测对航空相关的各个行业都有重要意义,特别是可帮助飞机制造商更加准确地在市场上进行产品定位。

(1)民用飞机市场预测方法中,通过需求模型是进行自上而下的航空运量预测,而通过供给模型则是进行自下而上的机队预测。

(2)在需求模型运量预测结果相同时,通过各座级机队进化组合可得到不同的机队预测结果。不同的机队预测结果反映了各个公司的产品研发策略及市场竞争的差异化。

3 销售支援及客户化选型

3.1 机场航线适应性分析及飞行计划

3.1.1 机场适应性

飞机飞行手册中标示的重量、油耗、商载和航程等性能指标大多是根据标准条件(如标准的备降场剖面图与无风航路等)计算的,而飞机在某一特定机场起飞或降落时,跑道的长度、标高、载荷极限、周围净空条件、备降场的距离等,都可能影响飞机的起飞和降落重量、油耗、商载和航程。因此,为了说明飞机在具体机场起降的安全性和经济性,飞机销售支援人员还要向销售对象提供有关飞机在特定机场的起飞、着陆性能和环境适应性能等分析。

机场适应性评估,首先要确定出在预期的机场条件(跑道的长度、标高、环境温度、道面强度值(pavement classfication number,PCN)和障碍物)下,飞机能否在该机场运行;如果运行受限制,则要确定飞机起飞/着陆的限重,以便对飞机的商载和载油量做出判断。机场适应性分析的基本项目及要求如表 3-1 所示。

表 3-1　机场适应性分析基本项目及要求

飞机性能	机场特性	要　求
起飞距离	可用起飞距离	起飞距离≤可用起飞距离
起飞滑跑距离	可用起飞滑跑距离	起飞滑跑距离≤可用起飞滑跑距离
加速-停止距离	可用加速-停止距离	加速停止距离≤可用加速-停止距离
起飞爬升第Ⅰ阶段爬升梯度		≥0
起飞爬升第Ⅱ阶段爬升梯度		≥2.4%(双发飞机)
起飞爬升最终阶段爬升梯度		≥1.2%(双发飞机)
越障高度(含单发离场及单发复飞)	存在障碍物	越障高度≥障碍物的高度
着陆距离	可用着陆距离	着陆距离≤可用着陆距离
单发停车进场复飞爬升梯度		≥2.1%(双发飞机)

（续表）

飞机性能	机场特性	要　求
全发工作着陆爬升梯度	≥3.2%	
飞机分类值 （aricarft classfication number, ACN）	PCN 值	ACN≤PCN

1）起飞性能

起飞性能分析是根据运行合格审定关于飞机起飞的技术要求，分析飞机在具体机场起飞时，跑道长度、坡度、障碍物等机场条件，以及飞机结构强度、发动机推力等自身条件对于起飞重量的限制，得出飞机在具体机场可达到的最大起飞重量，以及对应实际起飞重量的起飞速度。

起飞性能分析主要包括以下内容：

（1）收集起飞性能分析所需要的技术资料，包括适航管理部门的相关规定、飞机的技术资料，以及机场的具体条件等。

（2）分析起飞的需要跑道和可用跑道，确定受到机场场地长度限制的飞机最大起飞全重。

（3）分析飞机起飞飞行航迹的爬升梯度要求和爬升梯度对最大起飞全重的限制。

（4）分析超越障碍物对最大起飞全重的限制。

（5）分析刹车能量和轮胎速度对于最大起飞重量的限制。

（6）确定具体机型在具体机场可达到的最大起飞重量，以及对应实际起飞重量的起飞速度 V_1、V_R、V_2 值，明确飞机起飞的安全性（符合起飞速度要求）与经济性（保证较大的商载）。其中 V_1 也称起飞决断速度，是在主要发动机出现停车之后，飞行员可以安全做出继续起飞或中断起飞的决定时的速度，它是安全完成中断起飞的最大速度，也是安全完成继续起飞的最小速度；V_R 是在起飞滑跑中飞行员开始抬起起落架前轮的瞬间速度；V_2 也称起飞安全速度，是飞机在一发失效时离地 35 ft（1 ft=0.304 8 m）时应达到的最小爬升速度。图 3-1 是各种起飞距离与起飞速度的示意图。对于湿跑道、污染跑道则需要特殊分析，一般湿跑道起飞距离增加 15%。另外，在实际运营中还可以根据运营环境进行改进 V_2 起飞，或减推力/假设温度起飞等方式调整起飞性能的适应性，进而提升起飞重量或降低发动机维修成本。

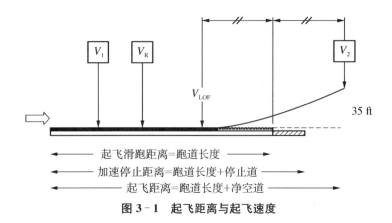

图 3 - 1　起飞距离与起飞速度

飞机起飞飞行航迹(单发)各阶段的定义和构型如图 3 - 2 所示。

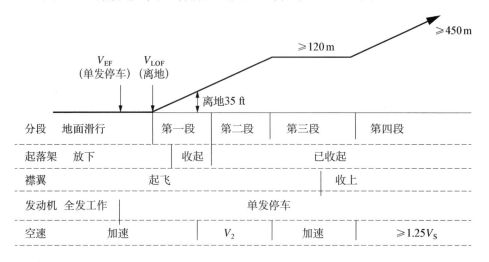

飞行阶段	第一阶段	第二阶段	最终阶段
起落架	放下	收上	收上
襟/缝翼	起飞	起飞	航路
空速	V_{LOF}	V_2	≥1.25V_s
发动机状态	单发,起飞推力	单发,起飞推力	单发,起飞推力
离地高度	0 至起落架收上高度	24~120 m	120~450 m
爬升梯度(双发飞机)	≥0	≥2.4%	≥1.2%

图 3 - 2　起飞各阶段定义和构型

对于飞机起飞阶段越障的运行要求是:越障高度≥净起飞飞行航迹范围内的所有障碍物的高度。起飞越障要求如图 3 - 3 所示。其中,越障高度为净飞行航迹减去 35 ft。净起飞飞行航迹为临界发动机停车条件下的实际起飞飞行航迹在每一点上扣除 0.8% 爬升梯度(对于平飞加速段,扣除平飞加速度,该要求对应双发飞机)。值得注意的是,障碍物的地理位置是固定的,但参考零点和飞行航迹随起飞重量、环境温度及机场标高而变化,使得越障能力的分析变得较为复杂。

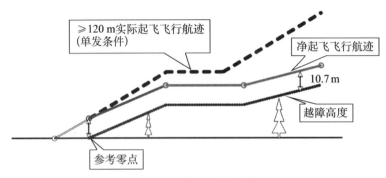

图 3-3 起飞越障要求

如果不能满足起飞飞行航迹各阶段的爬升梯度,必须降低起飞重量直至满足。爬升梯度要求限制的起飞重量与环境温度和机场高度有关,一般采用起飞限重图来描述。第二阶段爬升梯度通常是临界要求。

飞机起飞重量必须满足下述限制(实际上包含了有关起飞的所有要求):

(1) 起飞重量≤起飞结构限重(即最大设计起飞重量)。

(2) 起飞滑跑距离≤跑道长度。

(3) 起飞距离≤跑道长度+净空道。

(4) 加速-停止距离≤跑道长度+安全道。

(5) 起飞中各爬升阶段的爬升梯度应等于或大于中国民航规章(CCAR)25 部所规定的相应要求(对于双发飞机,第一段为 0,第二段为 2.4%,最终段为 1.2%);起飞第二阶段爬升梯度要求常是临界要求。

(6) 越障高度≥净起飞飞行航迹范围内的所有障碍物的高度。

2) 着陆性能

着陆性能分析是根据适航条例关于着陆的技术规定,分析飞机在具体机场进场着陆时,进场爬升和着陆爬升梯度、着陆距离和着陆场地长度对于最大着陆重量的限制,得出飞机在具体机场可达到的最大着陆重量及对应实际着陆重量的着陆速度。

(1) 分析飞机进场爬升和着陆爬升对最大着陆重量的限制。由于机场原因或飞机本身发生故障,正在进场着陆的飞机终止着陆并转入爬升过程,即复飞,以便再次着陆。为了确保复飞安全,要求达到一定的爬升梯度,这就会对最大着陆重量产生制约。

　　单发停车进场复飞爬升梯度要求为：进场襟/缝翼，起落架收上，1.3Vs，单发停车，爬升梯度≥2.1%。进场复飞爬升梯度要求限制的着陆重量与环境温度和机场高度有关，一般使用着陆限重图来描述。

　　全发工作着陆复飞爬升梯度要求为：着陆襟/缝翼，起落架放下，1.3Vs，全发工作，爬升梯度≥3.2%。全发工作着陆复飞爬升梯度要求通常不会成为临界要求。

　　（2）分析着陆距离和着陆场地长度对最大着陆重量的限制。着陆距离是从机场入口处离地面50 ft高度开始，经过直线下滑、接地、减速滑跑到完全停下的距离。考虑到跑道坡度和非标准大气会使着陆距离加长，为了保证着陆安全，适航审定部门要求着陆场地长度应达到着陆距离的1.67倍（见图3-4）。如果着陆场地长度达不到要求，就需要通过降低最大着陆重量来减少着陆距离。

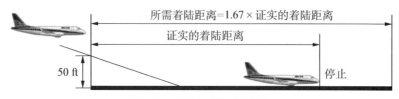

所需着陆距离=1.67×证实的着陆距离

证实的着陆距离

50 ft　　　　　　　　　　　　　　　　　停止

图3-4　要求的着陆场地长度

　　着陆场长定义是：飞机以不小于1.3Vs的最终进场速度，从高于着陆表面15 m（50 ft）到飞机接地并完全停止的水平距离为着陆距离。其中，对于涡桨飞机目的地机场着陆需用场长（着陆距离/0.6，即1.67倍着陆距离）≤跑道长度；备降机场着陆需用场长（着陆距离/0.7，即1.43倍着陆距离）≤跑道长度；对于涡扇飞机则统一使用着陆距离/0.6。着陆时使用飞行/地面慢车推力，环境温度影响较小。湿跑道和污染跑道仍需要分析，湿跑道着陆场长比干跑道增加15%。

　　着陆重量必须满足下述限制（实际上包含了有关着陆的所有要求）：

　　（1）着陆重量≤着陆结构限重。

　　（2）着陆距离/0.6≤目的地机场跑道长度。

　　（3）着陆距离/0.7≤备降机场跑道长度（涡桨飞机）。

　　（4）着陆重量≤单发停车进场爬升梯度要求（2.1%）所限制的着陆重量；由单发停车进场爬升梯度要求所限制的着陆重量常是临界要求。

　　（5）着陆重量≤全发工作着陆爬升梯度要求（3.2%）限制的着陆重量。

　　3）机场环境

　　机场环境适应性分析主要分析机场道面承载能力和机场海拔高度、地表温度等自然环境对于飞机性能的影响。

　　为了保证飞机起降重量不超过机场道面承载能力，ICAO成员国普遍采用ACN/PCN分析方法。PCN值是根据机场道面类型（硬道面或是软道面）、地基强度、轮胎压力和设计寿命等,赋予每条跑道的分类值,反映道面对于无限制操作的承受能力;ACN 值是根据飞机起落装置的表面形状(如轮子之间的距离及轮子数量)、飞机重量、轮胎压力等,赋予每架飞机的分类值,反映飞机对于规定标准地基道面的冲击力。一般来说,ACN 值小于或等于 PCN 值,飞机才能获准正常使用跑道。如果 ACN 值大于 PCN 值,则需按照 ACN 等于 PCN 来确定道面承载能力限制的起降重量。如果该种机型飞机年度飞行次数不超过机场年度总飞行次数的 5%,则飞机的 ACN 值可以大于 PCN 值,对于刚性道面,ACN 值最大可比 PCN 值大 5%;对于柔性道面,ACN 值最大可比 PCN 值大 10%。刚性道面由混凝土筑成,中国几乎所有民用机场跑道均是刚性道面。非刚性道面有草坪、碎石、沥青等各类道面。低的 ACN 值能够提高飞机的机场适应性,但要求较大的轮胎尺寸,导致飞机阻力和重量的增加。支线机通常要求较低的 ACN 值。在中国,随着航空运输业的发展,机场越修越好,低等级道面机场不多见。在欠发达国家,机场道面 PCN 值是值得注意的。

机场的海拔高度和温度也对飞机性能产生影响。因为飞机的效率是空气密度的函数,空气密度越小,飞机的效率越低。而空气的密度随海拔高度和温度的增加而减少,因此,在高温高海拔机场,飞机起飞时需要更长距离的跑道。在分析飞机对具体机场环境的适应性时,需要按照冬、夏季 85% 可靠性温度和压力高度计算飞机起降重量。

当跑道长度限制时,或爬升梯度限制时,或 PCN 值限制时,不是简单地判定为"不满足",应该确定出满足条件的起飞重量。当着陆重量受限时,同样是要限制起飞重量。

有效载荷=起飞重量-使用空重;确定了起飞重量,经营者就能确定出载客数或航程能力。

3.1.2 航线适应性

飞机的航线适应性分析是根据运行合格审定关于航路飞行的技术要求,针对具体的航路条件,分析飞机飞行的安全性,并寻求降低油耗、提高商载的有效途径。分析的最终结果,是在符合安全运行要求和提高经济效益的前提下,测算出航线飞行的燃油消耗与商载,为使用飞机的航空公司通过运行资格审定提供支撑数据,也为飞机的经济分析提供依据。

飞机的飞行重量(使用空重+商载+载油量)越大,耗油越大,将不利于航程和单发升限,从而影响航线适应性。

1)安全性

(1)了解具体航线的飞行高度、纬度和温度数据,对照飞机飞行手册有关航路飞行高度、纬度和温度的限制,确认飞机是在符合上述限制条件的航路上飞行。

(2)合理选择备降机场。飞机飞行中发生意外情况(如目的地机场天气条件恶劣或发生拥堵等)时,需要使用备降机场。备用机场过远,增加备份油量,影响商载;备用机场太近,有可能与目的地机场处于同一气候条件。飞机的航线适应性分析,需要在上述两个方面权衡,确定合适的备降机场。备降场包括三类:起飞备降场、着陆备降场和航路备降场。一般来说,短航程时航路备降场考虑不太多,着陆备降场是商载、航程的重要影响因素。长航程时,尤其是跨洋运行航线,航路备降场将有可能影响航路走向,进而影响商载和航程。飞机备降场一般不是约束条件。

(3) 分析单发停车飘降的要求及其对航线商载的影响。飞行过程中一台发动机停车时,需要下降到一个较低的高度和较小的速度巡航,这一过程称为飘降。飘降需要采用合理的速度以减小下滑角,安全越过航线左右各 25 km 范围内的高山等地形障碍,达到一个安全的平飞高度。运行合格审定文件中规定了飘降的具体技术要求,如果由于航路上的温度、风向与障碍物等使得飞机不能满足这些规定,必须考虑放掉部分燃油和减少商载来减轻飞机重量,以保证飞行安全。单发升限与飞行重量有关。在航线适应性分析中,单发升限所对应的飞行重量准则通常是:

飞行重量 = OEW + 商载 + 轮挡耗油 + 备份油 − 起飞至 5 000 ft 的耗油。

(4) 分析座舱释压供氧的要求及其对航线商载的影响。一旦高空客舱发生释压,应当立即对旅客供氧,并且飞机应当立即下降到低高度以减小缺氧的影响。此外,对于山区航线,飞机下降过程中应满足航路越障要求即飞机下降过程中应超过航路两侧各 25 km 范围内所有障碍物 600 m(2 000 ft),制订处置方案。要求飞机高空客舱释压后下降飞行剖面不高于供氧剖面。飞机重量、温度、气压高度、飞机速度和风速均会影响供氧和下降剖面的制订。

2) 油耗

(1) 计算航线耗油。

如前所述,飞机耗油是航空公司非常关注的性能指标,因为它是航班运营成本的重要组成部分。飞机耗油包括滑行耗油、辅助动力装置(APU)油耗、起降耗油和航线耗油,其中航线耗油是最主要的部分。窄体机典型飞行剖面如图 3−5 所示。滑行耗油率一般是巡航耗油率的 25%～30%。不同机型地面 APU 耗油率不相同,但一般低于发动机耗油率。航线耗油受到飞机重量、航程、航速、飞行高度、风向和温度等多种因素的影响,分析飞机的航线适应性,重要内容之一就是根据上述因素之间的相互影响关系、具体航路上的风向和温度条件,以及备降机场的位置,选择安全、经济的巡航高度和巡航速度,最终测算出航线飞行的耗油量。实际开航分析时一般通过飞行计划完成分析。

商载的变化对于油耗影响较小,例如波音飞机每增加 1 000 lb (1 lb=0.453 59 kg)的零油重量(ZFW)轮挡油耗增加 0.2%～0.7%,其还取决于飞机大小,飞机越大影响越小。这也是飞机运营商边际成本低的一个重要原因。

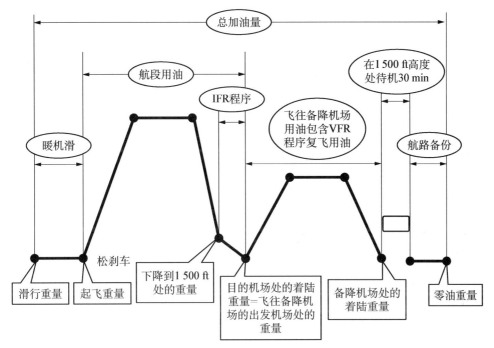

图 3-5　窄体机典型飞行剖面

不同的速度对油耗和航程的影响较大,长航程巡航(long range criuse,LRC)基础上,速度每增加 $0.01Ma$,油耗约增加 2%。因此,对于长航程运营时采用 LRC 或成本指数(cost index,CI)运营。

飞行高度对于油耗的影响也较大。顺风时飞得越高越省油,逆风时则需要合理计算当量风,以选择飞行高度。长航程时采用阶梯巡航方式,即因为耗油后飞行重量降低选择更高的高度层来飞行,以此降低油耗。

不同的飞机构型也会对油耗产生影响,例如襟翼位置、起落架收放、扰流板等。当飞机阻力每增加 1%,轮挡油耗增加 $0.7\%\sim1\%$。

有时航空公司还会考虑燃油差价,在飞行过程中多带油以获得更高的经济效益。

(2) 分析备份油量与二次放行。

当航线上发生恶劣天气或拥堵等意外情况导致航班不能正常降落时,飞机会出现绕航、空中等待和备降其他机场的情况。备份油量就是为应对这些特殊情况,超出航线耗油多携带的油量。按照我国适航管理部门的规定,备份油量包括:航线距离 10% 的油量、由目的地机场飞往备降机场的油量,以及在备降机场上空等待 30 min 的油量。

备份油量是影响飞行安全与经济效益的"双刃剑",备份油量低,不足以应对恶劣天气等特殊情况,威胁飞行安全;备份油量高,在正常飞行情况下,不仅反复占用飞机起飞和降落重量,影响商载,而且存在"油耗油"的现象,以 B747 飞行时间超过 9 h 为例,每多加 3 t 燃油,飞行中至少多耗 1 t 油。为了解决这一问题,在远程国际航线上需要采用二次放行的方法来减少航路备份油量。

成功实现二次放行的关键是合理选择二次放行点。图 3-6 描述了二次放行过程中二次放行点的重要性:实际飞行计划是从 A 到 B,为了在保证安全的前提下减少备份油量,预先选择合适地点 C 作为二次放行点,并在其周边选择 C_1 作为备降机场。航班从 A 点起飞时,航线耗油与备份油量按照 A 至 C 再备降 C_1 考虑。当飞行至 C 点上空时,根据所剩燃油数量多少决定是继续飞到 B 点,还是在 C 点降落,加油后再飞至 B 点。只有当 C 点位置适当时,才能够有效减少备份油量和航线耗油,增加商载。根据经验数据,二次放行点一般在航线距离的 80% 处比较适宜。

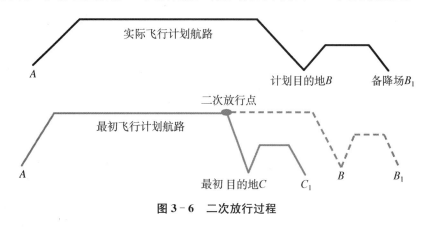

图 3-6　二次放行过程

3.1.3　飞行计划

飞行计划最基本的内容是针对每一航班算出允许的最大业载、轮挡油量、备份油量、起飞总油量、轮挡时间等各项数据,详细的飞行计划还应算出达到各航路点的时间,所消耗油量(或剩余油量),在各航路点的速度、航向等。

1) 飞行计划制订方法

现代飞机上的飞行管理系统,可以对飞行性能进行优化,为保证安全、提高经济效益,仍然有必要先做飞行计划。原因在于起飞前飞行员要向飞行管理系统输入飞机重量、总油量和备份油量,飞行管理系统根据以上这些输入数据进行优化管理。因此,飞行计划数据的输出就是飞机性能优化的前提。做飞行计划前,应先做机场适应性分析,即算出起飞机场的最大允许起飞重量、目标机场和备降场的最大允许着陆重量,还要知道航线(航程、航路点位置、航段距离、航向等)情况和气象(航路风向、风速、气温等)情况。燃油量的计算方法应符合规章要求和公司燃油政策。

（1）指导思路。

根据 CCAR 121 R4 版第 121.657 条国内定期载客运行的燃油量要求，一般国内航线飞行计划计算剖面如图 3-7 所示。

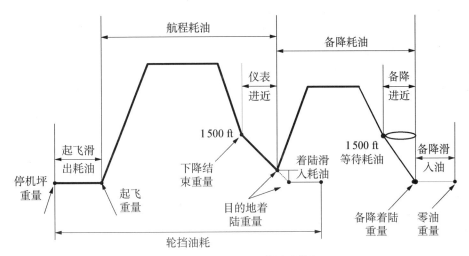

图 3-7 国内航线飞行计划计算剖面

飞行计划制订的指导思想是巡航段分小段（一般飞行时间 2 min 是可接受的步长）积分，其他阶段近似计算。在已知初始重量、速度或速度剖面（针对爬升和下降）、高度、航路距离（仅针对巡航段）、温度和风速的条件下，分别计算巡航段的燃油流量、真空速（仅针对非定速巡航，如 LRC，CI 等），其他阶段的油耗、时间和距离。

（2）由备降场停机坪开始往回推算。

如果知道实际业载重量 PL（旅客加货物重），则在备降场停机坪 $ZFW = OEW + PL$，飞机重量 $W = ZFW +$ 公司备份油（＋国际航线的航线应急油）。如果想算一下最大允许业载是多少，则设在备降场停机坪 $ZFW = MZFW$，于是飞机重 $W = MZFW +$ 公司备份油，最大业载 $MPL = MZFW - OEW$。然后由此 W 开始往回推算，加上各阶段消耗油量，一直算到起飞机场停机坪，在计算中，有

$$ZFW \leqslant MZFW$$
$$LWA \leqslant MLWA$$
$$LWD \leqslant MLWD$$
$$TOW \leqslant MTOW$$
$$\text{总油量} \leqslant \text{油箱容量}$$

式中：$MLWA$ 为备降场最大允许着陆重量；$MLWD$ 为目标机场最大允许着陆重量；$MTOW$ 为起飞机场最大允许起飞重量；LWA、LWD、TOW 分别为做飞行计划

中计算出的在备降场、目标机场的着陆重量和起飞机场的起飞重量。

如有一个条件不满足应减少业载,重新计算直到满足条件为止,计算结束就得到了所允许的业载(有可能实际业载被减少)及起飞总重量等数据。

(3) 由最大允许起飞重量往后推算。

在计算之前不知道应加油量,所以实际起飞重量是未知的,只能由最大允许起飞重量 $MTOW$ 开始计算,向后逐步推算出各阶段的耗油量及到达目标机场及备降场之重量,若它们大于 $MLWD$ 或 $MLWA$ 则减少起飞重量,重新计算,当全部算完得出总油量之后,如总油量超过了油箱容量,则应减少起飞重量重新计算,直到总油量刚好等于油箱容量。由起飞重量减去总油量(含滑行油量)得 ZFW,它应小于等于 $MZFW$ 或小于等于 $(OEW+PL)$ (如果给定了实际业载 PL),否则减少 TOW 重新计算,可以从 TOW 减去 $(ZFW-MZFW)$ 或 $[ZFW-(OEW+PL)]$;再次计算,直到算出 ZFW 近似等于 $MZFW$ 或 $(OEW+PL)$ 为止;最后得到的 ZFW 减去 OEW 即为能带的业载。

(4) 其他。

飞行计划制订时还有一些其他需要关注的问题。

机场标高与气压高度的差异对爬升和下降的影响很小,飞行高度层已使用气压高度,因此不用考虑气压高度的转换。逆风时可以根据当量风计算选择较低高度层,顺风可选择较高高度层。

一般不考虑巡航加速段、减速段,但对于一些机型给出相关参数可考虑,例如 CRJ700 飞机。

一般近似认为爬升、下降中的风速为巡航高度上风速的 2/3。爬升、下降使用与巡航相同的温度。

一般认为复飞油耗是起飞油耗的 80%。

还需要考虑 APU 地面耗油,仅在延程运行(ETOPS)和单发失效飘降时才考虑 APU 空中耗油。

性能衰减需考虑 OEW 增加和耗油率增加。

一般对于新的飞行计划软件、新的飞机、新的航线,航空公司基于安全考虑会增加公司备份油。

(5) 小结。

对于较短的航线采用(2)的方法较好,一般计算出来的起飞重量不会超过最大允许起飞重量,可以避免迭代计算,使用手册上所给出的简化飞行计划的图表适合于从后向前计算这种做法。对于长航线则采用(3)方法较好,计算出来的着陆重量一般不会超过最大允许着陆重量,可以避免迭代计算,手册上所给出的阶梯巡航的简化飞行计划图表就适合于从前向后这种做法。如果编制计算机飞行计划程序,可以只按一种方法来编制程序,一般说来第一种方法较为方便。

如人工手算做飞行计划,由后向前做时算出的起飞重量超过最大允许起飞重量,可改为由前向后计算;反之,如由前向后做算出的着陆重量超过最大允许着陆重量,可改为由后向前计算,以避免迭代计算。

2)飞行计划计算模型

根据 CCAR121 R4 版与航空公司实际运行要求,经过深入研究确定建立如图3-8所示的飞行计划计算模型。

(1)国内航线计算模型。

根据 CCAR121 R4 版第 121.657 条关于"国内定期载客运行的燃油量"的要求,结合飞机性能数据优化处理模型中的爬升、巡航、下降、等待等计算,按照国内航线飞行剖面(见图 3-9)计算起飞油量及计算航路各点经纬度、速度、航向、剩余油量等状态参数。

图 3-8 飞行计划计算模型

图 3-9 国内航线飞行剖面

(2)国外航线计算模型。

根据 CCAR121 R4 版第 121.661 条关于"除涡轮螺旋桨发动机飞机之外的涡轮发动机飞机国际定期载客运行的燃油量"的要求,结合飞机性能数据优化处理模型中爬升、巡航、下降、等待等计算,按照除涡轮螺旋桨发动机飞机之外的涡轮发动机飞机国际航线飞行剖面(见图 3-10)计算起飞油量及计算航路各点经纬度、速度、航

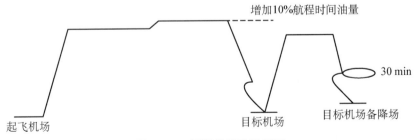

图 3-10 国际航线飞行剖面

向、剩余油量等状态参数。但 CCAR121 R5 版中将国内、国外飞行剖面统一,均使用国际航线飞行剖面。同时将航路应急油由 10% 航程时间油量改为 10% 航程油量。

（3）目标机场不能加油的飞行计划。

在我国国内个别机场如拉萨机场等,由于特殊原因在某些情况下不能为飞机加油,飞到此类机场的航班必须带上回程或下一航段所需的油量,目标机场不能加油的飞行剖面,如图 3-11 所示。在此极端条件下通过最优化模型算法确定最低起飞加油量,并计算各航路点的状态参数和业载限制。

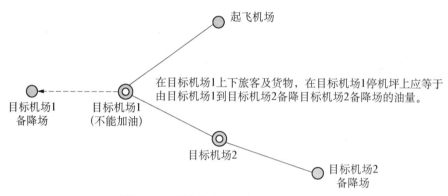

图 3-11　目标机场不能加油的飞行剖面

（4）目标机场只能部分加油的飞行计划。

在一些燃油紧张的机场对在该机场着陆的飞机只能补充少量燃油、不能提供所需的全部燃油,目标机场只能加部分油的（飞行剖面详见图 3-12）,在此情况下,满足所有条件下的最低起飞油量和业载限制,并计算各航路点的状态参数。

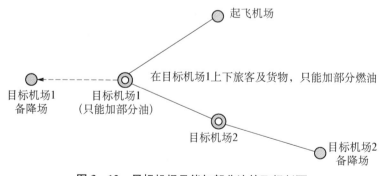

图 3-12　目标机场只能加部分油的飞行剖面

（5）燃油差价计算模型。

目前世界各地燃油价格都不一样。当航班从油价低的机场飞往油价高的机场时,如果能够多带油使得在目标机场不加油或少加油,则能节省燃油费用。当两地油价相差很大时,会带来巨大的经济效益。为了利用燃油差价获得经济效益,通过对成本的研究,重点解决对一个具体航班是否能多带油的问题;如果一个航班能多带油,确定需多带的油量;通过计算保本油价,确定多带油是否合算。此外,还应进一步研究最佳多带油量(即多带多少油量最合算、节省的燃油费最多),为满足下一航班的需要应该多带油量等问题。

(6) 二次放行计算模型。

根据 CCAR121 R4 版第 121.661 条关于"除涡轮螺旋桨发动机飞机之外的涡轮发动机飞机国际定期载客运行、补充运行的燃油量要求"的要求,起飞总油量由以下四部分组成:从起飞机场到目标机场的油量(包括进近、着陆用油);按下降顶点(top of descent,TOD)的重量和燃油流量计算的能再飞行 10% 航程时间的油量;从目标机场到签派制订的最远备降场的油量;在备降场上空 1 500 ft 等待 30 min 的油量。利用二次放行可以通过选择初始目标机场和二次放行点,有效地减少起飞油量,提高经济效益。CCAR121 R5 统一了国内、国际备份油规则,原则上国内航线也可使用二次放行,且由 10% 航程时间变为 10% 航程油量,二次放行效果将更显著。二次放行的飞行剖面如图 3-13 所示。

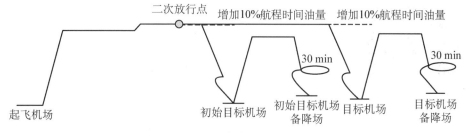

图 3-13 二次放行的飞行剖面

确定在多个备选初始目标机场的前提下的,各初始目标机场的二次放行点的最优化位置计算,并确定各方案下的起飞油量,综合各种限制条件选取最佳初始目标机场和二次放行点、确定起飞业载和各航路点与关键位置的状态参数。

3.2 客户市场分析

航空市场分析是对目标市场与航空相关的历史信息的研究,包括宏观的政治、经济、社会、技术、环境/自然、法律、道德、人口统计学、国际化等因素,以及微观的机场、机队、航线、航班、航空公司、旅客等因素,进而发现目标市场特征以及趋势。客户分析则更多从微观层面进行,还需要考虑客户之间的竞争分析。通过分析发现的市场及客户特征和趋势,就是市场和客户的需求。从广义层面上看,需求覆盖客户运营的全环节,在整个价值链上都予以体现;从狭义层面上看,需求主要体现在飞机需求量的预测上。

发现客户价值的方法和途径主要包括桌面研究和市场调研。通过桌面研究和市场调研以完成客户需求、客户细分和目标客户等分析。客户分析是发现民机客户价值的最主要手段之一。客户分析主要包括:战略、市场、规划、财务、运营、维护和管理等内容。

客户分析分宏观和微观,宏观分析以客户战略研究为主并发现产品价值点,协助决策如何营销;微观分析以客户市场机会和客户价值评估为主,协助决策如何销售。

针对客户的宏观分析以定性分析为主,结合定量分析。主要完成客户所处宏观环境和客户战略等内容,详细如下:

(1) 客户市场分析和战略研究。

(2) 客户所在区域市场的分析,重点在于获取客户所在区域市场特征,需求量等。

(3) 客户产品需求,含客户选型分析。

(4) 融资分析及需求。

(5) 客户服务分析及需求。

(6) 运营分析及需求等。

3.2.1　国家或地区

针对国家或地区的分析往往是对国际客户或首次接触客户的第一步。通过定性和定量分析,从宏观角度发现潜在市场机会,制订市场营销或销售发展规划。

1) 国家或地区基本情况

主要发掘与航空相关的信息,例如,人口、经济、地理、政治环境、旅游、交通运输、与中国关系等;还包括政策环境(涉及航权开放、机场建设、补贴政策等)及地区经济、资源、流量等。

2) 国家或地区航空市场

主要包括机场、机队、航空公司概述、运力、运量、航线、航班等因素的宏观分析。例如,机场数量、大致可起降机型类别、机队数量及基本构成乃至发展趋势、航空公司数量及机队规模,以及其他因素的类似宏观分析。以了解该国家或地区宏观发展趋势为主要目的。

最终通过基本情况和航空市场分析,做出中长期规划和判断,指导后续航空公司、租赁公司等实际客户开拓。

3.2.2　航空公司

针对航空公司的客户分析以定性分析为主,结合定量分析。全面分析有关航空公司的经营状况、发展战略、航线网络和机队规划等。通过分析航空公司综合发展和机队需求,为市场预测、航空公司调研、目标市场选择和提炼出对营销有帮助的重点等提供支持。主要内容如下。

1) 客户基本情况

主要包括航空公司发展历史,现状、规划、组织结构、股权结构、融资能力和机队建设。

2) 客户运营情况

客户市场运营方面分析,包括运力(机队情况和飞机日使用率),运量(旅客周转量和增长率、货邮周转量和增长率),机队、机龄、客座率、航线(航线数量、通航城市、航线距离分布),财务,基地的竞争(设立的基地、基地的航班和航线数量)和事故等。

(1) 效益。

包括历年净利润和盈利情况统计数据和变化率,最新净利润及其他效益情况等。

(2) 营运数据。

包括旅客运输量、货邮运输量、货邮周转量和运输总周转量;历年统计数据和变化率;运力构成比例历年数据和变化率分析,包括机型比例,即支线机、窄体机和宽体机;国内和国际比例;历年事故统计、最大事故、最近事故等。

运力:各类机型在役飞机数量历年统计数据和变化率;各类机型在役飞机历年平均座位数数据和变化率;各类机型订单数量历年统计数据和变化率;各类机型最新在役机队和订单构成;各类机型在役飞机历年平均机龄统计数据和变化率;各类机型最新在役机队机龄。

运量:各类机型在役飞机历年平均日利用率统计数据和变化率;各类机型在役飞机历年平均航段时间统计数据和变化率;各类机型在役飞机历年平均航程统计数据和变化率;各类机型最新在役机队平均日利用率、平均航段时间和平均航程;在役飞机历年平均客座率、盈亏平衡客座率和利润空间统计数据和变化率;最新在役飞机历年平均客座率、盈亏平衡客座率和利润空间。

基地发展情况:分析客户重点机场中的主要市场特征。包括机场主要市场特征、客户在该机场主要市场特征和该客户主要竞争对手在该机场主要市场特征等。

机场主要市场特征:机场运力、航线数历年统计数据和变化率。机场历年可供 ASK、可供座位数前 3 名航空公司市场份额统计数据和变化率;机场历年 ASK、可供座位数各类机型比例统计数据和变化率;机场历年 ASK、可供座位数国内和国际比例统计数据和变化率;机场历年 ASK、可供座位数五类市场比例统计数据和变化率;机场五类市场平均座位数、平均航程、日平均班次、独飞航线比例历年统计数据和变化率;上述数据的最新值。

客户在该机场主要市场特征:客户在该机场运力、航线数历年统计数据和变化率;客户在该机场历年 ASK、可供座位数市场份额统计数据和变化率;客户历年 ASK、可供座位数前 3 名机场投入比例统计数据和变化率;客户在该机场历年

ASK、可供座位数各类机型比例统计数据和变化率;客户在该机场历年 ASK、可供座位数国内和国际比例统计数据和变化率;客户在该机场历年 ASK、可供座位数五类市场比例统计数据和变化率;客户在该机场五类市场平均座位数、平均航程、日平均班次、独飞航线比例历年统计数据和变化率;上述数据的最新值。

客户的主要竞争对手在该机场主要市场特征:根据实际需要选择客户的竞争对手,完成与客户在该机场主要市场特征相同的分析。

主要分子公司运营情况。

(3) 客户发展战略及实施基础。

包括机队建设、人力资源,航线网络发展,销售以及管理(包括安全、文化、服务等)等。其中发展战略实施基础分析包括:企业文化、品牌建设、人力资源、财务状况等。

(4) 客户市场策略。

包括:枢纽建设、航线网络建设、产品服务、市场营销等。

(5) 客户机队规划。

各类机型预测年内所需飞机数量、平均座位数、平均航程等数据;各航空公司市场发展规划思路和举措;航空公司机队规模和需求量预测。

(6) 客户的竞争对手市场分析。

根据实际需要选择客户的竞争对手,完成与客户市场分析相同的分析。

(7) 期望沟通的问题。

根据客户分析,提出在交流过程中最需要进一步了解的问题。

3.2.3 租赁公司

由于租赁公司的客户是航空公司,因此对于航空公司的分析内容对于租赁公司也是间接实用的,但对于租赁公司,尤其是融资租赁公司客户分析时主要关注以下 3 方面问题:

(1) 卖给谁? 即航空公司客户是谁?

(2) 租金是否能回收? 即航空公司盈利情况和稳定性如何保证?

(3) 残值是多少? 即飞机二手市场交易是否活跃或有残值担保?

3.2.4 旅客

从价值链延伸的角度来看,旅客是租赁公司和航空公司的终端客户,因此往往也需要对旅客进行分析。一般也通过桌面研究和调研等方式完成旅客分析。

可通过旅客调研完成旅客市场特征研究。研究内容如下:

(1) 民航旅客群体构成情况(年龄、年收入、行业、旅行目的、旅行频率、购票资金来源)等。

(2) 不同类型旅客的旅行偏好(转机需求、航空公司偏好、航空信息获取渠道、购票时所需服务等)、购买行为习惯(购买时间、购买方式、选择原因等)。

（3）不同类型旅客对承运人的认可与满意程度。

（4）常旅客的比例、对航空公司贡献、积分兑换意愿以及重要分类特征。

（5）各种票价旅客的市场特征。

（6）旅客购买行为方式。

（7）旅客的承运人偏好及其原因。

（8）中转旅客选择转机的原因分析。

3.3　机队规划

3.3.1　概述

机队规划是根据对航空运输市场研究的结果，按照一定的原则和方法，对规划期内航空公司的飞机数量和结构所做的系统动态安排。对于航空公司来说，机队规划是航空公司战略层次的决策，它不仅影响或左右着其他的决策，而且涉及航空公司的资产和收益等问题，涉及成百上千亿元的投资，影响航空公司今后的生存和发展。对于飞机制造厂商来说，航空公司的机队规划决定了民机市场的规模与结构，影响民机市场的生产与销售。飞机制造商机队规划的主要目的是通过分析特定航空公司的市场，论证为了满足这个市场所须拥有的机队及其发展规划，以说服该航空公司购买一定数量本制造商的飞机。

机队规划的核心任务是对公司未来机队运力的结构、规模进行管理，以使运力与运量相匹配，其基本依据是公司的航线规划、对规划期内航空运输市场需求的预测，其中运力结构主要指机型的座级，运力规模是指各座级的飞机数量。

机队规划一般分为短期规划（1～2 年）、中期规划（3～5 年）和长期规划（5～15 年），规划期不同，所能获得的信息量不同，信息的准确程度不同。规划期越长，信息越少，信息越不准确。因此，对于长期规划，一般采用宏观规划方法；对于中短期规划，可采用微观规划方法。

机队规划有两种方法：宏观机队规划与微观机队规划。宏观机队规划是按"自上而下（即从宏观到微观）"的顺序进行分析预测。微观机队规划是在微观航班、航线机型选择的基础上，按"自下而上（即局部到整体）"的顺序进行分析，得出航空公司机队中短期规划结果。

宏观机队规划是在宏观运量预测（即航空总运量预测）的基础上，确定各座级飞机应提供的运力比例和年生产率，然后测算出规划期内各座级飞机的需要量。宏观机队规划流程如图 3-14 所示。

微观机队规划是在微观运量预测（即每条航线运量预测）的基础上，确定每条航线需要的飞机座级（或机型）和数量，汇总后得到整个机队的飞机数量和构成。微观机队规划流程如图 3-15 所示。

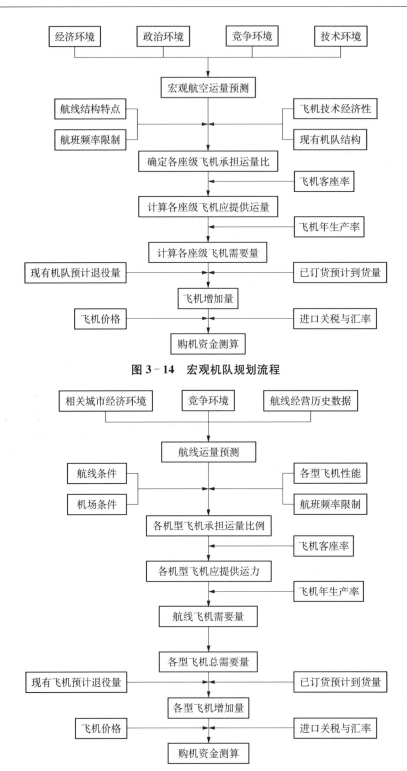

图 3-14　宏观机队规划流程

图 3-15　微观机队规划流程

3.3.2 宏观机队规划流程

1）宏观旅客周转量(RPK)预测

宏观旅客周转量预测，即 RPK 预测，是反映航空市场需求量的一个重要指标。主要根据国际国内政治、经济、技术环境和竞争环境，依据基准年的 RPK，以及对规划期内 RPK 的预测分析，可以从总体上预测规划周期内每一年的市场需求量。本节主要进行航空公司 RPK 预测，而非国家或区域市场 RPK 预测。

2）各座级飞机运力供应预测

（1）各座级飞机承担运量比例(r)。

座级划分的标准主要依据飞机座位数及其航程范围。

这里采用中国商飞预测年报的飞机座级分类定义，如表 3－2 所示。

表 3－2　飞机座级分类定义

座级	主 要 飞 机	类型
50 座级	ERJ145、CRJ100/200、Dornier 328Jet、ERJ135/140、Yak－40	涡扇支线客机
70 座级	CRJ700/705、E170、An－148、RJ70、BAE 146－100、Fokker 70、Fokker 28－1000	
90 座级	ARJ21、CRJ900/1000、E175/190/195、MRJ、SSJ、An－158、RJ85/RJ100、BAE 146－200/300、F28－4000/100	
120 座级	A318/A319、B737－600/700、C 系列、B717、B737－200/300/500、DC－9/MD－87、Tu－134、Yak－42	单通道喷气客机
160 座级	A320、B737－800、C919、MS－21、B727－200、B737－400、MD－80/-90、TU－154	
200 座级	A321、B737－900ER、TU－204、B737－900、B757－200/300、IL－62	
250 座级	A330－200/300、A340－500、A350XWB－800/900、B767－300ER/LR、B787－8/9、A300、A310、A340－200/300、B767－200/300/400、B777－200、IL－86/96、L1011、DC－10/MD－11	双通道喷气客机
350 座级	A340－600、A350XWB－1000、B777－300ER、B777－300	
400 座级	A380－800、B747－8、B747－400、B747 Classics	

货机分类及平均商载估算如表 3－3 所示，包括小型货机、中型货机及大型货机。小型货机包括

表 3－3　货机分类及平均商载估算

类型	平均商载/t	商载范围/t	机 型
小型货机	18	30 以下	B737F、B757F
中型货机	60	45～70	A300F、A330F、B767F
大型货机	115	80～120	B747－400F、B747－200F、B777F、MD－11F

B737F、B757F 等,均为窄体机,商载在 30 t 以下;中型货机包括 A300F、A330F、B767F 等,商载集中在 45~70 t 之间;大型货机包括 B747F 系列、B777F、MD‐11F 等,商载集中在 80~120 t 之间。

根据航线结构特点和运营环境限制,并考虑各座级(或机型)飞机的技术性能、经济性能、现有机队构成及其变动趋势,即可确定各座级(或机型)飞机承担该航空公司 RPK 的比例。

(2) 客座率(LF)变化预测。

客座率在机队规划中是一个重要指标,因为当客座率上升到一定水平时,就会发生溢出,客座率越高,需求的溢出就会越大,此时就应该考虑增加运力;反之,当客座率偏低时,则说明航空公司运力浪费严重,应当减少运力的投入量。因此,设定合适的目标客座率至关重要。通过基准年的客座率,分析规划周期内市场需求的变化情况以及竞争公司的运力投放情况,设定一个能符合未来市场供需水平的客座率,即目标客座率。

在不同性质、不同结构的航线上,客座率也有所不同。一般来说,国际、地区航线的客座率要低于国内干线和支线航空的客座率;新增飞机(增加频次或增大座级)的客座率要低于现有机队的客座率;旅游热点航线、枢纽城市之间航线的客座率要高于一般城市之间航线的客座率。

研究表明,客座率与旅客溢出呈正态分布的函数关系。当客座率达到 60% 以上,已经开始有旅客溢出,当客座率达 70%,旅客溢出 5%;客座率达 90%,旅客溢出 33%。平均客座率与旅客溢出对照如表 3‐4 所示。

表 3‐4　平均客座率与旅客溢出对照表

平均客座率/%	62	65	70	80	90
旅客溢出/%	1	2	5	15	33

目标客座率的范围为 62%~80%,对于发达国家来说,可取小一些,对于发展中国家可以取大一些。发达国家航空公司的年均客座率一般为 60%~70%,这样的客座率是在经济效益和服务水平之间取的一个合适的折中值。因此,客座率基本稳定在这个范围内。

另外,还有一个盈亏平衡客座率的概念:

$$盈亏平衡客座率 = 座公里成本 / 客公里收入。$$

(3) 计算各座级飞机应提供的运力。

各座级飞机应提供的运力,反映了各座级飞机的运力需求,用 ASK 表示。由于本文件针对航空公司客运进行机队规划方法研究,因此只考虑座公里。计算式如下:

$$ASK = \frac{RPK \times r}{LF} \qquad (3-1)$$

式中：ASK 为某座级飞机应提供的运力,用座公里表示;RPK 为航空公司旅客周转量;r 为该座级飞机承担 RPK 的比例;LF 为该座级飞机预计客座率。

各座级飞机应提供的运力,在实际工程应用中也可直接使用 ASK 值取代 RPK/LF 的计算方式。即仅需要应提供的总运力和各座级飞机承担运量比例。

3）各座级飞机需求量

（1）各座级飞机平均可用座位数。

根据各座级飞机（或不同机型）的航线距离及使用频率,确定各座级飞机（或不同机型）的平均可用座位数,并预测规划期内飞机平均可用座位数。

平均座位数计算式如下：

$$\overline{S} = \frac{\sum_{i=1}^{n} S_i}{n} \qquad (3-2)$$

式中：$\overline{S}$ 为平均座位数;S_i 为飞机座位数;i 为各架飞机,值为 1, 2, …, n。

加权平均座位数计算式为

$$\overline{S_W} = \sum_{j=1}^{m} (S_j \times R_j \times f_j) \Big/ \sum_{j=1}^{m} (R_j \times f_j) \qquad (3-3)$$

式中：$\overline{S_W}$ 为加权平均座位数;S_j 为某航班飞机座位数;R_j 为某航班航段距离;f_j 为航班频率,例如周频率、月频率、季频率、年频率等;j 为各航班,为 1, 2, …, m。

（2）各座级飞机轮挡速度（V_B）。

飞机的轮挡时间是指每次飞行从飞机在停机坪上移去挡块开始,滑出,起飞,巡航至着陆,滑入停机坪插上挡块的整个间隔时间。

飞机的轮挡速度是指每次飞行按单位轮挡时间计算的速度。飞机轮挡速度计算式如下：

$$V_B = D/t_B \qquad (3-4)$$

式中：V_B 为飞机轮挡速度;D 为每次飞行的航段距离;t_B 为每次飞行的轮挡时间。

飞机每次飞行的轮挡时间与轮挡速度随飞机机型的不同、性能的不同而变化,也与航线的结构和飞行环境有关。例如,轮挡速度会随着航段平均距离的增长或缩短而增大或减小,也会随着飞机性能的提高而增大。一般来说支线机平均轮挡速度在 400～600 km/h 之间,窄体机平均轮挡速度在 600～800 km/h 之间,宽体机平均

轮挡速度在 $800 \sim 1\,000\ \mathrm{km/h}$ 之间。

鉴于平均轮挡速度在工程实践中较少有统计,飞机年生产率计算工程实际可采用另一种计算方法。其中平均航程和平均座位数可通过计划航班数据计算获取,日平均飞行循环数据可通过运营指标数据计算获取。

$$平均年生产率 = 日平均飞行循环(或日利用率 / 平均航段时间) \times \\ 平均航程 \times 平均座位数 \times 365 \qquad (3-5)$$

平均航程和平均座位数均采用加权平均计算,加权平均航程的计算式如下:

$$\overline{R_{\mathrm{W}}} = \sum_{j=1}^{m}(R_j \times f_j) \Big/ \sum_{j=1}^{m} f_j$$

或
$$\overline{R_{\mathrm{W}}} = \sum_{j=1}^{m}(S_j \times R_j \times f_j) \Big/ \sum_{j=1}^{m}(S_j \times f_j) \qquad (3-6)$$

式中:$\overline{R_{\mathrm{W}}}$ 为加权平均航程。

(3) 各座级飞机利用率(U)。

通过基准年的飞机平均利用率,预测规划周期内每一年的飞机利用率。对于宏观机队规划而言,飞机利用率显然是可以逐年提高的。但飞机利用率也有上限,不能无限制增加。如果飞机最高利用率比当前实际的利用率高,就说明目前的运力有一定的富余,可在不增加额外运力的情况下满足需求的增长。反之,则说明需要考虑引进新的飞机。

(4) 计算各座级飞机需求量。

各座级飞机需求量计算式如下:

$$N = ASK / ASK_i \qquad (3-7)$$

式中:N 为某座级飞机需求量;ASK 为该座级飞机应提供运力;ASK_i 为该座级飞机平均年生产率,指一架飞机一年所能提供的可用座公里,它取决于飞机的平均可用座位数、平均轮挡速度和平均年利用率。

飞机年生产率计算式为

$$ASK_i = \overline{S} \times \overline{V_{\mathrm{B}}} \times U_{\mathrm{y}} \qquad (3-8)$$

式中:$\overline{S}$ 为平均座位数;$\overline{V_{\mathrm{B}}}$ 为飞机平均轮挡速度;U_{y} 为飞机平均年利用率,表示该座级飞机一年所能够提供的平均飞行小时数。

自起飞离地到着陆接地所经历的时间(h),通常称为飞行长度。波音公司早年对干线飞机航线进行统计,获得了飞行长度与飞行次数的拟合关系,并以此确定最小设计服役目标(minimum design service objective, MDSO),如图 3-16 所示。

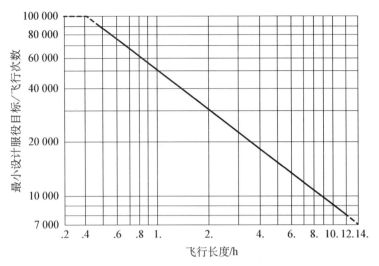

图 3‑16 最小设计服役目标（资料来源：波音公司）

图 3‑16 斜段的拟合方程为

$$MDSO = 10^{(4.7-0.74\lg h)} \qquad\qquad (3-9)$$

对于年飞行次数拟合方程为

$$FC = 10^{(3.4-0.74\lg h)} \qquad\qquad (3-10)$$

但 2000 年至 2014 年市场发生了较大变化，即日利用率较波音公司早年统计数据已增加，但飞行次数却略有下降。2000—2014 年全球日利用率与飞行次数如图3‑17所示。

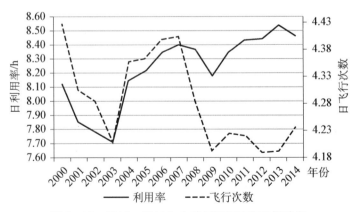

图 3‑17 2000—2014 年全球日利用率与飞行次数

机队规划时需计算飞机年生产力，有些时候可能存在日利用率，飞行长度或轮挡速度等参数不易获取的情况，当仅知道航程、日利用率等中的某一个时，可通过完成飞机年生产力拟合计算如下：

$$\begin{aligned}
\text{年生产力} &= \text{座位数} \times \text{轮挡速度} \times \text{利用率} \\
&= \text{座位数} \times (\text{利用率} \div \text{飞行长度}) \times \text{航程} \\
&= \text{座位数} \times \text{飞行次数} \times \text{航程}
\end{aligned} \tag{3-11}$$

4）各座级飞机增加量

（1）各座级飞机退役量。

通过各座级飞机机龄、飞机服役期限等，预测在规划期内飞机退役量。

（2）计算各座级飞机增加量。

退役年限一般来源于以下两个方面：

第一，全球机队退役统计。单通道客机（包含支线喷气机）的平均使用寿命较长，为 24~28 年。双通道客机的平均使用寿命最短，为 22~24 年。货机的平均使用寿命最长，为 30~35 年。

第二，航空公司战略输入。包括类似机型订单数量、航空公司发展战略以及客户实际需求等。

各座级飞机增加量计算式如下：

$$\text{飞机增加量} = \text{飞机需要量} - \text{在册飞机数量} + \text{预计退役量} - \text{已订货预计到货量} \tag{3-12}$$

3.3.3 案例分析

某航空公司 2010 年预计可完成运输总周转量 10 亿吨公里，先试规划其 2015 年机队。

1）宏观运输量预测

某航空公司 2010 年预计可完成运输总周转量 10 亿吨公里，预测今后 5 年内每年递增 8%，2015 年达到 14.69 亿吨公里，计算式如下：

$$2015 \text{ 年运输量} = 10 \times (1 + 8\%)^{2005-2000} = 14.69 \text{ 亿吨公里} \tag{3-13}$$

2）各座级飞机运力供应预测

根据航线结构和现有机队结构与使用情况，确定规划期内 150 座级飞机应承担运量的 65%，200 座级飞机承担 35%。

两种座级飞机的客座率目前均为 68%，预计今后每年提高一个百分点，则 2015 年客座率为 73%。

2015 年 150 座级飞机应提供运力 13.08 亿吨公里，200 座级飞机应提供运力 7.04 亿吨公里，计算式如下：

$$\begin{aligned}
2015 \text{ 年 150 座级飞机应提供运力} &= 14.69 \times 65\% \div 73\% \\
&= 13.08 \text{ 亿吨公里}
\end{aligned} \tag{3-14}$$

$$2015 \text{ 年 } 200 \text{ 座级飞机应提供运力} = 14.69 \times 35\% \div 73\% \quad (3-15)$$
$$= 7.04 \text{ 亿吨公里}$$

3）各座级飞机需求量

150 座级飞机平均最大业载 14 t，平均航速 700 km/h，年利用率 2 190 h。200 座级飞机平均最大业载 22 t，平均航速 720 km/h，年利用率 2 482 h。

150 座级飞机年生产率为 0.214 62 亿吨公里，200 座级飞机年生产率为 0.393 15 亿吨公里，计算式如下：

$$2015 \text{ 年 } 150 \text{ 座级飞机年生产率} = 14 \times 700 \times 2\,190 \quad (3-16)$$
$$= 0.214\,62 \text{ 亿吨公里}$$

$$2015 \text{ 年 } 200 \text{ 座级飞机年生产率} = 22 \times 720 \times 2\,482 \quad (3-17)$$
$$= 0.393\,15 \text{ 亿吨公里}$$

2015 年 150 座级飞机需求量为 60.9 架，200 座级飞机需求量为 17.9 架。计算式为

$$2015 \text{ 年 } 150 \text{ 座级飞机需求量} = 13.08 \div 0.214\,62 = 60.9 \text{ 架} \quad (3-18)$$

$$2015 \text{ 年 } 200 \text{ 座级飞机需求量} = 7.04 \div 0.393\,15 = 17.9 \text{ 架} \quad (3-19)$$

4）各座级飞机增加量

该公司现有 150 座级飞机 41 架，200 座级飞机 14 架。

该公司已订购 6 架 150 座级飞机和 2 架 200 座级飞机，分别于 2011 和 2012 年交付使用。同时原有 150 座级飞机中从 2013 年起，每年有 1 架飞机退役。

2015 年 150 座级飞机增加量为 16.9 架，200 座级飞机增加量为 1.9 架。计算式为

$$2015 \text{ 年 } 150 \text{ 座级飞机增加量} = 60.9 - 41 - 6 + 3 = 16.9 \text{ 架} \quad (3-20)$$

$$2015 \text{ 年 } 200 \text{ 座级飞机增加量} = 17.9 - 14 - 2 = 1.9 \text{ 架} \quad (3-21)$$

2011 年到 2015 年宏观机队规划数据如表 3-5 所示。

表 3-5 宏观机队规划数据

年　　份	2010	2011	2012	2013	2014	2015
总周转量增长率/%	8	8	8	8	8	8
总周转量/亿吨公里	10	10.8	11.66	12.60	13.61	14.69
150 座级飞机承担运量比例/%	65	65	65	65	65	65
200 座级飞机承担运量比例/%	35	35	35	35	35	35
150 座级飞机承担运量/亿吨公里	6.5	7.02	7.58	8.19	8.85	9.55

(续表)

年　份	2010	2011	2012	2013	2014	2015
200座级飞机承担运量/亿吨公里	3.5	3.78	4.08	4.41	4.76	5.14
150座级飞机客座率/%	68	69	70	71	72	73
200座级飞机客座率/%	68	69	70	71	72	73
150座级飞机应提供运力/亿吨公里		10.17	10.83	11.54	12.29	13.08
200座级飞机应提供运力/亿吨公里		5.48	5.83	6.21	6.61	7.04
150座级飞机年生产率/亿吨公里		0.2146	0.2146	0.2146	0.2146	0.2146
200座级飞机年生产率/亿吨公里		0.3931	0.3931	0.3931	0.3931	0.3931
150座级飞机需求量/架		47.4	50.47	53.77	57.27	60.95
200座级飞机需求量/架		13.94	14.83	15.80	16.82	17.91
150座级飞机增减变动/架		6		−1	−1	−1
200座级飞机增减变动/架			2			
150座级飞机增加量/架		0.4	3.47	7.77	12.27	16.95
200座级飞机增加量/架		−0.06	−1.17	−0.2	0.82	1.91

最后,对宏观机队规划方法进行总结:首先,通过航空公司历史 RPK 预测未来一段时间内的 RPK;其次,通过预测的客座率 LF 和各座级飞机承担 RPK 比例 r,将 RPK 转换为 ASK;进而,通过各座级飞机平均年生产率 ASK_i,将各座级飞机 ASK 转换为各座级飞机需求量;最后,综合考虑现役飞机数量、预计退役量和确认订单量,获得各座级飞机增加量。

宏观机队规划方法虽然未将航空公司航线结构对于飞机性能的具体要求反映到规划流程中,只反映了航空公司日常运营对飞机的需求的其中一部分,只能用于对较长时期内的机队变化情况进行粗略的估算,但对于中长期机队规划却非常适用。因此,对于飞机销售支援有着较大的辅助作用,有利于发掘客户潜力。

3.4　航线网络规划

航线网络规划是航空公司的核心产品航线航班的基础。其本质是实现航空公司有限资源的最优利用,可使资源利用最大化,也可使收益最大化。无论哪种都是对航空公司战略的实现,因此航线网络规划需保持与航空公司战略的匹配。现有航线网络规划的研究将注意力更多地放在最终的运筹学模型等细节问题上,忽略了与战略的匹配,且无法考虑政策、社会环境等定性因素。另外,复杂的模型并不适用于所有航空公司,尤其是中小航空公司,应适当淡化规模经济产生前的诸多因素,例如,中转和溢出等。但航线网络规划与战略匹配的原则所有航空公司都要遵循。

3.4.1　指导思想

航线网络规划是寻求市场机会与航空公司资源的有效匹配并与公司战略匹配。

不同公司有不同的战略,例如,短期盈利还是市场占有和竞争力提升;成本领先还是差异化或专一化等。

第一步是市场分析,即通过对当前及未来市场的分析,识别市场机会,确定航空公司目标市场。随后依据目标市场,确定航线网络重要节点,即规划基地布局。随着基地布局的确定和航线网络整体架构的选定,航线网络拓展与优化方案逐步形成。最后,将航线网络与机队结合,完成航线网络规划。即由 4 个模块组成的"市场—基地—网络—机队"航空公司航线网络规划模型,如图 3-18 所示。

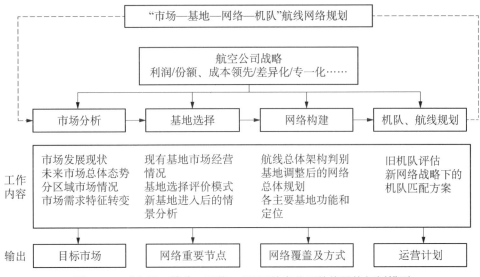

图 3-18 "市场—基地—网络—机队"航空公司航线网络规划模型

逐步细化和落实约束条件,尤其是那些无法用数学语言描述的定性约束条件,将主要落实在市场分析、基地选择和网络构建等模块中,使基于网络的机队规划与公司战略良好匹配。例如,建设国际化规模网络型航空公司,则目标市场重点在国际市场,基地应选择垄断一个或多个国际枢纽机场,网络则以枢纽-轮辐式为主,机队要远程、中程和短程飞机相结合,同时还要考虑中转旅客衔接和起点与终点(original and destination,O&D)旅客市场需求等。

1)市场分析

航空运输市场分析是规划的起点和基础,这与公司战略规划很相似,也是公司制定战略的重要分析内容之一。分析时应引入公司战略目标,协助确定目标市场,例如公商务或休闲,国内或国际市场等。

(1)航空运输市场环境分析。

分析影响航空运输市场发展的宏观环境与行业环境。宏观环境,通常采用PEST 模型,分析影响市场发展的经济、政策、社会文化、科技等环境因素及其趋势,涉及国家及区域经济发展走势、居民购买力与消费水平、产业结构调整、国家各项方针及政策法规、人口分布、行业科技动态及其影响等多个领域。行业环境分析则是对影响民航运输业,特别是分析航空公司业发展的重大事件、关键性问题等,紧密结合行业特色,揭示变化趋势及其中事关航空公司发展的有利与不利因素。

(2) 航空运输市场规模、布局与增长分析。

分析航空运输市场整体规模、需求量、市场增长、市场布局、市场集中度等现状及其趋势,常用定性与定量分析相结合的方法。重点在于科学选取和使用预测方法,并结合现状,对航空运输市场需求与增长准确预测。

(3) 航空运输市场结构与竞争分析。

分析航空运输市场中各航空公司市场占有率及其竞争策略,通常包括不同航空公司市场占有率、主导航空公司市场份额变化、主导航空公司竞争策略、主导航空公司航线网络现状等。

2) 基地选择与布局

航空公司基地的选取与布局优化,将确定公司航线网络中的重要节点,是航线网络拓展优化基础。通过战略目标的引领,确定哪些基地是战略的最优选择。

(1) 航空公司基地布局现状分析。

分析选定航空公司基地布局现状,通常包括:现有基地分布与航空运输市场整体资源分布之间的匹配程度分析,现有基地市场竞争分析,可用投入(机队、时刻)与产出(客、货市场份额)关系分析等,形成选定航空公司基地布局状况综合分析结果,揭示问题,明确改进与优化方向。

(2) 航空公司基地选择与布局优化。

使用通用的航空公司基地选择评价模型,并结合特定市场特征,分析选定航空公司基地的选择,并由此得出选定航空公司未来基地选择与布局优化方案。影响基地选择的因素包括:市场规模、市场增速、航线网络规模、区域经济环境、航空运输环境和机场运营保障能力等,这里给出一般航空公司基地选择评价指标,如表3-6所示,根据不同环境或不同航空公司对指标采用专家打分法等方法进行权重赋值。

表 3 - 6　航空公司基地选择评价指标

一 级 指 标	二 级 指 标
市场状况	市场规模
	市场增长
	中转市场规模
	中转市场增长潜力
	高端旅客市场

（续表）

一 级 指 标	二 级 指 标
竞争水平	基地主要航空公司对该市场的控制能力
	该基地主要航线竞争水平
	该基地航线平均票价水平
战略匹配	目前本公司在候选机场的份额
	基地选址对公司总体网络战略的支撑
	基地拓展计划与公司资源规划的协调度
机场条件	候选机场地理位置与公司既有基地的平均航距
	机场容量状况
	机场管理水平
	机场基础设施建设规划
政策导向	民航主管单位的政策影响
	国家对该区域的政策影响
	当地政府对公司建立基地的支持力度

3）航线网络构建

包括 3 部分：一是，分析选定航空公司航线网络整体架构。航线网络整体结构与航空公司所选择的商业模式相关，应以公司战略及商业模式选择为依据；二是，结合选定航空公司航线网络中各基地的实际情况，确定各基地在航线网络及航空公司运营中的定位；三是，根据各基地的定位，分析航空公司整体网络结构的拓展与优化方向。现有 3 种航线网络模式，如表 3-7 所示。航线网络模式的选择受公司战略、

表 3-7　航线网络模式

	点对点航线网络	枢纽航线网络	混合航线网络
定义	又称全连通航线网络，通航点之间开辟直达航线，网络中基本没有通过枢纽中转连接的通航点	又称枢纽-轮辐式航线网络，在适当地点建立中心枢纽站，周边客流量较小的城市不直接通航，通过在枢纽站衔接航班方式加以连接	又称蛛网式航线网络，枢纽航线网络与点对点航线并存互补，相互结合而成的一种航线网络
优点	易于航空公司管理，排班相对容易，航班延误可能性小，旅途时间较少	明显的规模经济性、范围经济性以及良好的社会效益。通过航线网络的通达性和覆盖面，增加航班密度，提高飞机利用率，同时提升客座率	发挥点对点航线和枢纽轮辐式航线各自的优点，避免单一的点对点航线或单一的枢纽航线的缺陷

（续表）

	点对点航线网络	枢纽航线网络	混合航线网络
缺点	限制了客座率,航班频率较低;无网络经济(幅员经济与密度经济)效应	中途转机,增长旅途时间;航班衔接导致枢纽机场和重要航路交叉点拥挤,航班延误增加;航班编排复杂,枢纽机场建设投资增加	中枢纽点的选择、航线网络设计和航班波设计等是难点
适用战略	大运量航空市场 高时间价值乘客的比例较高 市场容纳策略	市场需求较低而边际成本较高 低时间价值乘客的比例较高 市场遏制策略	按市场需求和战略调整混合航线网络中点对点与枢纽所占比例

内外环境和网络模式自身特点三者决定,具体包括:公司定位、市场模式、飞机移动成本、旅客时间价值和公司市场资源等。

4) 机队和航线规划

在解决了航空公司飞哪(市场选择)、怎么飞(基地选择与布局、航线网络构建)之后,则须解决用什么机型飞,也就是制订与航线网络相匹配和适应的机队规划。机队规划与航线网络的适应性主要是分析市场特征,并对备选机型进行多角度评估,使所选择的机型适合市场和航线需求,飞机性能得到最佳发挥,飞机经济性得到充分体现,并以此实现航空公司最优化的市场供给和需求适应性。主要包括:飞机大小与航线适应性、飞机性能与航线网络适应性、飞机经济性与航线网络适应性等。

一般采用运筹学模型对上述资源寻找最优解,例如,利润最大化或成本最小化等。在此基础上将运力分配至航班级。

提出基于战略匹配的航线网络规划全局研究方法,其实质就是将航空公司战略逐级落实到航线网络规划各步骤中,将公司战略和外部环境所产生的定性和定量约束条件都体现在规划中,并求解出最优配置方案。

综合考虑中小航空公司航线网络规划需求,根据实际情况适度简化规划模型。本节给出简单的航线网络规划算例,利用该模型获得航空公司的核心产品航线航班规划,有较强的适应性和灵活性。

3.4.2　方法及流程

1) 航线网络规划的任务

航线网络规划是公司对未来所运营的航线和重点市场、航线的组织形式(航线结构)、航线的市场规模和生产经营指标等所做的长期系统规划,其核心任务目标可以归纳为:

(1) 确定航线网络规划的战略重点。

根据对航空公司内外部环境的分析,确定目标市场及其份额,拟订网络拓展的方向,规划基地布局,制订 2~5 年航线网络发展的重点。对于大型的枢纽航空公司,网络规划还包括制定联盟战略和枢纽战略。

(2) 选择航线网络结构模式。

根据航空公司的市场定位和战略目标及对未来市场需求水平的预测,确定航空公司的航线网络结构模式。

(3) 构建既定模式下航线网络。

根据对公司基地的地理位置、各城市对航线的收益、市场规模和竞争状况分析,结合市场准入和生产能力等限制因素,规划拟运营的航线、通航点的数量、重要航线上的航班频次等生产经营指标。其中,航班频次的分析是基于航线的预计客流量、基准机型的座位级。

2) 航线网络规划的基本原则

(1) 航线网络规划的全局性原则。

航线网络规划是战略性的,它所关注的是整个航线网络结构是否合理,能否有助于公司战略目标的实现以及网络收益的最大化,因此,在决定对具体航线的选择、取舍或运力调整时,必须从整个航线网络的全局着眼,力求使航线网络中各条航线之间功能互补、互相输送运力,实现整体大于部分之和的功效。

(2) 市场需求导向原则。

航线网络规划将决定公司生产资源要素的投资和配置重点,因此,以市场需求为依据是航线网络规划的基本准则,其最终目的就是为了通过合理的优化和开拓航线网络来满足市场的需求,对市场需求的掌握是航线网络规划成功的重要前提。因此,制订航线网络规划必须充分地对现有的市场情况做出评估并对未来的市场需求做出动态的预测,力争最大限度地适应和满足市场需求。

(3) 以航空公司的资源条件为基础。

航线网络规划的目标是寻求市场需求与公司资源的有效匹配,经营特定的航线要求航空公司必须具备相应的资源条件,包括符合航线运营要求的机型、航线经营权、时刻资源、飞行机务签派技术队伍,同时还要求航空公司具有一定的技术和开发能力,包括开发培育航线的能力、运行管理技术手段、产品设计与管理能力、创造和保持竞争优势的能力等。因此,航空公司必须以企业自身条件为基础,充分考虑航空公司现有的航线网络资源,以及规划期内可能达到的人力、物力、财力等其他各种资源条件,制订符合航空公司实际的航线网络规划。

(4) 经济效益优先原则。

航空公司提供航空运输产品的根本目的在于实现公司的营利,从长远来看需要应对激烈的市场竞争以保持竞争优势。因此,航空公司必须紧紧抓住盈利航线,同时积极开拓有潜在吸引力的航线,努力实现网络经营效益的最大化。

3) 航线网络规划的流程

航线网络规划流程如图 3-19 所示,具体步骤如下。

(1) 收集、分析市场环境。

通过收集整理市场环境数据,对整个民航市场进行总体分析,预测未来市场需求水平,并找出市场集中性的规律和需求增长最有潜力的区域。数据是航空公司非常宝贵的财富,是航空公司一切生产运营活动的基础。航线网络规划做的分析、决策都是建立在对大量数据收集、集成和分析基础之上的,其主要的数据包括:国家经济发展以及相关行业信息、航空公司经营数据(航班计划、成本、收入、订座、生产、收益管理等信息)、OAG 航班时刻、各机场运营数据和增长率、政府数据、联盟伙伴数据、中航信订座信息、O&D 等数据。

(2) 确定航线网络规划的重点市场区域。

依据航空公司市场定位和未来发展战略目标,对航空公司内外环境的战略分析、各区域航空市场需求增长情况以及其他运输方式对航空运输市场影响的科学预测,确定重点发展的市场区域,运力投放的主要方向以及各基地发展速度,根据拟订的增长目标确定资源配置的优先顺序。规划时要综合考虑多种生产资源要素的制约,并吸收相关部门的意见。

(3) 选择通航点和航线连接方式。

首先,根据航线网络规划的战略重点、机场地理位置、竞争环境、机场基础设施限制、时刻资源的可获取水平和公司内部资源等因素,在所有备选机场中选取通航点,明确通航点的类型、通航点数量(即网络的覆盖范围);其次,选择通航点之间的航线连接方式。不同的航空公司会有不同的航线网络模式,对于实力雄厚的航空公司,如选择建设中枢辐射型网络,则需要首先确定枢纽机场的选址、定位,确保公司在枢纽机场拥有大量的、占主导地位的资源优势,并通过跟踪调查了解枢纽机场的联程旅客与本地旅客的比重、该枢纽机场对旅客的吸引力、公司在该枢纽机场拥有的资源等,评估枢纽质量。

(4) 确定航线运力投放密度。

依据各航线市场历史发展速度、航线客流量的水平、航线竞争者运力投放规模、预先设定的航线市场占有率,采用理想化的航班时刻作为约束条件,并以基准机型的座位级为基础,测算航线航班频次,确定航线运力投放密度。

(5) 优化航线网络设计。

在完成规划方案设计后,还需要对整体网络结构进行效益评价和结构优化。航空公司从航线网络收入、利润和效率最大化角度出发,基于对各条航线的运营收益和成本的量化分析,优先选择市场需求容量较大、预期收益较高的航线,或是根据各条航线的网络贡献,保留边际贡献率为正的航线,以此优化航线网络结构,提高整体网络收益。目前国内航空公司在评价航线收益时,只考虑客流量,而未将货邮收益计算在内。

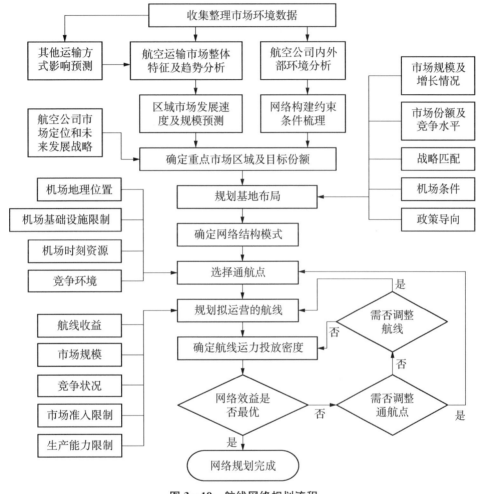

图 3-19 航线网络规划流程

4)市场环境预测方法

(1)趋势外推法。

趋势外推法是以时间变化为基础,根据过去和现在的发展趋势推断未来的情况。其假设前提是预测对象的发展变化具有稳定性和渐进性,对于时间变化有规律性。当历史数据比较全面、市场发展比较平稳时,趋势外推法可提供稳定的预测结果。

在只有为数不多的几年数据的情形下,可采用线性趋势外推。

(2)灰色预测法。

灰色预测法通过鉴别系统因素之间发展趋势的相异程度,进行关联分析,并对原始数据进行生成处理来寻找系统变动的规律,生成有较强规律性的数据序列,然后建立相应的微分方程模型,从而预测事物未来发展趋势。

当被预测数据信息不完全时,可利用灰色预测法对模糊系统做长期预测。其中,一元灰色预测 GM(1,1)适用于时间序列的数据。

(3) 增长比率法。

增长比率法是根据被预测对象在过去统计期内的平均增长率,类推未来某期预测值的算法。

(4) 最近年法。

最近年法是在时间序列数据预测中,将按时间顺序排列的样本数据中的最后一个数据直接作为预测数据的方法。通常用于中短期预测,或经过定性分析适用的情况。

可用在交通运输领域内的预测方法不胜枚举,各种方法都有其自身的优点和不足。首先,从客流量、航班班次、座位数和票价水平等指标的性质来看,属于经济产量预测、分析这些指标的平稳程度,航空公司的生产经营情况与国家的宏观经济运行情况联系紧密,当国家的宏观经济运行平稳时,对这些指标的预测只需用预测方法揭示出其规律性,适时检验结果即可满足决策要求,不需要随时修正检验;其次,从预测周期来看待进行的预测属于中长期预测,一般来说,预测时间长,预测的精度也会降低;最后,分析对可知信息的利用程度,待预测的指标都是时间序列数据,而影响时间序列数据的具体影响因素难以确切获知,难免受随机因素的影响,属于数据信息获知不全的情况。

基于上述考虑,对这些指标进行预测的方法就有了大致的范围。但同时,还要详细考虑各个指标的特殊性,例如:

(1) 票价水平。

机票出售受当时的经济环境影响大,因此越近年的票价水平越能真实地反映市场环境情况;数值上的特点是在稳定环境下波动小。所以,预测票价水平采用最近年值预测的方法。

(2) 客流量。

客流量是反映市场需求的直接指标,各种可能的影响因素最后作用的结果,数值上有部分波动较大的特点,反映需求随各因素变动这一系统的复杂性、不可视性、考虑各种因素作用的随机性,故适用趋势外推法;考虑到各个因素信息不完全,因而适用灰色预测法;考虑到经济增长对需求的影响,也适用增长率法进行预测。具体哪种方法更精确,在分别用这 3 种方法预测后分析确定。

(3) 航班班次与座位数。

反映的是运力的变化情况,是市场需求的间接反映。大部分数据有较明显的增长趋势,但也存在波动情况,数据特点与客流量的数据特点相似,因此,同样可考虑采用趋势外推法、灰色预测法和增长率法予以分别预测。

3.4.3 模型

航空公司在进行飞机引进与机队规划、航线规划和飞行人力资源规划等战略层面的规划决策时,应当充分考虑航空公司各生产资源要素间的关联关系及对生产运行的约束,并以实现各生产资源要素的均衡配置为基本原则;以航线网络运营利润最大化为目标,构造一个生产资源要素优化配置模型,通过求解航线网络运力优化分配问题,确定最优的航线规划、机队规划方案,以及相应的航线运力投放、机型航线匹配方案。

1) 变量定义

已知有 n 条可供运营的航线,m 种可供选择的备选机型方案,根据上述分析,并以航线网络运营利润最大化为目标,可以构造出相应的航线网络运力优化分配模型。定义:

(1) 机型 i 的座位数为 Cap_i,月平均固定成本为 $CFixed_i$(主要指所有权成本),机型 i 的飞机数量为 Z_i。

(2) 受机型 i 的飞行机组实际能提供飞行实力限制的最大航班任务时间为 t_{crew}^i。

(3) 航线 j 上最高允许安排的航班频率为 F_j,预计每月能够实现客流量的上限为 D_{max}^j,客流量的下限为 D_{min}^j,平均票价为 P_j。

(4) 机型 i 在航线 j 上运行的变动成本为 $CVari_{ij}$,轮挡时间为 t_{eet}^{ij},预测载运率为 LF_{ij}。

(5) 定义 β_{ij} 表示机型与航线间的适航限制,C_p 表示"罚成本",

$$\beta_{ij} = \begin{cases} 0, & \text{表示机型 } i \text{ 能在航线 } j \text{ 上运营} \\ 1, & \text{否则不能} \end{cases}$$

(6) 定义 x_{ij} 为机型 i 在航线 j 上执行航班的数量,它代表了一个航线网络运力分配方案。

2) 目标函数

在市场经济的大环境下,航空公司运营是以利润最大化为经营目标的,因此航空公司资源要素配置的优化目标可表述为:机队在所运营航线网络上的运营利润最大化。在建立目标函数时,需考虑机型航线运营收入 $Cap_i \times LF_{ij} \times P_j$、机型航线运行变动成本 $CVari_{ij}$、机型航线适应性 $\beta_{ij} \times C_p$(罚成本)和机型的月固定成本 $CFixed_i$。具体的目标函数为

$$Maximum = \sum_{i=1}^{m} \left\{ \sum_{j=1}^{n} \left[(Cap_i \times LF_{ij} \times P_j - CVari_{ij} - \beta_{ij} \times C_p) \times x_{ij} \right] - Z_i \times CFixed_i \right\}$$

$$(3-22)$$

式中，$\sum\limits_{j=1}^{n}\left[\left(Cap_i \times LF_{ij} \times P_j - CVari_{ij} - \beta_{ij} \times C_p\right)x_{ij}\right]$ 表示机型 i 在航线 j 上的边际贡献。

3）约束条件

在进行航空公司生产资源优化配置时需要综合考虑以下约束条件。

（1）规划期内航线和时刻资源的制约。

由于受各机场和空域飞行容量、局方的航班计划审批管理规定的限制，每家航空公司能够分配到的航线，及在各条航线上的最高允许航班频率是有限的，这就必然影响到航空公司在各条航线上的运力分配方案。

对于每一条航线 j，公司所有机型执行的航班频率之和不得超过局方审批的数量 F_j，定义机型 i 在航线 j 上执行的航班数为 x_{ij}，x_{ij} 为整数，$\forall i = 1, 2, \cdots, m$，$\forall j = 1, 2, \cdots, n$，则有

$$\sum_{i=1}^{m} x_{ij} \leqslant F_j, \ \forall j = 1, 2, \cdots, n \qquad (3-23)$$

（2）规划期内市场需求水平的制约。

具体体现为每个航空公司在各条航线上能够分配到的预计客流量（不考虑货运的收益），即航空公司的航线市场份额乘以航线需求量，以及各种座位级的机型在该航线上能够达到的平均客座率水平，两者决定了一个航空公司在各条航线上的运力投放水平（即座位数）。

对于每一条航线，规划期内各种机型提供的总运力 $\sum\limits_{i=1}^{m} x_{ij} \times Cap_i \times LF_{ij}$ 应该在最小预计客流量 $D_{\min}^j$ 和最大预计客流量 $D_{\max}^j$ 之间，即为

$$D_{\min}^j \leqslant \sum_{i=1}^{m} x_{ij} \times Cap_i \times LF_{ij} \leqslant D_{\max}^j, \ \forall j = 1, 2, \cdots, n \qquad (3-24)$$

（3）公司机组的有效飞行实力制约。

由于受民航法规对飞行员飞行、执勤、休息时间的限制，每种机型能够完成的最大航班任务时间必须受到该机型的飞行机组实际能提供的飞行实力制约。因此每种机型承担的航班总轮挡时间 $\sum\limits_{j=1}^{n} x_{ij} \times t_{\mathrm{eet}}^{ij}$ 不超过该机型飞行机组能够提供的有效飞行时间 t_{crew}^i。

$$\sum_{j=1}^{n} x_{ij} \times t_{\mathrm{eet}}^{ij} \leqslant t_{\mathrm{crew}}^i, \ \forall i = 1, 2, \cdots, m \qquad (3-25)$$

（4）飞机运力需求水平。

首先，每种机型的月可用飞行时间（以月均轮挡时间表示）是有限度的，并可以

根据经验公式表示为

$$U_i = \frac{Ut}{t_i + t_{\mathrm{ramp}}^i} \times t_i \tag{3-26}$$

式中：Ut 为月可用执勤时间，美国市场常用 350 h，其他市场常用 320 h；t_{ramp}^i 为机型 i 的平均过站时间，由公司根据经验确定；t_i 为机型 i 的平均轮挡时间，取决于该机型所运营航线网络的结构，其表达式为

$$t_i = \frac{\sum\limits_{j=1}^{n} (x_{ij} \times t_{\mathrm{eet}}^{ij})}{\sum\limits_{j=1}^{n} x_{ij}}, \ \forall\, i = 1, 2, \cdots, m \tag{3-27}$$

根据机型年均可用运力水平，可以将备选机型的飞机数量 Z_i 约束表示为

$$Z_i - 1 < \frac{\sum\limits_{j=1}^{n} (x_{ij} \times t_{\mathrm{eet}}^{ij})}{U_i} \leqslant Z_i, \ \forall\, i = 1, 2, \cdots, m \tag{3-28}$$

以上的目标函数和约束条件构成了航空公司生产资源要素优化配置模型，通过该模型可以对航空公司的航线网络、机队结构进行规划，并给出相应的航线运力分配方案。

4) 生产资源要素优化配置模型的应用

上述模型表达的是航空公司生产资源要素匹配关系的一般形式和要求，实际运用中还需要根据所规划问题的具体特点（特别是生产资源要素构成的特点）、航空公司对生产资源要素配置的具体要求，对模型表达进行相应的调整。例如：

(1) 当机队结构已经确定（或部分机型已经确定），或对机队利用率有明确要求时，则需要增加对相应机型机队数量或可用飞行时间的约束。

① 当已知机型 i 的利用率有最低要求 $t_{\min}^i$ 时，则需增加约束：

$$\sum_{j=1}^{n} x_{ij} \times t_{\mathrm{eet}}^{ij} \geqslant t_{\min}^i \times Z_i \tag{3-29}$$

② 当公司机队中某种机型 i 的飞机数量 Z_i 有最低要求 $Num_{\min}^i$ 时，则需增加约束：

$$\frac{\sum\limits_{j=1}^{n} x_{ij} \times t_{\mathrm{eet}}^{ij}}{U_i} \geqslant Num_{\min}^i, \ \forall\, i = 1, 2, \cdots, m \tag{3-30}$$

(2) 当某几种机型可以构成混飞机队时，对应机型的机组飞行实力约束就需要合并表达。

假如备选机型中机型 i_1，i_2，$\cdots$，i_k 可以构成混飞机队，其可用飞行实力分别为 t_{crew}^{i1}，t_{crew}^{i2}，$\cdots$，t_{crew}^{ik}，则约束条件式(3-25)可调整为

$$\sum_{j=1}^{n} x_{ij} \times t_{\text{eet}}^{ij} \leqslant t_{\text{crew}}^{i}, \ \forall i \neq i_1, i_2, \cdots, i_k$$

$$\sum_{j=1}^{n} \sum_{h=1}^{k} x_{i_h j} \times t_{\text{eet}}^{i_h j} \leqslant \sum_{h=1}^{k} t_{\text{crew}}^{i_h}, \ \forall h = 1, 2, \cdots, k$$

(3-31)

(3) 当公司需要重点关注某条航线的市场份额时，则约束式(3-24)中最大和最小客流量 D_{max}^{j}、D_{min}^{j} 的表达方式也需要相应调整。

假设已知航线 j 的预计客流量为 D_{total}^{j}，公司对在航线 j 的市场份额要求下限为 MS_{min}^{j}，预计可达到的市场份额上限为 MS_{max}^{j}，则约束式(3-24)调整为

$$D_{\text{total}}^{j} \times MS_{\text{min}}^{j} \leqslant \sum_{i=1}^{m} x_{ij} \times Cap_i \times LF_{ij} \leqslant D_{\text{total}}^{j} \times MS_{\text{max}}^{j}, \ \forall j = 1, 2, \cdots, n$$

(3-32)

当企业需要根据机队、航线规划方案分析公司的飞行人力资源需求时，则原模型中约束式(3-25)需要取消，转而根据航线运力匹配方案推算规划方案对飞行人力资源的需求。

3.4.4 案例分析

1) 运营假设条件

根据某航空公司运营的实际情况、B737-800飞机的经济技术性能，设定B737-800飞机机队在上海运营基地的运营条件，仅规划至航线级。

(1) 主要假设条件。

飞机：B737-800飞机；

数量：5架；

座位数：158座；

机队日利用率：7.0、7.5 和 8.0 h；

主营运基地：上海虹桥或上海浦东；

航线比例：一类航线 40%，二类航线 60%；

通航机场类别比例：一类 1 级/2 级：40%，二类：60%；

通航城市数量：10～15 个。

(2) 财务主要假设条件。

油价：7 045 元/吨；

美元汇率：1 美元＝6.42 人民币；

某航空公司间接运营成本：0.065 元/座公里。

2) B737-800 机队某航空公司航线规划备选航线

根据运营假设条件和某航空公司实际运营情况,选取以下 20 条备选航线,如表 3-8 所示。

表 3-8 备选航线

序号	航 线	三字码	飞行距离/km	轮挡油耗/kg	轮挡时间/min
1	浦东—西安	PVG-XIY	1 198	3 792.4	115.3
2	浦东—成都	PVG-CTU	1 833	5 405.6	161.0
3	浦东—沈阳	PVG-SHE	1 298	4 045.4	122.5
4	浦东—大连	PVG-DLC	879	2 988.6	92.2
5	浦东—武汉	PVG-WUH	671	2 464.5	77.2
6	浦东—重庆	PVG-CKG	1 409	4 326.3	130.5
7	浦东—福州	PVG-FOC	629	2 358.6	74.1
8	浦东—哈尔滨	PVG-HRB	1 733	5 150.7	153.8
9	浦东—海口	PVG-HAK	1 723	5 125.2	153.1
10	浦东—桂林	PVG-KWL	1 350	4 177.0	126.2
11	浦东—长沙	PVG-CSX	877	2 983.5	92.1
12	浦东—厦门	PVG-XMN	874	2 976	91.8
13	浦东—昆明	PVG-KMG	1 840	5 423.4	161.5
14	浦东—青岛	PVG-TAO	520	2 084.0	66.2
15	浦东—北京	PVG-PEK	1 023	3 351.4	102.6
16	浦东—济南	PVG-TNA	752	2 668.6	83.0
17	浦东—广州	PVG-CAN	1 090	3 520.2	107.5
18	浦东—郑州	PVG-CGO	873	2 973.5	91.8
19	浦东—深圳	PVG-SZX	1 358	4 197.2	126.8
20	浦东—三亚	PVG-SYX	1 910	5 602.6	166.6

备选航线选择原则:第一,满足运营假设条件;第二,依据现有航线频率。

3) 浦东运营基地航线规划

每条航线运营频率分别为 $Freq_1$, $Freq_2$, $Freq_3$, …, $Freq_{20}$,这就是该规划的决策变量。

在市场经济的大环境下,航空公司运营是以利润最大化为经营目标的,因此优化目标可表述为:机队在所运营航线网络上的运营利润最大化。在建立目标函数时,需考虑机型航线运营收入、航线运营成本和航线运营频率。具体目标函数为

$$Maximum = \sum_{i=1}^{n} [(Cap \times LF_i \times P_i - Cost_i) \times Freq_i] \quad (3-33)$$

式中:Cap 为机型座位数;LF_i 为各航线客座率;P_i 为各航线平均票价;$Cost_i$ 为不

同日利用率下各航线运营成本;$Freq_i$ 为各航线运营频率。

根据 B737 - 800 飞机某航空公司航线规划条件假设,在进行某航空公司航线规划优化时需要综合考虑以下约束条件:

$$\sum_{i=1}^{n}(T_i \times Freq_i) \leqslant U_t \tag{3-34}$$

$$Freq_{low} < Freq_i < Freq_{up} \tag{3-35}$$

式中:T_i 为各航线飞行时间;U_t 为总可用飞行时间;$Freq_{low}$ 为各航线运营频率下限;$Freq_{up}$ 为各航线运营频率上限。

在不同日利用率下,月总可用飞行时间分别为 1 050 h、1 125 h 和 1 200 h。各航线运营频率下限为 12 次/月,上限为该航线可用时刻。

4) 规划结果

选择浦东机场为主运营基地,根据市场运营情况和航线运营成本,对 5 架 B737 - 800 飞机的某航空公司航线进行优化规划,不同日利用率下结果如表 3 - 9、表 3 - 10 和表 3 - 11 所示,每架飞机月总毛利润分别约为 457 万元、521 万元和 574 万元。

表 3 - 9　B737 - 800 飞机某航空公司航线规划(7 小时日利用率)

序号	航　线	经济舱全票价/元	客座率/%	平均票价折扣/%	单向月班次
1	浦东—西安	1 260	84.6	50.7	12
2	浦东—沈阳	1 300	82.7	57.3	12
3	浦东—大连	1 060	81.4	58.4	129
4	浦东—武汉	810	86.6	55.1	12
5	浦东—重庆	1 490	83.6	50.7	12
6	浦东—青岛	740	85.4	53.2	12
7	浦东—北京	1 130	81.5	62.7	57
8	浦东—广州	1 280	81.5	66.6	46
9	浦东—郑州	800	83.6	65.1	12
10	浦东—深圳	1 400	82.1	53.5	12

表 3 - 10　B737 - 800 飞机某航空公司航线规划(7.5 小时日利用率)

序号	航　线	经济舱全票价/元	客座率/%	平均票价折扣/%	单向月班次
1	浦东—西安	1 260	84.6	50.7	12
2	浦东—沈阳	1 300	82.7	57.3	17
3	浦东—大连	1 060	81.4	58.4	147

（续表）

序号	航 线	经济舱全票价/元	客座率/%	平均票价折扣/%	单向月班次
4	浦东—武汉	810	86.6	55.1	12
5	浦东—重庆	1 490	83.6	50.7	12
6	浦东—青岛	740	85.4	53.2	12
7	浦东—北京	1 130	81.5	62.7	57
8	浦东—广州	1 280	81.5	66.6	46
9	浦东—郑州	800	83.6	65.1	12
10	浦东—深圳	1 400	82.1	53.5	12

表 3‐11 B737‐800 飞机某航空公司航线规划（8 小时日利用率）

序号	航 线	经济舱全票价/元	客座率/%	平均票价折扣/%	单向月班次
1	浦东—西安	1 260	84.6	50.7	12
2	浦东—沈阳	1 300	82.7	57.3	35
3	浦东—大连	1 060	81.4	58.4	147
4	浦东—武汉	810	86.6	55.1	12
5	浦东—重庆	1 490	83.6	50.7	12
6	浦东—青岛	740	85.4	53.2	12
7	浦东—北京	1 130	81.5	62.7	57
8	浦东—广州	1 280	81.5	66.6	46
9	浦东—郑州	800	83.6	65.1	12
10	浦东—深圳	1 400	82.1	53.5	12

5) 航班排班实例

某航空公司相关航线运营数据如表 3‐12 所示。估算机型航线成本，用两架窄体机执行，尾号 5188(6 班)典型航线为：厦门—昆明—厦门—上海—厦门—武夷山—厦门；尾号 5189(4 班)典型航线为：厦门—重庆—厦门—上海—厦门。两架窄体机典型航线航班安排如图 3‐20 所示，尾号 5188 日利用率 10.04 h，尾号 5189 日利用率 9.67 h。

表 3‐12 相关航线运营数据

航 线	飞行时间/h	飞行距离/km	每班人数	平均每客客运票价/元	货邮收入占旅客收入比/%
昆明—厦门	2.41	1 680	130	864	7.60
重庆—厦门	2.21	1 515	122	714	1.44
上海—厦门	1.54	878	115	568	3.85
武夷山—厦门	0.81	360	116	321	1.00

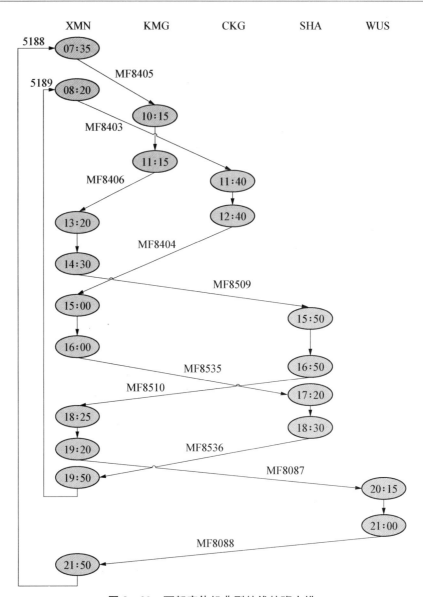

图 3－20　两架窄体机典型航线航班安排

3.5　客户化选型

　　客户与飞机制造商签署的初步购机协议往往规定了客户的意向机型与标准构型,其仅标志着制造商成功赢得了销售合同,而离客户的真实需求及交付构型还有较大的距离,需要买卖双方进行大量的客户化协调工作。

　　飞机制造商们为了在购机协议签署后方便飞机的客户化工作,提供了大量可供客户选择的设备,范围覆盖了从发动机型号至客舱内饰广泛的选装项目。这些灵活性使得航空公司在创造各自独特的飞机品牌方面可以吸纳更多流行的元素,同时也能满足他们各自的运营要求,因此飞机制造商在研发阶段和产品全生命周期中合理的设置客户选装项目对客户选型非常重要。

而飞机买卖双方一般会在初步签订的购机协议中约定飞机客户化工作启动的时间节点及相关程序要求,各飞机制造商规定的客户化流程亦大致相同,包括从提供选型资料至约定选型开始的时间和周期,直到买卖双方最后确定和签署飞机的客户化构型为止。

本节主要介绍了飞机制造商客户化相关的主要资料和内容、客户化流程及相关的一些商务知识等。需要强调的是,过度的客户化会增加航空公司的负担,并且还影响飞机转售的残值,因此客户需要根据实际情况谨慎的推进客户化工作。

3.5.1 客户化资料

除了购机协议(Purchase Agreement)之外,航空公司在进行飞机客户化工作之前需要从制造商那里获得很多参考和使用的材料,主要包括:标准技术规范(Standard Specification)、飞机相关的选项清单(Standard Selection)或客户构型指南(Customer Configuration Guide)、飞机特征及机场规划手册(Aircraft Characteristics Airport and Maintenance Planning)、飞机维护计划文件(Maintenance Planning Documet)等。

1) 购机协议

是一份买卖飞机的正式合同,其规定了买卖双方的构型基准、飞机价格及修订方式、付款方式、飞机监造要求、取证要求、买方技术检查责任、飞机交付和接受要求、担保条款、违约责任、航材和培训要求,以及其他诸多需要买卖双方协商的技术和商务条款。

2) 标准技术规范

标准技术规范是航空公司客户化的起点,按照现在航空业的惯例,一般采用ATA章节的形式进行顺序编号,比如A320 - 200飞机的标准技术规范采用的就是ATA100标准,波音和空客公司采用的标准技术规范有少许的差异,但是其主要的章节均类似:

(1) 飞机总体信息(ATA01 - 20):主要描述飞机的尺寸、重量、适航基础、标准客舱布局、环境要求等。

(2) 飞机系统信息(ATA21 - 49):主要描述飞机各大系统,包括综合航电系统、飞行控制系统、液压系统、环境控制系统、防火与燃油系统、电源与电气系统、水/废水系统、辅助动力装置系统等。

(3) 飞机结构信息(ATA51 - 69):主要描述飞机的主结构和舱门等。

（4）动力装置信息（ATA70 - 80）：主要描述飞机的动力装置及相关系统。

目前几乎所有民航相关的技术出版物、系统级别的分析与零部件的采购等都参考了 ATA 章节的分类标准，描述飞机客户构型信息的 ATA 章节及分系统如图 3 - 21所示。

GENERAL	
0	Preface
01-00	General description
02-00	General requirements
03-00	General aircraft design criteria
06-00	Dimensions and areas
07-00	Lifting and shoring
08-00	Leveling and weighing
09-00	Towing and taxiing
10-00	Parking and mooring
11-00	Placards and markings
12-00	Servicing
13-00	Weight
14-00~19-00	Not Used
20-00	Standard practices-airframe

SYSTEMS	
21-00	Air Conditioning
22-00	Auto Flight
23-00	Communications
24-00	Electrical Power
25-00	Equipment and Furnishings
26-00	Fire protection
27-00	Flight controls
28-00	Fuel system
29-00	Hydraulic Power
30-00	Ice and rain protection
31-00	Indicating/Recording systems
32-00	Landing gear
33-00	Lights
34-00	Navigation
35-00	Oxygen
36-00	Pneumatic
38-00	Water/Waste
42-00	Core Processing System
44-00	Cabin System
45-00	Onboard Maintenace System
46-00	Information systems
47-00	Inert Gas System
48-00	Not Used
49-00	Airborne auxiliary power

POWER PLANT	
70-00	Standard practices - engines
71-00	Power plant
72-00	Engine
73-00	Engine fuel and control
74-00	Ignition
75-00	Air
76-00	Engine controls
77-00	Engine indicating
78-00	Exhaust
79-00	Oil
80-00	Starting

STRUCTURES	
51-00	Structures - general
52-00	Doors
53-00	Fuselage
54-00	Pylons
55-00	Stabilizers
56-00	Windows
57-00	Wings
58-69	Not Used

图 3 - 21　描述飞机客户构型信息的 ATA 章节及分系统

一般而言，标准技术规范在项目定义或初步设计阶段就需要进行编制，该规范定义了飞机型号的基本构型或基本不变构型，以便在此基础上实施客户化。构型规范通过持续的版本修订方式来反映产品改进情况和市场发展趋势。

如空客公司的标准技术规范是一架可飞的飞机，客户基于该标准构型的飞机进行更改后形成客户化的飞机。而波音公司标准技术规范并不是一架可飞飞机，其仅包括基本不变构型,客户需要在此基础上结合标准选项手册实施"add only"概念形成客户化的飞机。

3) 选型手册或构型指南

各个制造商的选型手册或构型指南表现和表达的方式基本上都不相同。如空客公司按照选项的不同特征编制客舱构型指南,系统构型指南,厨房、盥洗室和补给系统构型指南,应急设备构型指南,飞行娱乐和客舱电源系统构型指南等系列化构型指南供客户使用。而波音公司仅通过一份标准选型清单用以描述飞机的所有可选构型。

按照目前主流机型提供的选型清单并从航空公司的角度来看,目前可供客户化的主要内容包括发动机、航电设备、客舱定义、运行环境、外部涂装等五大类。客户选型的主要选项分类如图 3-22 所示。

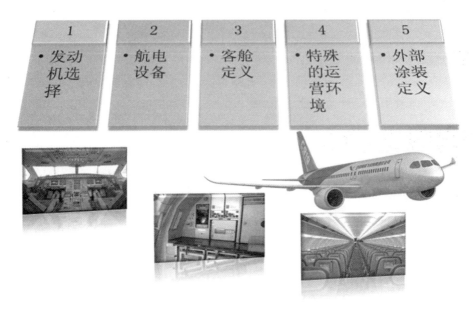

图 3-22 客户选型的主要选项分类

从航空公司角度来看,这些选型手册或构型指南中提供的选项主要是:

(1) 满足适航取证要求。各个国家或地区的情况不一,适航当局对飞机的要求有部分差异,因此制造商提供的选项应能满足这些不同环境的适航取证要求。

(2) 满足航线运营需求:针对不同的航线运营需求也存在很大的构型差异要求,比如长程跨洋运行,航空公司对 ETOPS 的要求比较高,而进入高高原航空运行则对飞机的发动机推力、氧气和空调系统的要求比较高。

(3) 塑造公司品牌形象。飞机的外部涂装、客舱装饰乃至客舱布局和机载娱乐系统的构型选择和选项定制是创造航空公司品牌形象的关键性要求。

4) 飞机特征及机场规划手册

该文件对航空公司而言非常重要,目标是向航空公司提供飞机是否与航线或机场匹配的重要文献。

飞机特征和机场规划手册中主要包括:各种重量信息、飞机的尺寸、主要部件离地高度、典型客舱布局、客舱横截面尺寸、货舱特征、各型舱门位置和大小、商载航程能力、起飞和着陆能力、飞机在地面的转弯半径、机动能力、驾驶舱视界等相关要求。另外,还对飞机的地面服务,包括各种服务车辆的对接位置、过站时间、地面服务接头等以图示的方式进行了说明。

该文件还对飞机在地面机动过程中的气流方向、飞机噪声、跑道强度和承载能力进行了说明。

5) 维护计划文件

维护计划文件是制造商推荐的飞机维护计划,它是根据飞机维修审查委员会(Maintenace Review Board,MRB)的建议制订,航空公司可以以此为基础并根据本公司的计划使用情况制订本公司的计划。

航空公司或客户还可根据自身的需求向飞机主制造商索取该机型的飞行手册(Flight Manual)、机组操作手册(Flight Crew Operating Manual)等,以供进一步分析和研究。

民用飞机客户选型主要是确定飞机机型,实施单机/机队的客户化构型过程,民用飞机客户化的过程一般航空公司各个部门都会参与,为了开展客户化工作的评估,航空公司需要向飞机制造商索取比较多的资料进行参考,飞机制造商也可通过这部分资料引导航空公司的客户化工作。

3.5.2　客户选型定义

飞机客户构型定义涉及客户构型定义载体的确定、内容、进度和里程碑的安排以及买卖双方的客户化参与人员。

1) 空客公司构型载体

买卖双方飞机构型定义必须有合适的载体,如空客公司飞机客户构型定义载体如图 3 - 23 所示。

空客公司客户构型定义载体,其中:

(1) 标准技术说明书:由空客公司提供并作为买卖双方初步签署购机协议的附件。

(2) 规范更改单:制造商目录选项中的构型选择结果和特殊构型需求通过更改请求单(Request For Change,RFC)的形式向飞机主制造商提出,并最终以规范更改单(Specification Change Notice,SCN)的形式签署,SCN 最终也将作为定义飞机客户构型的合同附件,对空客公司而言 RFC/SCN 应成对出现(每份 SCN 至少对应

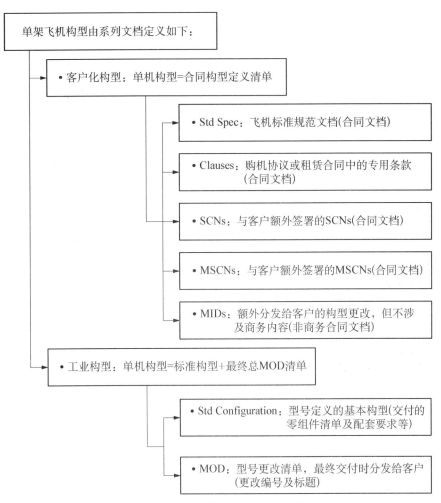

图3-23 空客公司客户化构型载体

一份 RFC)。

（3）制造商规范更改单：空客公司向客户推荐的研发构型的更改,在获得客户同意后双方将签署制造商规范更改单(Manufacturer SCN,MSCN)作为定义飞机客户构型的合同附件。

（4）构型更改清单：研发中相对较小的构型更改,这些构型更改以构型更改清单(Modfication Information Documet,MID)的形式提供给客户,其一般不会影响到双方的合同和飞机的价格,空客公司会定期通报客户。

另外,空客公司需要将飞机的客户化构型转换为工业构型,并最终由空客公司向客户提交所有的单机构型更改情况汇总。

2) 波音公司构型载体

波音公司飞机客户构型定义及选型的载体与空客公司略微不同,波音公司客户化构型载体如图 3-24 所示。

客户化构型定义

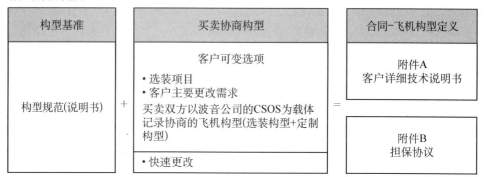

备注:快速更改(生产制造中小的修订性更改)并不反映在客户详细技术说明书中。

图 3-24　波音公司客户化构型载体

波音公司客户构型定义载体,其中:

(1) 构型规范(说明书):波音公司预先提供给客户并作为描述飞机基本不变的构型。

(2) 标准选项清单:波音公司预先提供给客户选型使用的清单称为标准选项清单主要包含两大类型选装项目,分别是组合选项和独立选项。

(3) 客户选型结果:客户根据波音公司提供的标准选项清单所选择的客户化项目及客户自定义项目的集合以单机选型结果 CSOS 的形式体现。

(4) 飞机详细规范:波音公司根据构型规范和客户选型结果(CSOS),针对单架飞机/单个机队/单个客户而出版的描述客户化之后的飞机构型文档称为飞机详细规范(Aircraft Detail Specification),其也将作为购机合同的附件。

(5) 担保协议:买卖双方针对飞机构型约定的担保指标(Warranty),一般也会约定未能达到性能指标的赔偿协议等。

3.5.3　客户构型定义内容

按照飞机制造商与航空公司的交流经验来看,向客户提供一系列的选型指南,这些选项指南需要进行客户化的内容包括:

(1) 系统构型指南:主要包括外部标记标牌、自动飞行、通信系统、电源系统、驾驶舱设备、防火、起落架系统、导航系统、氧气系统、水和废水系统、信息系统、货舱系统、发动机等的可选项目和供应商信息。

(2) 客舱构型指南:主要包括客舱座椅、内部标记标牌、分舱板、厨房、盥洗室、旅客广播系统、灯光系统及客舱装饰色彩搭配等。

（3）客舱电气系统构型指南：主要包括飞行娱乐系统、客舱与厨房电源系统及各种插电设备和组件等。

（4）应急设备构型指南：主要包括逃生设施、急救箱、应急定位救生信标、手电筒、救生筏、扩音器、救生斧、灭火器和氧气面罩等。

（5）标牌手册：主要包括机组与旅客标牌、应急设施标牌、应急出口标识和双语显示标识等。

（6）非织物地板覆盖物选项指南。

（7）买方提供设备目录，列出所有可供选择且满足要求的供应商和相应的设备件号。

另外，买卖双方还需要根据选型结果一起定制部分图纸和构型技术要求，包括客舱布局图、应急设备图、客舱颜色规范要求、厨房设备清单、外部涂装要求及效果图等。

客舱布局图体现了客舱座椅、厨房、盥洗室的详细分布情况和数量，客舱布局如图 3-25 所示。

图 3-25　客舱布局

应急设备图作为客舱布局图的补充，指定了应急设备的位置、数量和设备标识，它需要在构型确定后由制造商编制相应的布局图，客舱应急设备清单及布置的情况如图 3-26 所示。

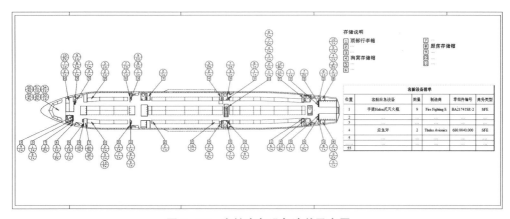

图 3-26　客舱应急设备清单及布置

颜色规范作为客舱装饰的补充要求,提供了客舱美学的详细元素(颜色、门帘、材料、地毯等要求),如客舱盥洗室颜色规范要求如图 3-27 所示。

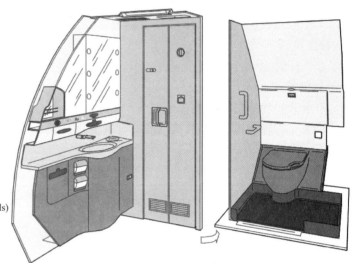

壁板和门(Walls and doors)
15.84 dream mezzo

曲面壁板(Curved walls)
2.49 dream grey

天花板和服务单元(Ceilings and service units)
2.49 dream grey

马桶和盥洗池底部(Toliets and parts below wash basins)
2.32 moonshadow

盥洗池(Wash basins
19.3 polaris

盥洗池球型部(Wash basins bowls)
19.3 polaris

地板表面(Floor pans
2.39 charcoal

图 3-27　客舱盥洗室颜色规范要求

厨房构型定义清单作为客舱布局图的补充,列出了设备清单(包括电气/非电气设备),该清单可用于选择供应商、在技术协调会前供飞机制造商研究电气负载,以确定是否增加电气负载,厨房设备清单(电气)/非电气设备如图 3-28 所示。

会议纪要 - 附件 XX				厨房电插件 ┃ 厨房非电插件													
机队:	版本:		客户更改请求 25XXXXX														
	330-25-18900																
	餐食设备	供应商	设备件号	替代设备件号	1号厨房	2号厨房	3号厨房	4号厨房	5号厨房	6号厨房	7号厨房	8号厨房	9号厨房	10号厨房	11号厨房	12号厨房	设备数量	备注
																	0	
																	0	
																	0	
																	0	
																	0	
																	0	
																	0	
版本:		日期:	描述:														

图 3-28　厨房设备清单(电气/非电气设备)

飞机的外部涂装是航空公司形象的展示,按照适航要求,一般飞机的外部涂装内容仅可在如下部分进行:

(1) 机身。

(2) 垂直尾翼。

（3）发动机短舱。

（4）翼稍小翼。

航空公司额外的标识要求需要在客户构型定义过程中通过 RFC 的形式提交空客公司。外部喷漆定义列表收集了所有定义外部涂装的信息，空客提供的飞机外部喷漆需求定义表单格式如图 3-29 所示。

喷涂定义列表				
机型	航空公司：	机队：		合同工程经理
	运营商：	制造序列号：		
	合同构型冻结			
	喷涂定义冻结			
	客户化区域：机身/垂直安定面/短舱/翼稍小翼			
外部涂装进度计划				备注
1	ATA 02 外部涂装方案			备注
	1.1 外部涂装	**是否新的涂装方案**	**YES/NO**	
		如果已有涂装方案，请提供		
	机身/垂直安定面/短舱需求	**设计图形/颜色**	**图样格式***	
		Adobe Illustrator	.al	
		CAD Drawing vectorized file	.dwg	
		Corel Draw Drwing vectorized file	.cdr	
		其他格式		
		其他意见		
	标识细节	**LOGO 或需要涂装的语句**		
		垂直安定面		
		机身		
		短舱		
		翼稍小翼		
	特殊需求	颜色需求		
		其他需求		
	1.2 颜色需求			
	主要颜色	背景颜色种类和数量		
		装饰颜色数量		
	参考色系	参考色系		

图 3-29 飞机外部喷漆需求定义表格

针对制造商提供的这些选装项目，航空公司主要从技术性、通用性、经济性等方面考虑，航空公司设备选装项目的主要考察指标如图 3-30 所示。

适航、安全	**功能**	**维护**	**研发与采购成本**
·安全风险等级 ·潜在适航要求 ·行业发展趋势	·已有机型使用经验 ·使用者功能要求 ·维护者功能要求	·产品可靠性 　-故障率 　-协议保障 ·维护保障 　-维护保障能力 　-装机通用性	·价格 ·贷方折扣 ·免费备件 ·免费工装 ·其他优惠

图 3-30 航空公司设备选装项目的主要考察指标

从商务角度来看,飞机提供的选装项目分为三大类。

(1) 卖方提供设备(sell furnished equipment,SFE)。

(2) 买方提供设备(buyer furnished equipment,BFE)。

(3) 卖方采购设备(seller purchased equipment,SPE)。

大多数的航线可更换设备(LRU)和易耗件(如轮胎、轮毂、刹车)都属于 SFE 设备,这些设备一般在设备采购文档或相关图纸中列出。

SFE 设备的客户职责:在给定可选的范围内做出构型选择决定。

SFE 设备的飞机制造商责任:

(1) 完成后续所有生产准备工作,包括合同谈判、付款、物流管理。

(2) 牵头组织 ITCM/PDR/CDR/FAI(尚未取证项目)。

(3) 收货验收、测试。

(4) 系统安装和调试。

(5) 作为系统集成商完成所有装机取证工作。

BFE 设备是由客户负责采购并移交制造商安装的设备。BFE 设备属于客户财产,在飞机交付前飞机制造商有责任保管和安装这些交付的设备直到客户飞机交付为止。BFE 设备的采购责任尽管在客户,但是,制造商需要规定这些设备相关的安装接口、功能及设备取证要求。

BFE 设备需要接受制造商的质量检查或来源检查,制造商提供的典型 BFE 设备包括:

(1) 厨房(custom-made food-service galleys)。

(2) 旅客座椅(passenger seats)。

(3) 航电设备(avionics equipment),包括货架(off-the-shelf)产品或需要进行改进的 BFE 产品(developmental BFE)。

BFE 设备的客户责任:

(1) 选好设备的供应商和完成具体的构型定义。

(2) 确认所选设备符合所在国适航当局的认可。

(3) 独立与供应商完成设备购买协议的谈判。

(4) 监控供应商按合同研发、制造设备。

(5) 按时发放采购订单(PO)给供应商。

(6) 会同飞机制造商验收交付的设备。

(7) 确保设备按飞机制造商的到货时间(ODD)运抵工厂。

(8) 按照合同约定直接支付设备价款至供应商。

BFE 设备的飞机制造商责任:

(1) 牵头组织 ITCM/PDR/CDR/FAI,协助客户完成构型定义。

(2) 收货验收、测试。

（3）系统安装和调试。

（4）作为系统集成商完成所有装机取证工作。

航空公司通过与制造商进行 BFE 项目协商时，如采购了由制造商自身提供的零部件设备，这些设备在波音商用飞机上称为非传统 BFE 设备。

客户可通过与飞机制造商的协商，由飞机制造商代为采购属于 BFE 的设备，这在波音公司称为 SPE 设备，即 SPE 是一种特殊的 BFE 设备。目前仅见于 B737 项目，相当于特殊的 BFE 方式。

SPE 设备的客户责任：

（1）选好设备的供应商和完成具体的构型定义。

（2）签署相关的合同条款与价格信息。

SPE 设备的飞机制造商责任：

（1）协助客户谈判/签订设备购买协议。

（2）客户购买协议签署后的一切工作，包括下订单（PO）、付款、物流管理。

SPE 的优缺点如下：

（1）优点：用户后续工作量小，交货时间（ODD）比较有保障；

（2）局限：目前仅常见于 B737 项目，以前曾向用户额外收取 20%～30% 的管理费用，目前由于竞争者的因素已经取消或降低了收费标准。

目前，波音公司在 BFE/SFE 研发与采购各阶段的责任主体如图 3‑31 所示。

虽然 BFE/SPE 只占飞机很小一部分，但需要制造商、客户及供应商三方进行深入的协调，因此必须制订详细的工作规范以消除潜在的构型配置错误（目前 SPE 主要是波音公司的相关概念，空客公司没有 SPE 的概念），BFE/SFE/SPE 在商务和技术上的主要参与方如图 3‑32 所示。

3.5.4　客户化进度和里程碑

对民用飞机而言，客户化工作一般需要 3 个月左右，而飞机客户化构型冻结至飞机交付大约需要 7 个月，为了满足合同规定的飞机交付日期，买卖双方及所有供应商应该严格按照制订的工作节点完成相关工作。

（1）客户化工作的最小周期一般为 10 个工作星期。

（2）飞机交付前 7 个月合同构型需冻结。

（3）较长周期的目录选项需在飞机交付前 9 个月必须选定。

（4）鉴于非目录选项的交付周期较长，客户必须提前予以考虑这些特殊需求的时间。

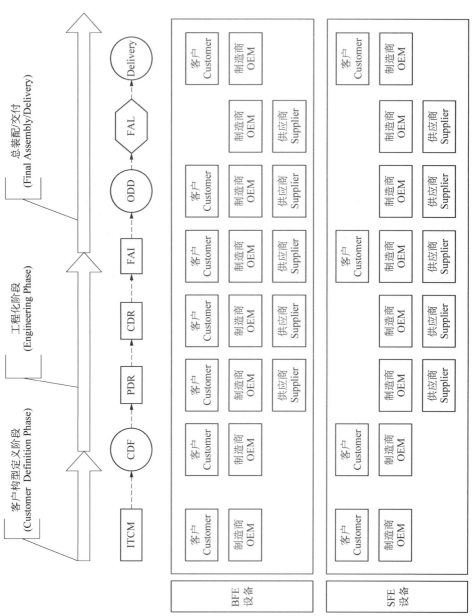

图 3 – 31　BFE/SFE 研发与采购各阶段的责任主体

	BFE	SFE	SPE
合同谈判	用户	制造商	用户
订单管理	用户	制造商	制造商
付款管理	用户	制造商	制造商
物流管理	用户	制造商	制造商
适航取证	取证/未取证都有可能	已取证	已取证
到货保障	一般	较好	较好

	BFE	SFE	SPE
方案/合同阶段	客户、OEM、供应商	客户、OEM	客户、OEM、供应商
试制/批量生产过程	客户、OEM、供应商	OEM、供应商	OEM、供应商
报关/运输/验收/仓储/上线安装	客户、OEM、供应商	OEM、供应商	OEM、供应商
客户验收	客户、OEM、供应商	N/A	N/A

图 3 - 32　BFE/SFE/SPE 在商务和技术上的主要参与方

单通道客机典型化的客户化里程碑如图 3 - 33 所示。

意识到飞机定价与成本控制来自巨大的市场压力，波音公司和空客公司都已经开始改进并缩短它们的客户化过程，以便于客舱的选型和相关设备的采购。波音公司借助于"梦幻长廊（Dreamliner Gallery）"以期缩短客户定制 B787 飞机客舱的时间，而空客公司也试图通过其最新的"空客合同供应商（Airbus Contract Supplier）"项目来提前为客舱选项取证并做好运筹管理。

2006 年 12 月，波音公司在华盛顿埃弗雷特工厂边上启用了一个全新的设施波音"梦幻长廊"，目的是为 B787 飞机客户提供一个可以完成全部飞机内饰构型定义的环境。据制造商介绍，这个所谓的"梦幻长廊"可以把 B787 内饰选型的时间削减到 6 个月，"梦幻长廊"占地 54 000 ft²（约 5 017 m²），呈现给客户的选项包括座椅、厨房、机载娱乐系统、应急设备、各种面料和其他选项。在这里客户可以决定所有主要的供应商，并且可以确信这里展示的一切选项都已取证，且在集成安装方面不会有任何问题。在此之前，他们首先要到全球各地去拜访供应商并仔细比较这些选项之后才能决定采用何种构型。

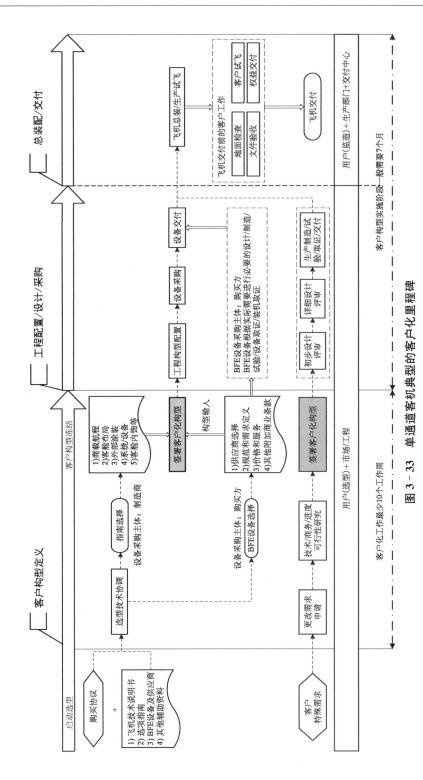

图 3-33 单通道客机典型的客户化里程碑

波音公司的 B787"梦幻长廊"主要的区域划分,如图 3-34 所示。

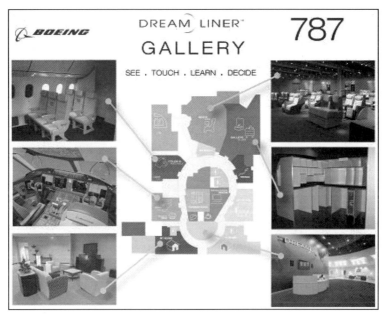

图 3-34 B787"梦幻长廊"

空客公司就 A350XWB 飞机的客舱内饰供应商方案和发动机供应商方案进行了修订,顾客将可以直接从供应商列表中进行挑选,因为这些供应商都已经就满足特定的技术与性能规范与空客公司签订了合同,之后顾客将与供应商直接沟通协商价格。这样做可以形成一个新的客舱供应产品链,相较之前的方法,它能更好地平衡以前烦琐的内饰选型流程与交付周期之间的矛盾,从而在服务一开始就能保证系统集成能力的提高和更高的可靠性。空客公司表示 A350XWB 飞机的内饰选型系统给出的交付周期是 8 个月——约比现役的 A330/340 宽体系列缩短了 30% 的时间。空客公司强调为保证客户定制自身产品的能力,在豪华舱中他们仍然会允许一些具有特殊需求的客户安装 BFE 座椅。

3.5.5 客户化相关人员

因各个航空公司的组织架构不一样,所以参与客户化的人员也可能不太一样,对于大的网络型航空公司,需要组织发展规划部门、机务工程部门、运行中心部门、客舱部门、市场部门等人员集体参与,飞机的客制化程度相对比较高一些。

对一些小型航空公司或低成本航空公司,机队相对单一,构型不太复杂,其牵涉的部门少,因此参与客户化选型的人员也相对较少。

对制造商而言,每家飞机制造商的客户化团队人员架构都不太一样,比如空客公司客户化团队主要包括 6 个方面的人员,具体的职位及工作内容如表 3-13 所示。

表 3-13 空客公司客户化工作团队人员及职责

序号	职 位	主要工作内容
1	合同与工程经理	在工程支持下,向客户介绍飞机的技术内容 协调技术问题讨论并记录客户发起的 RFC 管理基本型飞机所有系统的定义过程 确保飞机按照计划进行构型定义 准备并与客户签署 SCN
2	客货舱构型定义经理	按照客舱定义流程,编制应急设备图、客舱布局图并记录客户的技术请求
3	客舱系统专家	准备客舱系统资料,并定义客舱内部数据系统、机载音频和视频系统、机载电话等 记录客户技术请求,并与设计部门协商和选择系统供应商
4	客舱设计经理	保证客舱设计包括美学并符合规章制度(门帘、座椅材质、地毯、非织物地板覆盖物、壁板材料等) 协调客舱颜色规范的批准活动
5	BFE 项目经理	提供设备供应商信息和工作流程(推荐供应商列表)并管理 BFE 列表 跟踪 BFE 设备从供应商直至交付总装生产线
6	客户订单主管经理	负责编制客户化工作节点 负责客户化要求和飞机的生产的内部协调,直至最后一架飞机交付 按需代表空客公司的项目管理人员与客户接洽

波音公司客户化团队的主要人员及工作分工如图 3-35 所示。

图 3-35 波音公司客户化团队的主要人员及工作分工

波音公司各团队的主要职责：

（1）牵头进行商务谈判和客户交流的是制造商的合同部门，它需要提供含有价格信息的选项包供客户评估与考虑，与客户签署购机协议及相关的构型附件要求，并确保买卖双方按照合同的要求履行各自的义务。

（2）客户工程部负责牵头领导工程设计人员、内饰供应商等开展具体的客户选型工作，牵头权衡决策客户提出的构型要求，向客户推荐最能满足客户要求的预定义选项，当预定义选项不能满足客户要求时，启动客制化选项的设计，并且协调管理负有主要相关责任的工程设计部门。

（3）设计人员负责落实客户的工程方案，协调工程设计问题，负责发起和评估更改等。

（4）内饰供应商按照 SOW 的要求负责为波音公司的客舱设计提供渲染效果图和外部涂装设计等工作，民机客舱内饰效果如图 3-36 所示。

图 3-36　民机客舱内饰效果

4 运营经济性及资产管理

4.1 概述

4.1.1 经济性在民用飞机发展中的推进作用

空中交通只有提供了不低于其他交通方式的安全性,其运行成本不断降低,使得越来越多的人支付得起机票或运费,航线网络分布广泛而便捷,才能得到快速发展。飞机成为可替代地面和水面交通的、安全舒适、快速便捷、网络化和大众化的交通工具,是近四五十年的事。迄今为止的民用飞机发展史,经历了时间上有所重叠的3个阶段:①梦想阶段;②以技术创新为主导的发展阶段;③以市场经济性为主导的市场化阶段。航空技术日臻成熟是航空运输业走向大众化和市场化的基础,在市场化阶段,经济性必将成为推动民用飞机发展的主导因素。

1978年,美国政府为推进航空运输业的市场化,开始放松对航空运输业的市场监管,这成为民航业进入市场化阶段的标志性事件。1980年之后,大批新航空公司进入航空市场,在激烈的市场竞争中航空票价大幅下降,航空运输量迅速增加,"枢纽-辐射"式航线网络逐渐形成,随后,低成本航空公司应运而生并风靡全球。来自航空公司的大批飞机订单和降低飞机运行成本的强烈需求,使得飞机制造商的民用飞机发展战略从以技术创新为主导转向了以市场经济性为主导。1976年,英法合作研制的协和式超声速客机投入运营,其巡航 Ma 数达2.04、载客90~120名,从伦敦到纽约只需3个小时,但技术上的辉煌成就难以掩盖其运营成本高和噪声大的严重缺陷,在商业运营中遭遇惨败,2003年退出了市场。这一教训使飞机制造商意识到,民用飞机研发战略必须依托市场,充分强调市场适应性和经济性设计。采用常规成熟技术、系列化发展的B737和A320系列飞机,由于市场适应性宽和经济性良好,称霸1980年之后窄体机市场30余年,反映出航空公司价值趋向的深刻变化。

进入21世纪以来,航空运输业面临的运行成本压力不断增加,使得航空承运人对提高民用飞机经济性的期望越来越突出。首先是来自经营环境的压力,金融危机、旅客安全、燃油价格和供应、低碳经济、放宽航空管制、消费者结构的变化等全球性问题,造成的成本压力越来越大。其次是来自高速铁路等替代交通工具的压力,中国高铁的发展,使得航空运输失去许多高客流量、高收益率市场。此外,航空运输行业内部竞争激烈,富有活力的低成本航空公司迎合了航空运输大众化的趋势,在竞争中不断扩大其市场份额,传统航空公司面临巨大的运行成本压力。

以营利为基本目的航空公司偏好成熟和低成本技术,因而满足当前市场经济和基础建设环境(包括航油、机场、导航和地面支持等)的现代民用飞机的构型变得十分相似。2001 年波音公司推出的新概念飞机"声速巡航机"(Sonic Cruiser)(见图 4 - 1),具有不同于常规构型的带鸭翼的三角机翼和双垂尾布局,巡航 Ma 数高达 0.98。航空公司的反馈意见是,低成本优先于高速度。2002 年波音公司决定中止开发"声速巡航机",转向开发常规构型的 B787(见图 4 - 2),并与空客公司的 A380(见图 4 - 3)进行竞争。

图 4 - 1 波音公司的新概念飞机"声速巡航机"

图 4 - 2 B787 飞机

图 4 - 3 空客公司的 380 飞机

事实上,民用航空新技术的开发从未停止过。一旦新技术达到了低成本运行的要求,或者某些成本因素发生了重大变化(如必须改用替代燃料),有关新技术将付诸实施。当前引人注目的新航空技术开发项目包括:翼-身融合布局客机(见图4-4)、连翼布局客机(见图4-5)、地效客机(见图4-6)、生物燃料和液氢动力飞机等。

图4-4　翼-身融合布局客机　　　　　图4-5　连翼布局客机

图4-6　地效客机

4.1.2　经济性研究的重要性

1) 民机研发制造过程中经济性研究的重要性

民用飞机的研发过程通常分为:概念设计阶段、初步设计阶段、详细设计阶段以及样机制造和合格审定阶段(详细内容见第3节)。表4-1和表4-2分别列出了各类民用飞机研制周期和成本参考数据。这些数据适用于采用成熟技术、相对以往机型有很大继承性的新机研制情况,对于全新研制的新机型,研制周期和成本将明显增加。

表4-1　典型民用飞机研制周期

机型	概念设计	初步设计	详细设计	合格审定	备　　注
通用飞机	4~6个月	10~12个月	12~14个月	6~8个月	后3个阶段共24~30个月
公务机	6~9个月	12~14个月	12~16个月	8~10个月	后3个阶段共32~36个月
支线机	9~12个月	12~16个月	12~18个月	10~12个月	后3个阶段共36~42个月
窄体机	12个月	12~16个月	20~24个月	12~18个月	后3个阶段共48个月
宽体机	24个月	A380 约花费5年			

注:在启动项目之前,通常要对市场和客户需求进行约一年的探索性研究。

表 4-2 典型民用飞机研制成本

飞机座级/涡扇动力	研制成本/万美元	单机成本/万美元
6 座通用飞机	600～1 000	100～200
10 座公务机	2 000～4 000	500～800
50 座支线机	5 000～10 000	2 000～3 000
150 座窄体机	20 000～50 000	4 000～5 000
500 座级大型机	200 000～1 000 000	14 000～20 000

注:成本中包括适航验证成本,但不包括生产启动成本。

飞机制造商研发新机的成本、航空公司购置或租赁飞机的成本是昂贵的。对飞机研发成本的控制,对飞机运行成本的评估和优化,是现代民用飞机研发过程中的核心任务。图 4-7 给出了飞机研发各阶段人工和费用分布。从该图可以看出,在概念设计阶段,人工和费用的投入很低。到初步设计和详细设计阶段,人工和费用的投入达到峰值。

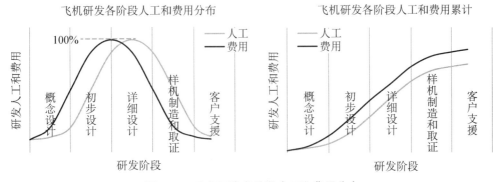

图 4-7 飞机研发各阶段人工和费用分布

图 4-8 给出了飞机研发各阶段对飞机全寿命成本的影响。该图表明,在概念

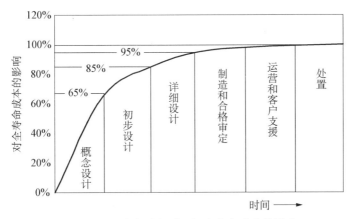

图 4-8 研发各阶段对飞机全寿命成本的影响

设计阶段,虽然人工和费用的投入很低,但决定了飞机全寿命成本(包括飞机研制成本＋全寿命运营成本＋处置成本)的 65％。在初步设计阶段结束时,全寿命成本的85％已基本确定。也就是说,概念设计和初步设计工作,虽然研发的投入有限,但对飞机经济性产生决定性影响;到详细设计和样机制造阶段,希望有效提高飞机的经济性恐怕已为时过晚,或将付出沉重代价。

图 4-8 给出研发各阶段对飞机全寿命成本的影响的结论是毋庸置疑的。事实上,当概念设计和初步设计阶段确定所采用的设计和制造技术基础、确定飞机的商载、航程和速度能力等要素时,飞机的研发成本和直接运行成本已大致锁定。详细设计和样机制造阶段只是设法去实现概念设计提出的设计思想而已,对飞机全寿命成本只有局部的影响。所幸的是,在初步设计阶段结束时,研发的经费和人工投入有限,因此,现代民用飞机制造商在进入详细设计阶段之前,严格执行下述 3 条措施:

(1) 在概念设计和初步设计阶段,经济性是优化设计的唯一判据。

(2) 在概念设计结束时,设置项目决策点,严格审查项目的可行性。在项目决策点,要认真向潜在客户征求对项目的意见,切忌闭门造车。

(3) 在初步设计结束并冻结设计方案时,要与潜在客户进行协商,在获得客户一定数量的订单后,才能进入详细设计。

2) 民机生命周期中经济性研究的重要性

飞机经济性评估,不仅是飞机研发阶段的重要工作,也将贯穿飞机的整个生命周期。

现代民用飞机只要进行合适的维护,可以有很长的使用寿命。飞机的退役往往不是因为使用寿命的限制,而是因为经济性的原因。近年来,油价的高涨已成为燃油效率低、座公里成本高的老旧飞机退役的重要决定因素。随着机龄的增加继续维修变得不经济,老旧飞机内饰更新的费用难以从预期的市场收益获得回报,满足新适航规章所需的改装成本过高,环境限制成本难以承受,从上述种种经济上的考虑,都可能成为旧飞机退役或被置换的理由。

民用飞机的生命周期大致可划分为下述 3 个阶段,飞机生命周期每个阶段的时间长短因机型而异,航空公司的经营策略也是重要的影响因素。不同的航空公司有不同的经济性着眼点,因而飞机在其生命周期内可能被几度转手,经济性评估是飞机转手、改装、封存或退役决策的重要依据。

(1) 第一阶段,新飞机服役阶段。

新机交付后,第一个运营商通常会使用约 15 年。资金充裕的大型骨干航空公司倾向构建庞大的新机机队,特别是远程双通道喷气客机机队。新飞机的技术先进性、高的派遣可靠性、高标准的客舱舒适性,对于大型骨干航空公司维持高品质商业运营具有重要意义。近几年来,低成本航空公司的发展趋于缩短第一阶段的时间,低成本航空公司可能会在新飞机使用 7～10 年后,在飞机大修之前更新机队,因为它们需要高的飞机可靠性来维持其高利用率的运营,新飞机能够使这一点得到保证。经营租赁业的兴起,使得许多小型航空公司使用新飞机成为可能,它们的租赁期通常为5～7年。

(2) 第二阶段,飞机进入二手机市场。

当飞机离开其首个服役的航空公司后,进入二手机市场。对于第一个飞机运营商来说,把保值潜力高(即"残值"高)的旧飞机投入二手机市场,可较快地出售或出租,获得可观的投资回报,它们通常会同时引进新机型以实现机型的更新换代和优化配置。许多小型航空公司购买或租赁二手飞机的原因是负担不起新飞机的购机费用,购买或租赁残值高的二手飞机(具有已服役机队庞大、备件来源充足、机务维修便利、客户服务体系完善和性能可靠等特征),是这些资金不宽裕的航空公司的理想选择;一些大型航空公司购买二手机是为了应对市场的变化,迅速增加机队运力或扩大其机队中已经停产那部分飞机的机队规模。在第二阶段,机龄在15年左右的飞机多数仍用于客运,而有些飞机将被改装为货机。

(3) 第三阶段,飞机或被改装为货机,或再流通,直至退役。

在第三阶段,一些老旧客机被改装为货机,全球大多数窄体机货机来自旧客机的"客改货",因为"客改货"可有效降低货运成本。一些老旧客机可能流通至经济欠发达国家,继续用于旅客运输,或用于其他临时特殊用途,例如,用于湿租(一种出租人提供飞机、机组、维修及保险等全套服务的租赁方式),老旧飞机的派遣可靠性和利用率偏低,但在这些市场运行仍有其商业价值。飞机最终将被封存或被解体。在多数情况下,航空公司更倾向于把淘汰飞机封存,这样可以保留飞机的账面价值,而且拆解飞机付出的成本比封存飞机更高。长期封存的飞机实际上已退役。

从民用飞机生命周期的简单分析可以看出,进入二手机市场后,飞机经济性是以"残值"来衡量的,飞机残值主要取决于市场流动性。在役飞机数量、飞机后续订单数量、制造商生产能力、营运人数量和地理分布,是衡量市场流动性的基本指标。市场流动性强的机型,其航材备件和发动机供给有望得到长期保证、来源充足且价格稳定,客户保障体系完善,维修便利,机组获得性强,便于在运营商之间转手,因此具有较高的残值。飞机的保值潜力是租赁公司和航空公司选购飞机的重要决策依据。残值高的飞机应具备下述特点,这些特点应在项目研发之初就予以充分关注。

(1) 采用具有前瞻性的最新设计制造技术和适航标准,在飞机生命周期内能保持技术性能的先进性和适航性。

(2) 市场适应性宽,衍生机型少,装载灵活度高,各机型系列的使用特性、驾驶舱、主结构、发动机和系统配置有高度的共通性和兼容性,容易形成规模较大的机队和地理分布较广的客户群体。

(3) 具有低成本"客改货"潜力的机型,有利于延长经济使用寿命,提升残值。

4.1.3　经济性研究工作的范围

为了有助于理解民用飞机的经济性分析,表 4 - 3 比较了民用飞机和军用飞机的研发要求。军用飞机强调高性能,不仅研制成本高,飞机的使用、保养、维修和培训成本也很高。军方既是产品研制的投资者,也是产品的使用者,军方希望其采购的武器系统,在满足军方性能指标的前提下,武器系统从研发、制造、服役至退役处置的全寿命总成本达到最低,使得该武器系统的总支出控制在经批准的预算之内。因此,军用飞机的经济性目标,是全寿命成本(LCC)最低的。

表 4 - 3　民用飞机和军用飞机研发要求比较

	民用飞机	军用飞机
设计空间	采用经证实的技术	对开发新技术有强烈需求
审定标准	民用标准	军用标准
运行环境	友善	不友善,具有全天候执行任务能力
安全性	高安全性标准,机组不弹射	强调生存性,机组有弹射能力
飞机性能	执行受空管监控的营业性飞行,低机动性,近稳态操作,发动机无加力燃烧室	按军事任务需求设计,突出高性能,高机动性,可不受监控,发动机可带有加力燃烧室
系统构架	中等复杂,高裕度	很复杂,低裕度
维修性	高可靠性、低维修成本	高可靠性、高维修成本
地面操作	大量采用标准地面设备	采用专用和复杂的地面设备
培训	规范化培训	专门和复杂的培训
经济性	制造商投资开发产品并在市场中销售。按最低 DOC（direct operating cost）设计产品。客户通过飞机经营收益获得现金流回馈	军方既是产品研发的投资者,也是产品的使用者。强调最低 LCC（life cycle cost）,没有现金流回馈

民用飞机是由飞机制造商投资开发、在航空市场销售而获利的市场化产品。航空公司通过购买、经营租赁或融资租赁获得飞机的所有权或使用权,依靠飞机运营收益获得现金流回馈。由于民用飞机是一种高价值、市场化的实物资产,许多航空租赁公司应运而生,它们从飞机制造商购得飞机,为市场提供各种方式的飞机租赁服务以赢取收益。航空公司在购进新飞机时,考虑到资产优化管理,也会把置换出来的旧飞机投入二手机市场。各种机龄的新旧飞机在市场中流通,为各类航空公司提供机动灵活的运力。一些旧客机可能被改装为货机,再一次进入市场。因此,民用飞机的经济性分析所涉及的范围和内容,比起军用飞机来说,似乎要复杂得多。

从本质上来看,航空公司投资、管理和运营民用客机,其核心要求是飞机的运行成本尽可能低,使得旅客机票和货运的收益扣除运行成本后的利润空间尽可能大。因此,民用飞机经济性分析的基础,是分析飞机的运行成本。飞机制造商投资开发民用飞机时,以直接运营成本(direct operating cost,DOC)最低作为飞机参数优化的目标。

图4-9给出了常见的民用飞机运行成本分类方法。从机型成本分析的角度来看,飞机的总运行成本,可划分为直接运行成本和间接运行成本。从经营成本分析的角度来看,又把直接运行成本和间接运行成本进一步划分为固定成本和变动成本。这两种分析方法各有各的用处。

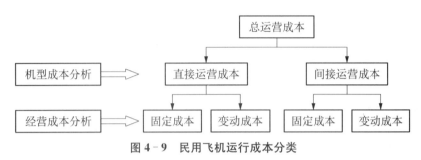

图4-9 民用飞机运行成本分类

1) 机型成本分析法

机型成本分析法相对简单,适用于单一机型(或机队)的经济性分析。对民用飞机的直接运行成本和间接运行成本的划分,航空业内并无统一的规定。一般来说,直接运行成本由财务成本、燃油成本、空勤成本、起降费、地面操作成本、导航费和维修成本等项目构成;间接运行成本包括机票预定和销售、广告和宣传、行政管理、地面资产和设备的租赁、维修和折旧等成本。

间接运行成本基本上取决于航空公司的经营,与具体的机型关系不大,而直接运行成本主要取决于飞机设计特性。因此,在飞机制造商研制民用客机时,通常以直接运行成本最低来优化各种设计参数,也把直接运行成本分析运用于同类机型的竞争分析。航空公司在购机选型时,或对不同机型进行航线经济性对比分析时,或利用"成本指数"优化巡航速度时,也会采用直接运行成本分析(或机型成本分析)模型。在利用直接运行成本分析模型时,通常要在典型(或标准)的假设前提下进行,以便获得合理可比较的分析结论。例如,对于不同的机型或设计优化中不同的设计参数,采用相同的飞机的年利用率、平均航段距离、上座率、客舱舒适性标准和备份油标准等进行直接运行成本对比分析。

2) 经营成本分析法

机型成本分析是经营成本分析的基础。航空公司通常拥有不止一种机型,经营各种航线,市场环境存在周期性和非周期性变化,采用经营成本分析法对于成本管理更为直观和实用。把飞机运行成本划分为固定成本和变动成本,分析人员易于对各项成本进行管理和控制,可随时依据市场和资源的具体情况,对机队配置和航线计划做出优化和调整。

本书将以飞机直接运行成本分析为主线,讨论影响民用飞机经济性的各种因素,介绍民用飞机经济性分析方法及其在飞机优化设计、飞机运行优化、飞机引进和竞争分析等方面的应用,也将涉及飞机定价、飞机全寿命成本、飞机租赁和残值等方面的内容。值得注意的是,民用飞机经济性评估备受不断变化的市场环境、经济政策、技术进步、适航标准和运营模式等各种因素的影响,伴随着众多难以定量分析的不确定性。因此,民用飞机经济性分析具有强烈的地区性和时间性,不存在一种一劳永逸的、适合所有情况的精确定量评估模型。

4.2 运营经济性分析

4.2.1 运营成本分类

飞机总运营成本(total operating cost,TOC)可划分为两类:一类是与机队运营有关的成本,主要取决于飞机的设计,称为"直接运营成本"(direct operating cost,DOC);另一类是与机队运营无关或关系不大,但与运营环境和商业模式关系密切的成本,主要取决于航空公司的运营,称为"间接运营成本"(indirect operating cost,IOC)。

对于直接运营成本和间接运营成本的划分,并没有定论。国际民航组织(International Civil Aviation Organization,ICAO)、欧洲航协(Association of European Airlines,AEA)和美国航协(Air Transport Association of America,ATA)等组织机构均有自行规定的航空公司成本分类。

航空公司对于运营成本的划分,一般是从财务管理的角度出发,把运营成本划分为"固定成本"和"变动成本"两类。随运输量(飞行小时、起降数、运输周转量或旅客数)变化的成本称为"变动成本",不随运输量变化的成本称为"固动成本"。表4-4给出了中国航空公司运营成本的典型分类。

表4-4 中国航空公司运营成本的典型分类

变动成本	固定成本	变动成本	固定成本
燃油成本	飞机和发动机折旧	驻组相关成本	飞行训练费
机务维修成本	高价件折旧	航班延误费	销售成本
起降成本	飞机租金	行李货物邮件赔偿费	综合管理成本
餐食/机供品成本	发动机租金	代理手续费	其他固定成本
客舱服务费	保险费	电脑订座费	
民航基金	租机利息	联程航班食宿费	
飞行小时费	空勤人工成本	湿租飞机变动成本	

从表4-4可看出,从财务管理的角度出发编制的运营成本统计数据,难以直接用于机型经济性评估或机队规划的目的,这不仅是因为在运营成本统计数据中并未

清晰地界定直接运营成本和间接运营成本,而且,有些成本项目是整个机队统筹管理和安排的,难以按机型或航班核算或分摊运营成本。

表 4 - 5 列出了用于直接运营成本分析的典型成本分类,本章将对该表所列的直接运营成本项目进行逐项讨论。在表 4 - 5 中,"民航发展基金"是中国航空市场特有的直接运营成本项目。

表 4 - 5   用于直接运营成本分析的典型成本分类

直接运营成本	间接运营成本	直接运营成本	间接运营成本
财务成本	航站和地面费用	● 机体维护工时成本	
● 利息	商载保险	● 发动机维护材料成本	
● 折旧	订票和销售推广	● 发动机维护工时成本	
● 保险	综合管理	机场收费	
燃油成本		地面服务费	
飞行机组成本		导航费	
客舱空乘成本		餐饮费	
维护成本		民航发展基金	
● 机体维护材料成本			

4.2.2   与运营成本分析有关的飞机机型因素

从飞机直接运营成本角度来看,先进技术只有体现在下述技术参数的改善上,才能有利于提高经济性:采用先进的气动设计技术、提高气动效率、降低气动阻力和提高巡航速度;采用先进的结构设计技术和新材料、借助重量轻的成品系统降低飞机使用空重;采用高燃油效率动力装置降低耗油率;采用可靠性和维修性设计技术、降低维修成本、提高飞机派遣可靠性和利用率;采用成熟技术和系列化发展概念控制研制成本和飞机售价。表 4 - 6 列出影响运营成本的主要技术参数及其影响。

表 4 - 6   影响成本的主要技术参数

影响成本的技术参数	对运营成本的影响
飞机座位数(商载能力)	商载是航空公司的收益来源。商载越大,最大起飞重量越大,运营成本(燃油成本、起降费、导航费、地面操作收费和民航建设基金)增加
飞机设计航程	设计航程越大,最大起飞重量越大,运营成本增加
最大起飞重量($MTOW$)	影响推力需求、耗油量、起降费、导航费、民航建设基金等
最大零油重量($MZFW$)	影响最大商载能力(最大商载=$MZFW-OEW$),商载是航空公司的收益来源
使用空重(OEW)	OEW 称为"无效载荷",OEW 增加,商载能力将降低。要求 OEW 最小化

（续表）

影响成本的技术参数	对运营成本的影响
耗油率和轮挡耗油	气动设计、发动机和结构设计的综合体现。涉及燃油成本等
飞行速度和轮挡时间	速度越高，单位时间内飞行的航段数越多，或飞行距离越大，收益则越高但速度收益应与其他成本支出综合考虑，即利用"成本指数"进行优化
过站时间	地面服务设计影响过站时间。过站时间影响飞机有效利用率，从而影响成本
维修性	维修间隔和工时影响维修成本。维修成本是决定飞机经济寿命的主要因素
可靠性	可靠性影响飞机的遣派率和利用率，从而严重影响成本
飞机售价	新技术发动机和新材料等可能提高研制成本和售价，因而影响所有权成本

4.2.3　飞机直接运营成本计算方法

本节逐一讨论表 4-5 列出的飞机直接运营成本项目的定义和计算方法。运营成本通常基于平均轮挡航程来分析，得出单位航段的运营成本，或单位轮挡小时的运营成本。

各市场区域的直接运营成本项目定义不尽相同，有些直接运营成本项目受飞机运营的市场区域影响很大，如机场收费和导航收费等，必须结合市场区域来讨论，也就是说，不同的市场区域有不同的计算方法。本节主要引用 3 种方法：①Liebeck方法，适用于美国市场；②AEA 方法，适用于欧洲市场；③CAAC 方法，适用于中国市场。

1) 财务成本(financial cost)

财务成本由与飞机资产有关的折旧、贷款付息和保险 3 部分构成。

折旧和贷款付息构成了所有权成本(ownership cost)。资产在其取得时，为其支付的现金金额，称为"原始成本"(historical cost)。折旧只是把购机(包括飞机和备件)的原始成本分摊到所期望的使用期中，并不包含债务和产权成本、成本的增长和为维持所期望的负债股权比的收益要求。利息成本从财务角度上表征了总的所有权成本与折旧成本之差。

如果飞机不是购买的而是来自经营租赁，航空公司没有飞机的所有权，支付的是租金(租金包含了折旧和所需承担的贷款付息)，直接运营成本中的所有权成本就由租金来取代。由此看来，贷款付息虽是一种现金非运营成本项目，作为所有权成本的组成部分列入直接运营成本，对于飞机经济性分析是合理的。

除财务成本外，其他飞机直接运营成本统称为"现金运营成本"(cash operating costs，COC)，因为它们与经营者所关注的运营现金流有关。飞机制造商有时为了突出展示飞机的运营效能,在分析飞机直接运营成本时避开财务成本(即避开谈论飞机售价和融资),仅对现金运营成本进行分析。

(1) 折旧成本(depreciation cost)。

折旧是将购机的初始投资成本分配到各个收益期间的一种方法。折旧成本不属于现金成本,不会影响到航空公司的现金流,折旧的目的仅是为了把飞机的价值反映到各期的资产负债表中去。

折旧成本的计算中涉及4个关键参数:投资总额、折旧年限、残值和飞机利用率。下面介绍如何确定这些参数。

a. 投资总额(total investment)。

航空公司采购飞机时,为了保证飞机正常运营,必须同时考虑飞机的客户改装和购置买方采购设备(BFE)的费用,以及购置初始备件(包括备用发动机)的费用。因此,购机总费用一般指的是"标准构型飞机采购价+客户改装和BFE附加费用+初始备件采购费"。飞机的售价通常对应于飞机的标准构型,依据客户需求进行的改装(如加装客舱娱乐系统和附加的航电设备)将产生附加费用。飞机的标准构型中不包含购置买方采购设备(如旅客座椅和厨房设施),买方可以委托制造商采购和安装,也可以自行采购和安装,都将产生附加费用。初始备件的需求很大程度上取决于机队规模和飞机利用率的要求。机队规模越大,初始备件的相对比例越低。飞机利用率要求越高,初始备件的比例越高。一般来说,初始备件采购费为飞机标准采购价的10%(对应于机队规模≥10);如果把机体备件和发动机备件分开计算,初始机体备件采购费约为机体采购价的6%,发动机备件采购费为发动机采购价的20%~23%。

购机的投资总额,除了购机总费用外,还包括航空公司需要支付的进口税、购置税(或增值税)和其他费用。

航空运输业和航空制造业作为国家的重要产业,航空产品的进出口受到国家政策的影响。例如,俄罗斯政府对俄罗斯已有生产能力的支线飞机的进口征收重税,对于俄罗斯尚未成功研发的大型客机的进口采用低税收政策。在中国,当进口飞机的使用空重高于25 t(对应于100座以上的客机)时,征收5%的增值税和1%的进口关税,这种低税率政策支持了我国航空运输业发展干线航空。当进口飞机的使用空重低于25 t(对应于100座以下的支线客机)时,征收17%的增值税和5%的进口税,采用这种正常税率政策的目的,在于适度限制中国有研发能力的支线飞机的进口,支持国产民用飞机的发展。对于国产民用飞机,国家提供税收减免的优惠政策。

b. 折旧年限(depreciation period)和残值(residual value)。

飞机的折旧年限应该根据飞机预期的使用寿命和期末残值(即在使用寿命的期末预期的飞机市场价值)来确定。飞机预期的使用寿命,用使用年限、飞行小时数或起落次数来表示,以先到者为准。一般来说,飞机的折旧年限乘以年有效利用率得到的飞机总飞行小时数,不应大于预期使用寿命规定的总飞行小时数。

延长飞机的折旧年限或增加期末残值,可降低飞机的折旧成本,改善账面的营利状况。但是,延长飞机的折旧年限或增加期末残值,可能带来风险,首先是因为飞机越到折旧年限的后期其营利能力越弱;其次,如果预期的期末残值未能实现,在折旧期末将会出现账面亏损。值得注意的是,现役飞机预期的使用寿命和期末残值,常受到新一代飞机"意外"的冲击。新一代飞机的技术性能和运营成本的优势可能迫使老旧飞机提前退役,或使得老旧飞机的期末残值明显降低。

航空公司的折旧策略也受到国家税收政策的影响。按照一些国家的税制,利用缩短折旧年限(即加速折旧)来提高飞机的折旧成本,降低账面的赢利,从而减少纳税额,反而对航空公司有利。机队机龄较短的新加坡航空公司,就是利用加速折旧减少纳税额的典型例子。

表4-7给出了部分航空公司的飞机使用年限和残值数据。航空公司大多将飞机的折旧年限定为15~25年,残值定为0~20%。对不同的机型,航空公司可能采用不同的折旧策略,例如,意大利航空公司的宽体飞机的折旧期为20年,窄体机的折旧期为18年,螺桨支线机的折旧期为14年。对于一款在研制中的喷气客机来说,采用20年的折旧年限和5%的残值来分析其经济性是适当的。

表 4-7　部分航空公司的飞机使用年限和残值数据

航空公司	资产类型	使用年限	年折旧率/%	残值
Air France	飞机	20		0
Alitalia	长程飞机(B777、B767、MD11)	20	5	10%
Alitalia	中短程飞机(A321、A320、A319、MD80、ERJ145)	18	5.5	5%~10%
Alitalia	ATR72	14	7.14	0
American Airlines	喷气飞机和发动机	20~30		5%~10%
British Airways	B747-400、B777-200		3.7	
British Airways	B767-300、B757-200		4.7	
British Airways	A321、A320、A319、B737-400		4.9	
British Airways	RJ145		4.8	
Continental Airlines	喷气飞机和模拟器	20~27		15%
Delta Air Lines	飞行设备	10~15		5%~40%
Jetblue Airways	飞机	25		20%
Lufthansa	新机	12		15%
Qantas	喷气飞机和发动机	20		0~20%
Qantas	非喷气飞机和发动机	10~20		0~20%
Rynair	B737-200	20		50万美元

（续表）

航空公司	资产类型	使用年限	年折旧率/%	残值
Rynair	B737 - 800	23		15%
SAS Group	飞机	20		10%
Singapore Airlines	新旅客飞机	15		10%
Southwest Airlines	飞机和发动机	23~25		15%
Swiss Airlines	飞机	10~15		5%~20%

c. 利用率（utilization）和过站时间（turn-around time）。

飞机有效利用率定义为飞机每日（或每年）飞行的轮挡小时数，是航空公司运营的关键指标之一。追求高利用率是低成本航空的重要经营特色。飞机所有权成本是固定成本，高的飞机有效利用率有利于把飞机所有权成本分摊到更多的飞行起落上，从而降低座公里成本。

飞机有效利用率与飞机飞行的平均航段距离、平均过站时间之间存在紧密的关系。这一关系可用下式来表达：

$$U = \frac{U_t}{BT + T_t} = BT \qquad (4-1)$$

式中：U 为飞机有效年利用率（轮挡小时/年）；U_t 为飞机年总利用率（小时/年），包括飞行的轮挡小时和过站时间；BT 为平均轮挡时间（h）（average block time）；T_t 为平均过站时间（h）（average turn-around time）。

式中的 $(U_t/(BT+T_t))$ 对应于每年飞机的起落次数。图 4 - 10 给出了按上式

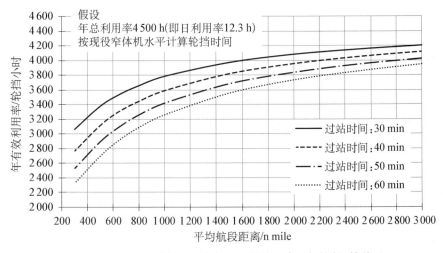

图 4 - 10　飞机有效年利用率与平均航线距离、过站时间的关系

计算出的飞机有效年利用率与平均航线距离、过站时间的关系。计算中假设飞机年总利用率为 4 500 h(即日利用率为 12.3 h),按照现役喷气窄体客机的水平和给定的平均航线距离计算出轮挡时间。图线清楚表明,过站时间越长,飞机有效年利用率将越低,对于平均航线距离短的飞机尤为敏感;平均航线距离越短,飞机起落次数则越多,飞机有效年利用率将越低。显然,平均航线距离较短的螺桨支线飞机很难达到高的有效年利用率,而在国际远程航线上运行的宽体机的有效年利用率往往比较高。

飞机在前一次飞行着陆后至执行下一次起飞前的时间,称为过站时间。在这一时间段,飞机必须停留在登机口,以便前一次航班旅客下飞机、卸下行李和货物,执行必要的飞机保养、清扫、补充食品和加油后,下一次航班旅客登机、装载行李和货物。过站时间受到飞机设计因素(例如,快捷的装卸货设计和互不干涉的服务口盖布置等)、机场设施和空中管制的限制,也受到航线结构的限制。网络航空公司"枢纽-辐射"式航线结构需要的过站时间要长一些,因为这种航线结构要求干线与支线航班能够同步衔接,以提高上座率。低成本航空公司"点对点"式航线结构需要的过站时间则要短得多,有利于提高飞机的有效利用率。表 4 – 8 提供了欧洲航管(Eurocontrol)的过站时间推荐值。

表 4 – 8　欧洲航管(**Eurocontrol**)的过站时间推荐值(单位：min)

飞机分类	低	中	高
重型	60	67.5	75
中型	40	47.5	55
轻型	30	37.5	45

飞机利用率除了受到平均航线距离和过站时间的影响外,还受到其他多种因素的影响,包括：飞机设计特点、技术可靠性、航空公司维修规划、经营理念、机队规模、市场需求特点和人员素质等。例如,飞机维修定检时间间隔和定检项目范围,对飞机停场时间产生影响,维修性是航空公司特别关注的影响飞机有效利用率的重要因素;飞机系统和部件的意外故障可能引起附加的停场维修,派遣可靠性对飞机有效利用率的影响很大;机龄的增加将增加维修需求,从而降低飞机有效利用率;航空公司必须保留有一定量的停场备用飞机,一旦某架飞机因技术故障时能够顶替故障飞机以保证航班的正常执行,这将影响飞机的有效利用率。低成本航空公司利用单一机型、较大的机队规模,把停场备用飞机数降至最低,有效地提高了飞机的利用率。

下面举例来讨论折旧成本的计算方法和飞机利用率、过站时间的影响。大多数航空公司的折旧成本计算采用直线折旧法。假设单架飞机的投资总额 5 000 万美元,折旧年限 20 年,残值 5%,飞机年总利用率 4 500 h,运行的平均航线距离 500 n mile,轮挡时间 1.52 h,平均过站时间 40 min。依据前面给出的公式计算得到飞机年有效利用率为 3 126 轮挡小时,那么按照直线折旧法,每轮挡小时的折旧成本=5 000 万美元×(1%~5%)/20/3 126=760 美元。如果平均过站时间从 40 min 缩短至 30 min,则飞机年有效利用率为 3 384 轮挡小时,每轮挡小时的折旧成本 702 美元,折旧成本降低 7.6%。由此可见,提高飞机利用率和缩短过站时间对折旧成本的影响是明显的。

（2）利息成本（interest cost）。

利息成本的确定,取决于购机融资的方式和条件。飞机是昂贵的,很少有航空公司有能力为其机队直接支付现金。航空公司的机队来源主要有下述 3 种方式：直接租赁、融资租赁和经营租赁。

a. 直接租赁（direct leasing）。

直接租赁,指的是直接通过银行机构获得贷款来购机。由于飞机昂贵,通常由多家银行组成的财团提供贷款,大多数的直接借贷要以飞机为抵押。一般来说,借贷者很难得到购机的无担保贷款,除非借贷者有很高的信誉度和稳定的现金流。依据经济合作与发展组织（Organization for Economic Cooperation and Development, OECD）所发布的"大型航空器协定"（Large Aircraft Sector Understanding, LASU）,一些国家的政府通过输出信用机构（Export Credit Agency, ECA）来支持本国生产的飞机出口。这种政府间的协议,可为购机者提供高于最优惠利率 120~175 个基点（即 1.2%~1.75%）的 10~12 年期的贷款。在直接贷款购机的方式下,航空公司拥有飞机的所有权,可以利用分摊折旧成本的方法来减少纳税额。

b. 融资租赁（finance leasing）。

融资租赁是一种对航空公司具有较大吸引力、航空公司以接近"实际拥有飞机"的长期融资方式,租赁期终航空公司可购得飞机或自动取得飞机。融资租赁交易比较复杂,租赁公司通常通过建立一个合法的"特殊目的公司"（Special Purpose Company）来购买飞机,对财务风险进行剥离,采取资产转让的方式把飞机提供给航空公司,达到投资者合理避税和航空公司降低融资成本的目的。承租人可以在飞机使用寿命期内分摊折旧成本,抵扣收益以减少纳税,抵扣付给债权人的利息。

c. 经营租赁（operating leasing）。

从飞机租赁公司租用飞机,是航空公司获得飞机使用权的常用方式。国际租赁金融公司（International Lease Finance Corporation, ILFC）和通用电气航空服务公司（GE Commercial Aviation Services, GECAS）是全球实力最雄厚的两家飞机租赁公司。利用经营租赁的灵活性,航空公司可使得自己的机队尽可能地与市场需求相匹配。经营性租赁的租期通常短于 10 年,因为经营性租赁的基本客户,是试探性扩张市场的航空公司或是刚组建机队的新航空公司,较短的租期对于它们更有吸引力；此外，较短的租期有利于避免飞机的陈旧过时。租约到期时飞机的残值是出租人最为关注的，出租人可能要求飞机归还时处于与交付时相同的维护状态（例如，处于 C 检之前状态），以便转交给下一个承租人。出租人通常要求承租人预付租赁保证金。

"湿租"是飞机与其机组一起租赁的特殊形式的经营租赁，适用于临时性突发市场需求。"售后回租"也是一种经营租赁，航空公司通过付现交易卖掉自己的飞机，然后将原机租回，向购机者定期支付租金，售后回租使得航空公司能够灵活改变其机队规模。

当利用经营租赁获得飞机使用权时，航空公司只需付租金，没有折旧成本。当利用直接租赁或融资租赁获得飞机时，可以认为航空公司拥有飞机所有权。不同的融资和还贷条件，利息成本有较大的差异。

利息成本的一般计算方法叙述如下。每期支付的本息可用下式计算：

$$PMT = \frac{LOAN}{[1 - (1/(1+i)^{NP}] \times (1/i)} \tag{4-2}$$

式中：PMT 为每期支付的本息；$LOAN$ 为贷款总额（投资总额×贷款比例）；i 为每期利息（年息/每年还款次数）；NP 为还款总次数（每年还款次数×贷款年限）。

还本付息的总额是 $NP \times PMT$，扣除本金（即 $LOAN$）后，除以使用年限中飞行的总轮挡小时数（即 $DEPR \times U$），就得到每轮挡小时的利息成本：

$$IC = \frac{NP \times PMT - LOAN}{DEPR \times U} \tag{4-3}$$

式中：IC 为每轮挡小时的利息成本；$DEPR$ 为飞机折旧年限；U 为飞机有效年利用率（轮挡小时/年）。

下面举例讨论利息成本的计算方法和飞机利用率的影响。假设单架飞机的投资总额 5 000 万美元，折旧年限 20 年，飞机年总利用率 4 500 h，平均航线距离 500 n mile，轮挡时间 1.52 h，平均过站时间 40 min，因而飞机年有效利用率为 3 126 轮挡小时。贷款购机的条件是：100% 的投资总额来自贷款（即 $LOAN$＝5 000 万美元），贷款年限 20 年，每年还贷 2 次（即 NP＝40 次），贷款年息 8%（即 $i = 4\%$）。依据本息计算公式计算得到每期应支付的本息（PMT）为 252.6 万美元，依据利息成本计算公式计算得到每轮挡小时的利息成本为 816 美元。结合前面在相同条件下计算得到的每轮挡小时折旧成本 760 美元，所有权成本为每轮挡小时 1 576 美元。如果平均过站时间从 40 min 缩短至 30 min，则飞机年有效利用率为 3 384 轮挡小时，每轮挡小时的利息成本 754 美元，利息成本降低 7.6%。

下面简单讨论一下当飞机来自经营租赁时月租金的估算。估算公式与本息计算公式类似，只是贷款总额应扣除去残值：

$$LR = \frac{LOAN - RV}{[1 - (1/(1+i)^{NP}] \times (1/i)} \qquad (4-4)$$

式中：LR 为月租金（lease rate）；RV 为残值（residual value）；i 为每期利息（年息/12），租飞机每月还款 1 次；NP 为还款总次数（12×租赁年限），通常租赁年限 10 年。

假设租赁公司购机的投资总额 5 000 万美元，贷款年息 8%，租赁年限 10 年，期末残值 30%。依据上式计算得到月租金为 42.46 万美元。如果飞机年有效利用率为 3 126 轮挡小时，每轮挡小时的租金成本 1 630 美元。残值问题将在以后的章节详细讨论。

（3）保险成本（insurance cost）。

航空保险的承保范围包括：

a. 机身险（hull insurance）：飞机及其附件的意外损失或损坏；

b. 第三者责任险（third party liability insurance）：由于飞机或从飞机上坠人、坠物造成第三者的人身伤亡或财物损失；

c. 旅客法定责任险（passenger legal liability insurance）：由于旅客在乘坐飞机时发生意外，造成旅客的人身伤亡或所携带和交运的行李、物体的损失，以及因延迟而造成的损失。

欧美航空公司和飞机制造商通常把旅客法定责任险列为飞机间接运营成本项目，仅把与飞机有关的机身险和第三者责任险列为飞机直接运营成本项目。与飞机有关的保险，与飞机价格、航空公司安全纪录、机队规模、机龄和经营模式等有关。例如，波音公司采用的与飞机有关的年保险费率的标准取值（1993 年数据）是：骨干航空公司为 0.35% 的飞机价格，低成本航空公司为 0.7% 的飞机价格，货运航空公司为 0.85% 的飞机价格。表 4-9 列出了中国民航公布的保险费率。

表 4-9 中国民航公布的保险费率

类 别		年费率或收费标准	说 明
机身险		0.52%	宽体机（仅限于保额在 5 000 万美元以上的）
		0.57%	其他型号（不包括苏制及国产飞机）
		1.2%	国产及苏制飞机
旅客法定责任险	国际航线	0.34~0.5 美元/RPK	以预计 RPK 数预收保费，保单到期时按实际完成 RPK 数字调整保费。
	国内航线	0.23~0.4 美元/RPK	
第三者责任险		200 000.00 美元	整个民航机队收取

为了机队规划的需要，或为了对新研发飞机进行经济性评估，我们可以以飞机

价格为基数进行保险成本分析。例如,假设飞机的销售价 4 500 万美元,年保险费率为 0.35% 的飞机价格,飞机年有效利用率为 3 126 轮挡小时,那么,年保险费为 15.75 万美元,每轮挡小时的保险成本为 50 美元。

2) 燃油成本(fuel cost)

燃油价格(单位:元/千克,或美元/千克)乘以飞机所飞航段的耗油量(包括发动机及 APU 耗油)(单位:千克),就得到所飞航段的燃油成本。国际上常以容积来计量油量,此时必须考虑航空燃油的密度,常用的航空燃油的密度是 6.7 磅/美加仑[①](0.803 kg/L)。

假设燃油价格 2.5 美元/美加仑(即 0.823 美元/千克),飞行的平均轮挡航程 500 n mile,轮挡时间 1.52 h,轮挡耗油 3 416 kg。计算得到飞行 500 n mile 轮挡航程的燃油成本为 2 810 美元,每轮挡小时的燃油成本为 1 849 美元。

(1) 燃油价格。

随着燃油价格节节攀升(图 4 - 11 为美国航空公司燃油价格变化),使得燃油成本成为飞机直接运营成本中最大的单项成本(图 4 - 12 为 EAE 航空公司直接运营成本演变)。有些航空公司希望利用燃油套期保值或购买燃油期货来缓解油价上涨的压力,有些航空公司从油价较低的机场携带回程油以平抑高油价,有些航空公司要求政府放宽对油料市场的管控以增加市场竞争,而大多数航空公司都期待加速机队更新,提高机队的燃油效率,以应对难以预测的未来油价趋势。

(2) 飞机油耗。

飞机是通过消耗燃油的化学能来获得航程的,飞机的燃油消耗量很大程度上取决于飞机的升阻特性(即气动设计)、飞行重量(即结构设计)和动力装置热效率(即发动机设计)等设计状态,也受到运营航线的特性(航线距离、飞行高度层、航路风速

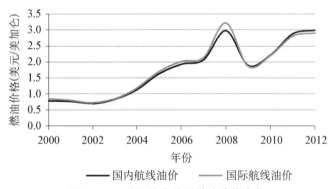

图 4 - 11　美国航空公司燃油价格变化

资料来源:美国运输统计局。

---

① 磅(lb),非法定质量单位,1 lb=0.453 592 kg。美加仑(gal),非法定容积单位,1 gal(US)=3.785 43 L。

AEA航空公司直接运营成本分布(2003年)

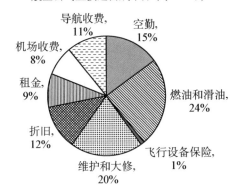

AEA航空公司直接运营成本分布(2006年)

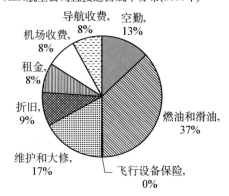

图 4-12 AEA 航空公司直接运营成本演变(2003 及 2006 年)

和风向、备份油策略以及机场的拥挤程度等)的影响。

(3) 上座率对飞机油耗的影响。

轮挡耗油数据通常对应于100%上座率(load factor)和无货载条件;对于货机来说,对应于最大体积限制商载条件。当上座率低于100%时,飞机油耗量应作相应修正。如果缺乏修正上座率影响的数据,可以借用下述通用公式(资料来源:波音公司,1993 年)来估算:

$$D_{\text{FUEL}} = (FCF)/100 \times (D_{\text{P/L}})/1\,000 \times BF_{@100\%\text{P/L}}$$

式中:D_{FUEL} 为燃油修正量,lb;FCF 为燃油修正因子(见图 4-13);$D_{\text{P/L}}$ 为商载变化量,lb;$BF_{@100\%\text{P/L}}$ 为 100% 上座率时的轮挡耗油,lb。

假设 150 座的 A320 飞机飞行 500 n mile 航段,已知飞机数据如下:$OEW =$ 41 244 kg (90 928 lb),旅客平均重量标准 102 kg(225 lb),100% 上座率时的轮挡耗油 3 416 kg。计算得到:$OEW + 100\%$ 旅客负荷 = 124 659 lb,从图 4-13 查得轮挡

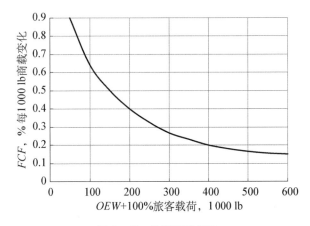

图 4-13 轮挡耗油修正

燃油修正因子 $FCF=0.572$，依据上式可以计算得出，每减少一名旅客，耗油减少 4.4 kg。

从上述简单算例可以引出经济学上的一个重要概念"边际成本"（marginal cost）。边际成本的定义是：增加一个单位产出需要付出的额外成本。上述算例告诉我们，A320 飞机飞行 500 n mile 的航线，机票价格约 1 000 元，多卖出一张机票的额外成本不足 50 元（一份便餐和 4.4 kg 燃油）。边际成本低是航空公司为了高上座率频繁挑起价格战的根源。正因为边际成本低，在 DOC 分析中通常假设上座率 100%，不考虑上座率对运营成本的影响。

3）维修成本（maintenance cost）

在飞机 DOC 分析中，维修成本分析最为棘手。维修成本由航线维护、基地维修、部件维修和发动机维修 4 部分构成，依据维修间隔要求呈周期性变化，与机型、机龄、运行因素以及航空公司经营模式等有关。维修成本分析模型，通常是利用航空公司运营飞机中长期积累的飞机维修成本数据，进行统计回归分析后建立的。

（1）维修任务的构成。

定期维修是保持飞机结构、发动机、系统和部件处于适航状态所必需的。飞机和发动机制造商针对每种机型或发动机系列会发布《维修计划文件》（Maintenance Planning Document，MPD），详细规定最低维修要求和维修时间间隔等，通常把维修任务从低等级到高等级划分为航线维护、A 检、B 检、C 检和 D 检，以便运营商做定检计划。表 4 - 10 概述了各类维修的典型范围和需要时间。现代客机（如 B737NG 系列和 B777）采用以任务为导向的维修体制 MSG - 3，把维修任务组成工作包，使得维修与运行要求更为匹配，"字母检"的区分已不是那么重要了，但是，业界通常依然沿用"字母检"的说法。

表 4 - 10　各类维修的典型范围和需要时间

检查类型	地点	维修检查范围	需要时间
航线维护	机场	日常检查（每日首次飞行前和每次过站时），包括目视检查，检查液体量、轮胎、刹车和应急设备等	约 1 h
A 检	机场	日常小修，发动机检查	约 10 h（一个夜班）
B 检	机场	如果执行，类似于 A 检，但任务不同（可能在两次 A 检之间执行）	10 h 到约 1 天
C 检	基地	机体结构检查，打开检修口盖，常规和非常规维修，空车试验	3 天到约 1 周
D 检	基地	除漆后做机体主结构检查，拆卸发动机，拆卸起落架和襟翼，拆卸仪表、电子电气设备、内设配件（座椅和壁板），拆卸液压和气动部件	约 1 个月

注：需要时间取决于检查所发现的缺陷

表 4-11 列举了 12 种机型各类维修的典型维修间隔。维修间隔是依据飞行小时、飞行循环或日历月来确定的。以 A320 为例,C 检的维修间隔是 18～20 个日历月,或 6 000 飞行小时(FH),或 3 000 个飞行循环,以先到者为准。如果,飞机利用率很高且飞行短航程,则 C 检取决于飞行循环(在达到 6 000 飞行小时之前先达到 3 000 个飞行循环);如果,飞机利用率很高但飞行长航程,则 C 检取决于飞行小时;如果,飞机利用率很低,C 检取决于日历月。B 检不常见,仅用于旧型号飞机。A 检加 C 检占总维修成本的 40%～50%。

表 4-11 各类维修的典型维修间隔

机型	A 检	B 检	C 检	D 检
B737-300	275FH	825FH	18M	48M
B737-400	275FH	825FH	18M	48M
B737-500	275FH	825FH	18M	48M
B737-800	500FH		4 000～6 000FH	96～144M
B757-200	500～600FH		18M/6 000FH/3 000FC	72M
B767-300ER	600FH		18M/6 000FH	72M
B747-400	600FH		18M/7 500FH	72M
A319	600FH		18～20M/6 000FH/3 000FC	72M
A320	600FH		18～20M/6 000FH/3 000FC	72M
A321	600FH		18～20M/6 000FH/3 000FC	72M
ATR42-300	300～500FH		3 000～4 000FH	96M
ATR72-200	300～500FH		3 000～4 000FH	96M

注:FH——飞行小时;FC——飞行循环;M——日历月。

当两种检查重叠时,低等级的检查包含进高等级的检查。以 A320 为例,假定每 600FH 做一次 A 检,则第 10 次 A 检与 C 检相遇,A 检可以变成更为重要的 C 检的一部分。航空公司在制订维修计划时,可能因飞机 D 检时间正好与旅客高峰期冲突,或机库无空间,提前或推后安排。

(2)影响维修成本的因素。

影响维修成本的因素,可以归纳为 3 类:航空公司经营模式、机型和机龄和飞机运行因素。

a. 航空公司经营模式的影响。

航空公司通常会将部分维修业务转包给专业维修公司去完成,以便减少在维修工程方面的资金、人员、设备、培训和备件等的投入。航空公司与维修公司签署长期维修协议,定期向维修公司支付维修服务费用,使得维修成本可预测,避免经费预算的峰值。一般来说,对于机体维修,外包的比例越高维修成本将越高;对于发动机维修,外包的比例越高维修成本将越低。此外,无论是公司内维修还是外包维修,都包含有行政管理和设备分摊成本,即间接维修成本。也就是说,在维修成本分析中,往往包含有间接维修成本。

b. 机型和机龄的影响。

新型民用飞机采用低维修成本的新型材料和结构,其系统/设备维护系统的故障检测、诊断、记录和存储能力大幅提高,机型系列化发展使得各机型的维护技术和标准、机载设备和部件具有高度的共通性,比起老一代的飞机,其备件储备的要求要低得多,维修成本也显著降低。

飞机及其发动机的维修成本随机龄而变。在制造商的商保期内的新机的维修成本相对较低,之后随机龄的增加维修成本稳态上升。达到成熟期(约不短于5年)后,飞机有稳定可预测的维修成本。老龄飞机要求做明显多的、因适航通报或防锈导致的非常规或补救性维修,维修成本再次上升。

图4-14给出了平均机队机龄对总维修成本的影响,统计数据处理时把平均机队机龄分别划分为0~6、6~12和12年以上3段,并假设平均机队机龄6年的总维修成本为1.0。数据表明,对于成熟机型,机龄为0~6年时,维修成本的年均增长率为17.6%;机龄为6~12年时,维修成本的年均增长率为3.5%;机龄为12年以上时,维修成本的年均增长率为0.7%。

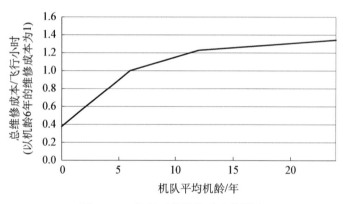

图4-14 机龄对总维修成本的影响

c. 飞机运行因素的影响。

飞机利用率和运行的平均航段距离对维修成本产生重要影响。当飞机利用率较低时,航线维护要照常进行,飞机的C检和D检的维修间隔取决于日历月,维修成本与利用率高低关系不大,分摊到每个飞行小时的维修成本将很高。当平均航段距离较短时,飞行循环数将很高,导致与飞行循环数密切相关的系统和部件(包括发动机、机身增压舱、舱门、起落架、襟/缝翼、刹车和轮胎等)维修成本明显增加。

在偏远地区运营的航空公司会担忧备件送达的额外成本和时间代价;在沙漠地

区运营的航空公司要考虑沙尘对发动机和机体的损害;在沿海地区运营的航空公司会面临较严重的腐蚀问题。

(3) 维修成本统计数据。

国际航空运输协会(International Air Transport Association,IATA)的"维修成本特别小组"(Maintenance Cost Task Force)2011 年依据 40 家航空公司 3 312 架飞机的 2009 年的数据分析,公布了下述有关维修成本的统计数据:

a. 单位飞行小时的平均直接维修成本:窄体机为 682 美元,三发或三发以上的宽体机为 1 430 美元,双发宽体机为 1 204 美元,喷气支线机为 461 美元;

b. 平均间接维修成本:占总维修成本的 24%;

c. 发动机维修成本:占维修成本的 43%,3/4 的发动机维修工作外包(不包括公司内维修购买的材料);

d. 对供应链的依赖性(包括提供维修和材料):供应商获得 80% 直接维修成本;

e. 飞机平均利用率:8.82 h/d;

f. 飞机平均轮挡时间:2.46 h;

g. 直接维修成本按市场类型的分配:发动机维修 43%,航线维护 17%,基地维修 20%,部件维修 20%;

h. 直接维修成本按成本类型的分配:外包 58%,劳务 21%(公司内工时费率平均 38 美元/人时,各地区差异较大),材料 21%;

i. 宽体机中,A330 直接维修成本最低(811 美元/飞行小时),MD‑11 最高(2 212 美元/飞行小时);

j. 窄体机中,A320 系列和 B737NG 直接维修成本最低(600 美元/飞行小时),MD90 最高。

(4) 维修成本分析方法。

维修成本通常基于平均轮挡距离来分析,把飞行循环和飞行时间这两个要素与维修成本联系起来,得出单位航段的维修成本,或单位飞行小时的维修成本。分析中把维修成本分解为下述 6 个组成部分:机体(包含 APU)劳务、材料和管理成本,发动机劳务、材料和管理成本。

下面介绍 3 种维修成本分析方法:Liebeck 方法、AEA 方法和 Harris 方法。3 种方法各有特点,前两种方法适用于竞争分析和新机优化设计,后一种方法适用于航空公司机队运营经济性评估。

a. Liebeck 方法。

维修成本由机体和发动机的直接维修劳务成本、材料成本和管理成本构成。其中,机体的直接维修劳务成本和材料成本基于波音公司提出的参数方程,发动机的维修成本基于发动机制造商提供的数据。

飞机维修成本 MC(单位：美元/航段)是下述 6 项之总和。其中，前 3 项之和是机体维修成本，后 3 项之和是发动机维修成本。

a) 机体维修劳务成本 $AMLC$：

$$AML_{FH} = 1.26 + (1.774 \times (AFW/10^5) - 0.1701 \times (AFW/10^5)^2$$
$$AML_{FC} = 1.614 + [0.7227 \times (AFW/10^5) + 0.1024 \times (AFW/10^5)^2]$$
$$AML = AML_{FH} \times FH + AML_{FC}$$
$$AMLC = AML \times R \tag{4-5}$$

式中：AML_{FH} 为与飞行小时有关的机体维修小时数，单位：维修小时数/飞行小时；AFW 为机体重量，单位：lb。AFW 等于制造空重减去发动机干重；AML_{FC} 为与飞行循环有关的机体维修小时数，单位：维修小时数/飞行循环；AML 为机体维修劳务小时数，单位：维修劳务小时/航段；FH 为每航段飞行小时数，单位：飞行小时/航段。通常地面机动时间是 15 min，因而 FH 等于轮挡小时减去 0.25 h；R 为维修劳务费率，单位：美元/小时。Liebeck 方法中取 25 美元/小时，在应用中，应采用与经济环境相适应的维修劳务费率；$AMLC$ 为机体维修劳务成本，单位：美元/航段。

b) 机体维修材料成本 $AMMC$：

$$AMM_{FH} = (12.39 + 29.80 \times (AFW/10^5) + 0.1806 \times (AFW/10^5)^2) \times F_{CPI}$$
$$AMM_{FC} = (15.20 + 97.33 \times (AFW/10^5) - 2.862 \times (AFW/10^5)^2 \times F_{CPI}$$
$$AMMC = AMM_{FH} \times FH + AMM_{FC} \tag{4-6}$$

式中：AMM_{FH} 为与飞行小时有关的机体维修材料成本，单位：美元/飞行小时；AMM_{FC} 为与飞行循环有关的机体维修材料成本，单位：美元/飞行循环；$AMMC$ 为机体维修材料成本，单位：美元/航段；F_{CPI}，消费者价格指数修正系数，1993 年至 2009 年 $F_{CPI} = 1.47$。

c) 机体维修管理成本 $AMOC$：

$$AMOC = 2.0 \times AMLC \tag{4-7}$$

d) 发动机维修劳务成本 $EMLC$：

$$EML = (0.645 + (0.05 \times SLST/10^4)) \times (0.566 + 0.434/FH) \times FH \times N_E$$
$$EMLC = EML \times R \tag{4-8}$$

式中：EML 为每航段发动机维修小时数，单位：维修小时数/航段；$SLST$ 为单台发动机未安装海平面静推力，单位：磅力；N_E 为每架飞机的发动机数；$EMLC$ 为每航段发动机维修劳务成本，单位：美元/航段。

e) 发动机维修材料成本 $EMMC$：

$$EMMC = [(25 + 0.25 \times SLST/10^4)] \times (0.62 +$$
$$0.38/FH) \times FH \times N_E) \times F_{CPI}。 \tag{4-9}$$

式中：$EMMC$ 为每航段发动机维修材料成本，单位：美元/航段。

f) 发动机维修管理成本 $EMOC$：

$$EMOC = 2.0 \times EMLC \tag{4-10}$$

b. AEA 方法

维修成本 MC 由机体维修劳务成本和材料成本、发动机维修劳务成本和材料成本构成。该方法的特点是，在发动机维修成本计算中，考虑了发动机设计参数的影响。

a) 机体维修劳务成本 $AMLC$（美元/轮挡小时）：

$$AMLC = R\{[0.09AFW + 6.7 - 350/(AFW + 75)] \times$$
$$[0.8 + 0.68(t - 0.25)/t]\} \tag{4-11}$$

式中：AFW 为机体重量(t)，即制造空重减去发动机重量；t 为轮挡时间(h)。其中地面时间是 0.25 h，即空中时间是 $(t-0.25)$；R 为维修劳务费率（包含消耗）（美元/工时）。在应用中，应采用与经济环境相适应的维修劳务费率。

b) 机体维修材料成本 $AMMC$（美元/轮挡小时）：

$$AMMC = [4.2 + 2.2(t - 0.25)]/t \times 机体交付价 \tag{4-12}$$

式中：机体交付价的单位为百万美元，等于飞机交付价减去发动机价格。

c) 发动机劳务成本 $EMLC$：

与时间有关的发动机劳务成本 L_t（美元/飞行小时）为

$$L_t = 0.21RC_1C_3(1 + SLST)^{0.4} \tag{4-13}$$

式中：$C_1 = 1.27 - 0.2BPR^{0.2}$；$C_3 = 0.032n_c + k$；$SLST$ 为海平面起飞静推力(t)；BPR 为函道比；n_c 为压气机级数（包括风扇）；k 为轴数的函数。当轴数为 1、2、3 时，k 分别为 0.52、0.57、0.64。L_C 为与起落次数有关的发动机劳务成本（美元/飞行循环），其与 L_t 的关系为

$$L_C = 1.3L_t \tag{4-14}$$

d) 发动机材料成本 $EMMC$：

与时间有关的发动机材料成本 M_t（美元/飞行小时）：

$$M_t = 2.56(1 + T)^{0.8}C_1(C_2 + C_3) \tag{4-15}$$

式中：$C_2 = 0.4(OAPR/20)^{1.3} + 0.4$；$OAPR$ 为总压比。

M_C 为与起落次数有关的发动机材料成本(美元/飞行循环),其与 L_t 的关系为

$$M_C = 1.3L_t \qquad\qquad (4-16)$$

发动机维修成本(EMC)由上述 4 项构成,它们的单位不同,当单位统一为"美元/轮挡小时"时,可综合为

$$EMC = N_E(L_t + M_t)(FH + 1.3)/(FH + 0.25) \qquad (4-17)$$

式中:N_E 为每架飞机的发动机数;FH 为空中时间,等于$(t-0.25)$。

综上所述,飞机维修成本 MC(美元/轮挡小时)为

$$MC = AMLC + AMMC + EMC \qquad\qquad (4-18)$$

c. Harris 方法。

该方法是 Franklin Harris 在 2005 年发表的"An Economic Model of U. S. Airline Operating Expense"(NASA CR - 2005 - 213476)中采用的方法。该模型基于对 67 家美国航空公司 1999 年向美国运输部报告的运营数据的回归分析。该方法的特点是,考虑了航空公司营运特点的影响,适用于对现役机队进行经济性分析。

维修成本 MC 是机体维修成本 AMC 与发动机维修成本 EMC 之总和。

a) 机体维修成本 AMC:

$$AMC = K\{(W_{REF})^{0.721\,18}(FH)^{0.460\,50}(DEP)^{0.320\,62}(NAC)^{0.207\,00} \qquad (4-19)$$
$$(1+公司内维修比例)^{-0.431\,77}\}$$

b) 发动机维修成本 EMC:

$$EMC = K\{(SLST)^{0.896\,50}(N_E)^{0.923\,40}(FH)^{0.153\,44}(DEP)^{0.375\,35}(NAC)^{0.442\,9}$$
$$(1+公司外维修比例)^{-0.347\,04}\} \qquad (4-20)$$

式中:常数 $K = ST \times 1.73 \times (CF)(MF)(ET)$;$ST$ 为服务类型,客机取 1,货机取 1.325 2;ET 为发动机类型,涡扇取 1,涡桨取 1.264 4;MF 为飞机型别因子。最早期机型取 1(如 B737 - 1/2),早期机型取 0.710 4(如 B737 - 300),近期机型取 0.514(如 B737 - 500),较新机型取 0.426 0(如 B737 - 800),最新机型取 0.35(如 B777);CF 为航空公司成本因子,很低取 0.447 0,低取 0.833 9,平均取 1.0,高取 1.301 9;W_{REP} 为参考重量,单位: lb。W_{REF} 等于最小使用空重减去发动机干重;FH 为机队全年的飞行小时数;DEP 为机队飞机全年的起降次数;NAC 该年份机队的飞机数。当 $NAC = 1$,FH 和 DEP 仅对应于一架机时,维修成本 MC 的计算结果就对应于一架机的全年维修成本;$SLST$ 为海平面标准大气条件下的动力装置推力,单位: lb;N_E 为每架飞机的发动机数。

图 4 - 15 中以 A320 飞机为例,对不同的维修成本分析方法进行了比较。其中,

在 AEA 方法中,采用了与 IATA 统计数据中相同的维修劳务费率(38 美元/小时);在 Liebeck 方法中,采用了较低的维修劳务费率(32 美元/小时),因为该方法单独考虑了管理成本。AEA 方法和 Liebeck 方法的结果与 IATA 统计数据吻合性较好。Harris 方法由于依据的是十多年前的统计数据,结果偏低。

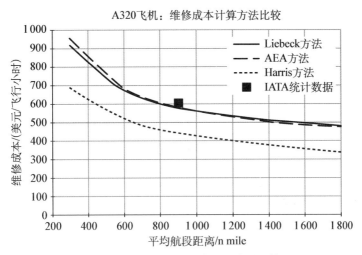

图 4‑15 不同维修成本分析方法比较

中国航空公司目前缺乏多机型长期积累的、可利用的维修成本统计数据,难以建立自己的维修成本分析模型,建议在飞机维修成本分析中,在维修劳务费率做相应调整的基础上,直接借用 AEA 方法或 Liebeck 方法。

4) 飞行机组成本(flight crew cost)

飞行机组成本包括工资(含社会福利)、驻外津贴和培训费。飞机的吨位不同,飞行速度不同,飞行机组的工资和福利待遇等级有差异。地区不同、航空公司运营的市场(低成本航线、国内干线或国际干线)不同,飞行机组的工资和福利待遇会有很大差异。培训费有改装费和复训费两种,涉及飞行模拟器租金和出差补贴等。当航空公司机队的机型具有较高共通性(同一系列机型)时,可以大幅降低改装培训费。中国民用航空的迅速发展,造成了飞行员暂时短缺的问题,航空公司为此付出了飞行员引进和培训的巨额代价。

现代民机通常配备是两人机组(机长和副驾驶),在远程航线上,可能需要增加备份机组。中国民航规定,值勤时间(包含航前、航后、过站和飞行时间)11 h 以上配备双机组。中国民航对在高高原机场运行飞机的飞行机组,提出了严格的飞行员资格和培训要求,这将大幅增加飞行机组成本。飞行机组每年的飞行小时数是有条例限制的,欧美飞行机组每年的飞行小时数一般为 800 飞行小时,中国民航规定每年的飞行小时不超过 1 000 h(每月 83 h)。因此,每架飞机需要配备的机组数,要依据飞机的利用率和机组的限定飞行小时数来确定。假设飞机的有效年利用率3 126轮挡小时,平均分配到 11 个月,每月 281 轮挡小时,那么按照中国民航的规定,需要配备的机组数 = 281/83 = 3.41。

航空公司的飞行机组成本差异很大,要给出普遍适用的分析方法是不切实际的。下面给出的 Liebeck 方法(适用于美国)和 AEA 方法(适用于欧洲)实际上只是简单的统计模型。CAAC 计算模型(适用于中国)考虑了飞行机组的飞行小时限制和培训费用,但缺乏飞行机组工资福利的实际统计数据支持。

(1) Liebeck 方法。

对于国内航线运营,

$$FCC = 440 + 0.532(MTOW/1\,000) \tag{4-21}$$

对于国际航线运营,

$$FCC = 482 + 0.590(MTOW/1\,000) \tag{4-22}$$

式中: FCC 为飞行机组成本(flight crew cost)。单位: 美元/轮挡小时; $MTOW$ 为最大起飞总重,单位: lb。

(2) AEA 方法。

飞机配备两人机组时,飞行机组成本为 380 美元/轮挡小时。

(3) CAAC 方法。

$$N_{FC} = U/11/BH_{FCM} \tag{4-23}$$

$$TRN = 2 \times (SR + TDA) \times D \times ER \tag{4-24}$$

$$FCC = N_{FC} \times (S_C + S_F + TRN)/U \tag{4-25}$$

式中: N_{FC} 为每架飞机需要配备的飞行机组数; U 为飞机有效年利用率(轮挡小时/年); BH_{FCM} 为飞行机组每月飞行的轮挡小时数。中国民航规定为 83 轮挡小时/月; TRN 为每年飞行机组的复训成本。单位: 元/年; SR 为飞行模拟器日租金(simulator rental per day)。单位: 美元/日; TDA 为培训每日津贴(Training Daily Allowance)。单位: 美元/日; D 为飞行机组每年复训天数,通常假设为 8 天; ER 为美元/人民币兑换率; FCC 为飞行机组成本。单位: 元/轮挡小时; S_C 为机长年薪(包括各类福利和补贴)。单位: 元/年; S_F 为副驾驶年薪(包括各类福利和补贴)。单位: 元/年。

假设 A320 飞机在国内航线运营, $MTOW = 73.5$ t(162 040 lb),飞机有效利用率为 3 126 轮挡小时/年,飞行模拟器租金 667 美元/日,培训津贴 150 美元/日,机长年薪 100 万元,副驾驶年薪 20 万元,美元/人民币兑换率 6.3。依据 Liebeck 方法,飞行机组成本为 526 美元/轮挡小时。依据 AEA 方法,飞行机组成本为 328 美元/轮挡小时。依据 CAAC 方法,飞行机组成本为 222 美元/轮挡小时。

5) 客舱乘务员成本(cabin crew cost)

虽然 ATA 和 AEA 等组织把客舱乘务员成本归属于间接运营成本,认为客舱乘务员是为旅客服务的,不是飞机运营成本,但是多数航空公司依然把该项成本归属于直接运营成本。从飞机设计角度来看,客舱乘务员的安排是客舱设计的一部分,因此,在飞机优化设计中,把客舱乘务员成本视为直接运营成本。

客舱乘务员成本的构成类似于飞行机组成本,只是可以不考虑培训费。每架飞机需要配备的空乘机组数,也要依据飞机的利用率和空乘机组的限定飞行小时数来确定。每个空乘机组的乘务员人数要依据客舱座位数和舱位划分来确定。

适航条例规定每 50 名旅客座位至少配备一名客舱乘务员。由于航空公司的服务标准、飞机的舱位划分和飞行距离不同,实际的差异很大,普遍采用了高于适航条例规定的配备标准。中国民航规定,有配餐任务的每 25~30 客座配备一名乘务员;无配餐任务的每 35~40 客座配备一名乘务员。在同类竞争飞机的 DOC 比较中,应注意到不要因客舱乘务员的配备标准不一致造成结果的不可比较。

下面给出了计算客舱乘务员成本的 Liebeck 方法(适用于美国)、AEA 方法(适用于欧洲)和 CAAC 方法(适用于中国)。CAAC 计算模型考虑了空乘机组的飞行小时限制,但缺乏空乘机组工资福利的实际统计数据支持。作为反恐措施,许多民用客机上配备了安全员,在目前的计算模型中并未考虑此项附加成本。

(1) Liebeck 方法。

对于国内航线运营:

$$CCC = (S/35) \times 60 \qquad (4-26)$$

对于国际航线运营:

$$CCC = (S/30) \times 78 \qquad (4-27)$$

式中: CCC 为客舱乘务员成本。单位:美元/轮挡小时; S 为客舱座位数。 $S/35$ 和 $S/30$ 分别表示每 35 和 30 个旅客座位配备一名客舱乘务员。

(2) AEA 方法。

$$CCC = (S/35) \times 60 \qquad (4-28)$$

式中: CCC 为客舱乘务员成本。单位:美元/轮挡小时; S 为客舱座位数。 $S/35$ 表示每 35 个旅客座位配备一名客舱乘务员,当结果是小数时,向上取整。

(3) CAAC 方法。

$$N_{CC} = U/11/BH_{CCM} \qquad (4-29)$$

$$CCC = N_{CC} \times S_{CA} \times (S/35) \qquad (4-30)$$

式中: N_{CC} 为每架飞机需要配备的空乘机组数; U 为飞机有效年利用率(轮挡小时/

年);BH_{CCM} 为空乘机组每月飞行的轮挡小时数。中国民航规定为 83 轮挡小时/月;CCC 为客舱乘务员成本。单位:美元/轮挡小时;S_{CA} 为客舱乘务员年薪(包括各类福利和补贴)。单位:元/年;S 为客舱座位数。$S/35$ 表示每 35 个旅客座位配备一名客舱乘务员,当结果是小数时,向上取整。

假设 A320 飞机在国内航线运营,客舱座位数 150,飞机有效利用率为 3 126 轮挡小时/年,客舱乘务员年薪 15 万元,美元/人民币兑换率 6.3。Liebeck 方法和 AEA 方法的客舱乘务员成本计算结果均为 300 美元/轮挡小时。CAAC 方法的客舱乘务员成本计算结果为 104 美元/轮挡小时。

6) 机场收费(airport fees)

中国机场收费项目包括:起降费、停场费、旅客服务费、安检费和客桥费等,与欧洲机场所公布的收费项目是基本一致的。应当注意到,在 Liebeck 方法和 AEA 方法中,把该项成本称之为"起降费"(landing fee),从计算公式来分析,它们的确不包含除起降费之外的其他机场收费项目。

大多数机场的起降费是按最大起飞重量收取的,只有美国机场是按最大着陆重量收取的。在一些繁忙的枢纽机场,机场当局为鼓励航空公司避开机场的高峰时段,会在高峰时段征收附加费。在欧洲一些机场,机场当局在征收起降费时,要考虑最大起飞重量和飞机噪声水平两项要素。

各市场区的起降费差异很大。欧美机场数量众多,起降费也各不相同。下面分别给出了 Liebeck 方法(适用于美国)、AEA 方法(适用于欧洲)和 CAAC 方法(适用于中国)。Liebeck 方法和 AEA 方法仅是简单的统计模型;CAAC 方法详细给出了中国各类机场所有收费项目的收费标准。

(1) Liebeck 方法。

对于国内航线运营:

$$LF = 1.5 \times (MLW/1\,000) \tag{4-31}$$

对于国际航线运营:

$$LF = 4.25 \times (MTOW/1\,000) \tag{4-32}$$

式中:LF 为着陆费,单位:美元/航段;$MTOW$ 为最大起飞重量,单位:lb;MLW 为最大着陆重量,单位:lb。

(2) AEA 方法。

$$LF = 6 \times MTOW \tag{4-33}$$

式中:LF 为着陆费,单位:美元/航段;$MTOW$ 为最大起飞重量,单位:t。

(3) CAAC 方法。

表 4-12 给出了中国民航机场类别。表 4-13～表 4-21 分别给出了 2008 年 3

月起生效的中国民航机场各类收费标准。

表 4 - 12　中国民航机场类别

机场类别	机　　　场
一类 1 级	首都、浦东
一类 2 级	广州、虹桥、深圳、成都、昆明
二类	杭州、西安、重庆、厦门、青岛、海口、长沙、大连、南京、武汉、沈阳、乌鲁木齐、桂林、三亚、郑州、福州、贵阳、济南、哈尔滨
三类	其他机场

表 4 - 13　中国民航机场起降费收费标准（国内航班）

机场类别	起降费（元/架次）				
	≤ 25 t	26～50 t	51～100 t	101～200 t	201 t 以上
一类 1 级	240	650	$1\,100+22\times(T-50)$	$2\,200+25\times(T-100)$	$5\,000+32\times(T-200)$
一类 2 级	250	700	$1\,100+23\times(T-50)$	$2\,250+25\times(T-100)$	$5\,050+32\times(T-200)$
二类	250	700	$1\,150+24\times(T-50)$	$2\,350+26\times(T-100)$	$5\,100+33\times(T-200)$
三类	270	800	$1\,300+24\times(T-50)$	$2\,500+25\times(T-100)$	$5\,150+33\times(T-200)$

注：T 为飞机最大起飞重量。

表 4 - 14　中国民航机场起降费收费标准（国际及港澳航班）

机场类别	起降费（元/架次）				
	≤ 25 t	26～50 t	51～100 t	101～200 t	201 t 以上
所有机场	2 000	2 200	$2\,200+40\times(T-50)$	$4\,200+44\times(T-100)$	$8\,600+56\times(T-200)$

注：T 为飞机最大起飞重量

表 4 - 15　中国民航机场停场费、客桥费、旅客服务费和安检费收费标准（国内航班）

机场类别	停场费（元/架次）	客桥费（元/h）	旅客服务费（元/人）	安检费	
				旅客行李（元/人）	货物邮件（元/吨）
一类 1 级	2 小时内免收。超过 2 h，每停场 24 h（包括不足 24 h）按照起降费的 15% 计收	单桥：1 h 以内 200 元。超过 1 h 每半小时（包括不足半小时）100 元。多桥：按单桥标准的倍数计收	34	5	35
一类 2 级			40	6	40
二类			42	7	41
三类			42	7	42

表 4 - 16　中国民航机场停场费、客桥费、旅客服务费和安检费收费标准(国际及港澳航班)

机场类别	停场费 (元/架次)	客桥费 (元/h)	旅客服务费(元/人)	安检费	
				旅客行李(元/人)	货物邮件(元/吨)
所有机场	2 h 内免收。超过 2 h,每停场 24 h(包括不足 24 h)按照起降费的 15％计收	单桥:1 h 以内 200 元,超过 1 h 每半小时(包括不足半小时)100 元。多桥:按单桥标准的倍数计收	70	12	70

CAAC 的有关文件规定,当国内航空公司飞行国际和港澳航班时,按照表 4 - 14 和表 4 - 16 标准的 60％收费;国内、国际与港澳航班"双轨制"的收费标准将限期并轨。

假设 150 座的 A320 飞机,$MTOW = 73.5$ t(162 040 lb),$MLW = 64.5$ t (142 195 lb)。Liebeck 方法(假设在国内航线运营)的起降费计算结果为 213 美元/航段;AEA 方法的起降费计算结果为 446 美元/航段。CAAC 方法(假设在二类机场起飞和着陆,国内航线运营)的机场收费计算结果为 9 322 元/航段(1 480 美元/航段,假设美元/人民币兑换率 6.3)。其中起降费为 1 726 元/航段(274 美元/航段)。结果表明,欧洲的机场收费标准比较高。

7) 导航费(navigation charges)

导航费包括航路导航费和进近指挥费,按飞机重量及航线距离收费。与机场收费类似,导航费存在明显的地区差异。有时,从燃油消耗角度是经济的航路,可能因该航路的导航收费昂贵而变得不一定合算。在美国,导航不收费。在欧洲,各国普遍采用公式 $[K \times 轮挡航程 \times (MTOW/50)^{0.5}]$ 来计算导航费,但各国的费率 K 不相同。

(1) Liebeck 方法。

对于国内航线运营:

$$NC = 0 \tag{4-34}$$

对于国际航线运营:

$$NC = 0.136 \times 500 \times (MTOW/1\,000)^{0.5} \tag{4-35}$$

式中:NC 为导航费,单位:美元/航段;$MTOW$ 为最大起飞重量,单位:lb。

(2) AEA 方法。

$$NC = 0.5 \times BR \times (MTOW/50)^{0.5} \tag{4-36}$$

式中:NC 为导航费,单位:美元/航段;BR 为轮挡航程,单位:km;$MTOW$ 为最大起飞重量,单位:t。

（3）CAAC 方法。

表 4-17～表 4-20 给出了 2012 年 6 月起生效的中国民航导航费和进近指挥费收费标准。计算收费时，以 t 为单位的最大起飞全重向上取整。

表 4-17　中国民航导航费收费标准（国内航班）

最大起飞全重/t	收费标准/（元/千米）	最大起飞全重/t	收费标准/（元/千米）
0～25	0.11	101～200	0.52
26～50	0.23	200 以上	0.56
51～100	0.39		

表 4-18　中国民航进近指挥费收费标准（国内航班）

最大起飞全重/t	收费标准/（元/吨）		
	一类机场	二类机场	三类机场
0～25	2.46	2.42	2.2
26～50	3.22	3.17	2.88
51～100	3.64	3.58	3.25
101～200	5.1	5.01	4.55
200 以上	6.27	6.16	5.6

表 4-19　中国民航导航费收费标准（国际及港澳航班）

最大起飞全重/t	收费标准/（元/千米）	最大起飞全重/t	收费标准/（元/千米）
0～25	4.19	101～200	8.67
26～50	5.47	200 以上	10.66
51～100	6.19		

表 4-20　中国民航进近指挥费收费标准（国际及港澳航班）

最大起飞全重/t	收费标准/（元/千米）	最大起飞全重/t	收费标准/（元/千米）
0～25	0.60	101～200	1.50
26～50	1.20	200 以上	$(T/50)^{0.5}$
51～100	1.40		

假设 A320 飞机飞行 500 n mile 航段，$MTOW=73.5$ t（162 040 lb）。Liebeck方法（假设在国内航线运营）的导航费计算结果为 0 美元；AEA 方法的导航费计算结果为 561 美元/航段。CAAC 方法（假设在二类机场起飞和着陆，国内航线运营）导航费计算结果为 626 元/航段（99 美元/航段，假设美元/人民币兑换率 6.3）。结果表明，在区域不大但国家众多的欧洲，导航费是一项不小的成本。

8) 地面服务费(ground handling charges)

属于直接运营成本的地面服务费包括：配载、通信、集装设备管理及旅客与行李服务费；客梯、装卸和地面运输服务费；过站服务费；飞机例行检查和放行费。这些项目大多按飞机最大商载或座位数收费。

在 Liebeck 方法和 AEA 方法中，不考虑地面服务成本，因为 ATA 和 AEA 把地面服务成本列入间接运营成本。因此下面仅列出 CAAC 方法。表 4-21 给出了中国民航地面服务费收费标准。

表 4-21　中国民航地面服务费收费标准

地面服务项目	收费标准
配载/通信/集装设备管理/旅客/行李服务	飞机最大商载≤10 t 时,30 元/吨 ＞10 t 时,33 元/吨
客梯、装卸和地面服务(当使用客桥时,不考虑客梯、旅客和机组摆渡车的费用;当飞机有随机客梯时,不考虑客梯的费用)	飞机最大商载≤10 t 时,5 元/吨 ＞10 t 时,6 元/吨 客梯　　　45 元/小时 旅客摆渡车　55 元/次 机组摆渡车　40 元/次
货物和邮件服务(分析时假设无货载,则不考虑该项成本)	飞机最大商载≤10 t 时,25 元/吨 ＞10 t 时,28 元/吨
过站服务	≤100 座,100 元/架次 100～200(含)座,120 元/架次 200～300(含)座,240 元/架次 ＞300 座,480 元/架次
飞机勤务	一般勤务≤100 座,100 元/架次 100～200(含)座,150 元/架次 200～300(含)座,300 元/架次 ＞300 座,600 元/架次 例行检查　160 元/人时(通常假设 1 个人时) 飞机放行　50%例行检查费

假设 150 座的 A320 飞机,最大商载 19.756 t,无货载,使用客桥。CAAC 方法的地面服务费计算结果为 1 290 元/航段(205 美元/航段,假设美元/人民币兑换率 6.3)。

9) 民航发展基金(CAAC development fund)。

民航发展基金是中国特有的直接运营成本项目,在中国境内乘坐国内、国际和地区(中国香港、澳门和台湾)航班的旅客都将承担,国家按照飞机最大起飞重量、航段距离和航线类型向航空公司征收,民航发展基金征收标准,如表 4-22 所示。收费政策向西部和东北倾斜;为支持支线航空的发展,政策规定当飞机最大起飞重量低于 50 t、航线距离等于或低于 600 km 时,按照表 4-22 的征收标准减半征收民航发展基金。

表 4-22　民航发展基金征收标准（单位：元/千米）

飞机最大起飞重量	第一类航线	第二类航线	第三类航线
≤50 t	1.15	0.90	0.75
50～100 t	2.30	1.85	1.45
101～200 t	3.45	2.75	2.20
>200 t	4.60	3.65	2.90
第一类航线	东中部 16 省市范围内航线：北京、天津、上海、河北、山西、江苏、浙江、福建、山东、安徽、江西、河南、湖北、湖南、广东、海南		
第二类航线	东中部 16 省市与西部、东北 15 省市之间的航线		
第三类航线	西部、东北 15 省市范围内航线		

按照 CAAC 方法，假设 A320 飞机在国内第一类航线运营，航线距离 500 n mile，$MTOW = 73.5$ t。CAAC 方法的民航发展基金计算结果为 2 130 元/航段（338 美元/航段，假设美元/人民币兑换率 6.3）。

10) 餐饮费（catering cost）

餐饮费是旅客服务成本，ATA 和 AEA 把它列入间接运营成本，因此在 Liebeck 方法和 AEA 方法中，不考虑餐饮费。在客舱乘务员成本分析中我们提到，客舱乘务员的安排是客舱设计的一部分。同样，为旅客提供所需的餐饮服务的客舱厨房设计也是客舱设计的一部分，一些低成本航空公司把不提供机上免费餐饮作为降低运营成本的一项措施。因此，在 CAAC 方法中考虑了餐饮费。

按照 CAAC 方法，餐饮费是航线距离和舱位等级的函数。由于中国民航缺乏可利用的旅客餐饮费统计数据，CAAC 方法利用少量实际数据和波音公司餐饮费数据趋势得到一条描述中国民航经济舱餐饮费的模拟曲线（见图 4-16），并假设，公务舱旅客的餐饮费是经济舱旅客餐饮费的 1.6 倍，头等舱旅客的餐饮费是经济舱旅客餐饮费的 2 倍。据此可写出餐饮费估算解析式如下：

$$CAC = k_{CA} \times (13.63 \times \ln(BR) - 69.45) \tag{4-37}$$

式中：CAC 为餐饮费，单位：元/航段；BR 为轮挡距离；单位：n mile；k_{CA} 为舱位因子，对于经济舱、公务舱和头等舱，k_{CA} 分别为 1、1.6 和 2。

假设 150 座的 A320 飞机的客舱布局是经济舱 138 座，公务舱 12 座，航线距离 500 n mile。CAAC 方法的餐饮费计算结果为 2 389 元/航段（381 美元/航段，假设美元/人民币兑换率 6.3）。

4.2.4　经济性分析应用

第 4 节中已详细讨论了各直接运营成本（DOC）项目的定义和计算方法，DOC 分析的输入条件和输出结果如图 4-17 所示，只要确定了飞机直接运营成本分析的

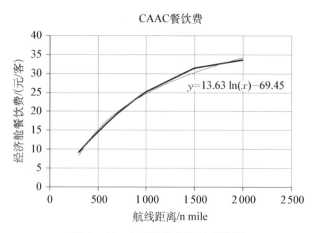

图 4-16　中国民航经济舱餐饮费

计算条件,利用上述给出的各成本项目的计算方法,就可以得到飞机 DOC 分析结果。本节主要讨论选择 DOC 分析计算条件的准则、DOC 分析模型和 DOC 分析结果的表达形式。

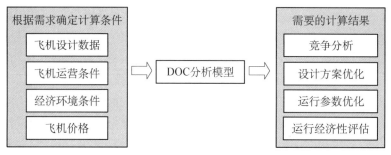

图 4-17　DOC 分析的输入条件和输出结果

本节以 CAAC 模型为基础,讨论飞机 DOC 分析在竞争分析、飞机运营经济性评估、运行优化(成本指数分析)、价格敏感性分析、飞机优化设计和机载系统选型等方面的应用。

1) 竞争分析

同类机型 DOC 竞争分析,是航空公司购机选型、制造商新机研制及销售时对飞机经济性进行评估的重要工具。

前面提到的选择 DOC 分析条件的两条准则,是进行合理 DOC 竞争分析的必要前提,也就是说,所选择的分析条件应与该机型预期运营的航空市场相符;同类机型的运营条件假设、基本性能所依据的设计基准和客舱布置的舒适性标准等应遵循可比性准则。如果两款要进行 DOC 比较分析的机型,采用不同的平均航段距离,一款采用单舱高密度布局,另一款采用舒适性较好的两舱型布局,它们的 DOC 比较分析是没有意义的。

　　图 4-18 以喷气支线机为例,给出了同类机型 DOC 竞争分析的一种典型图线。该图中 6 款现役支线机的 DOC 数据是在 2012 年中国经济环境条件下利用 CAAC 模型计算得到的。6 款飞机采用相同的平均航段距离(500 n mile)和相同的座椅排距,符合 DOC 分析条件的两条准则。图线以"DOC/km"为横轴,以"DOC/座公里"为纵轴。横轴与纵轴坐标之比正好是座位数,因此可以画出一组描述座位数的射线作为参考线,这种扇形的 DOC 比较图线被称作"扇形图"。图线表明,飞机的座位数越多,座公里成本越低,但每次飞行的直接成本越高。不同座位数的飞机不宜直接比较 DOC,但沿着这些射线方向可以合理比较 DOC。从该图线可以看出,航程较短的 ERJ190LR,与同座级的但航程较长的 ERJ190AR 相比,座公里成本有一定的优势。假设某飞机制造商计划研发一款 90 座级的新型喷气支线机,目标 DOC 比现役支线机低 5%。在图 4-18 上我们可以沿 90 座射线找到比现役支线机经济性平均线低 5% 的点,该点的座公里 DOC 是 0.543 元,这就是新型支线机期望达到的经济性指标。

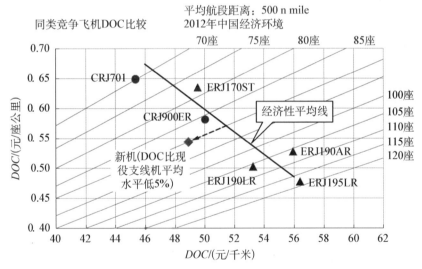

图 4-18　同类机型 DOC 竞争分析实例:喷气支线飞机

2) 飞机运营经济性评估

　　飞机运营经济性评估,指的是分析和评估机队在航空公司实际运营条件下,执行预定的航线网络和航班表所体现出的经济性。这种分析比 DOC 分析要复杂得多,实际航线有长有短,要使用实际飞行剖面和巡航高度,而不是平均航线距离和标准飞行剖面;使用实际客舱布置(例如两舱布局),而不是标准客舱布置;要考虑各种实际可能发生的飞机日利用率、上座率、机票折扣和间接运营成本。

　　按照航线网络和航班表去评估机队运营经济性有一定的复杂性,需要大量实际运营数据,利用CAAC模型进行简化的模拟分析,也可以得到一些有价值的结果。下面以A320飞机在国内航线营运为例,讨论这种简化的模拟分析方法。分析基于下述与中国航空市场基本相符的假设条件。

(1) 飞机总利用率3 900 h/a,过站时间0.5 h。

(2) 在二类机场起降,运营一类航线。

(3) 油价7 000元/吨,收益考虑燃油附加费(按有关规定计算,当航线距离≤800 km时,燃油附加费60元;航线距离>800 km时,燃油附加费120元)。

(4) 货邮收益为全票价收益的5%。

(5) 美元/人民币兑换率6.3。

(6) 上座率为80%。

(7) 机票价格采用中国民航2008年公布票价的统计数据并经幂函数回归得到的公式来计算(见图4-23),经济舱考虑不同的机票折扣率,公务舱不打折。

(8) 机票收益中,扣除机票代理费3%,营业税3.5%。

(9) 间接运营成本取0.065元/座公里。

(10) 单位轮挡小时的资金成本(折旧、贷款计息和保险)基于平均航段距离650 n mile计算得到。

(11) A320飞机的重量和价格数据如表4-22所示,轮挡性能数据依据《飞行操作手册》估算,飞机座位数150座(其中,经济舱138座,公务舱12座),考虑上座率对飞机轮挡油耗的影响(依据A320《飞行操作手册》估算,假设旅客标准重量为102kg,每减少一名旅客,轮挡油耗减0.128 5%)。

图4-19、图4-20给出了在上述假设条件下,利用CAAC模型得到的中国民

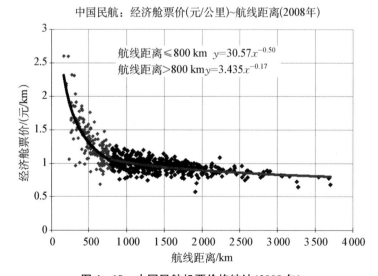

中国民航:经济舱票价(元/公里)~航线距离(2008年)

航线距离≤800 km $y=30.57x^{-0.50}$
航线距离>800 km $y=3.435x^{-0.17}$

图4-19 中国民航机票价格统计(2008年)

A320-200：座公里成本与收益比较(2012年中国经济环境条件)

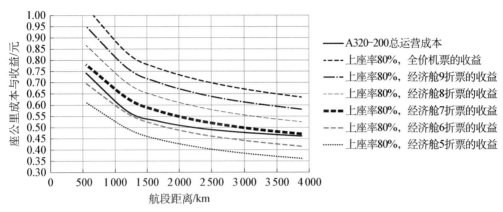

图 4 - 20 **A320 飞机运营经济性分析**

航机票价格统计(2008 年)和 A320 飞机运营经济性分析结果。这种图线给予航空公司清晰的飞机运营经济性评估,当收益曲线高于总成本曲线时,航空公司可赢利,反之则亏损。该算例表明,当平均上座率为 80%、机票折扣率 6~7 折时航空公司可达到盈亏平衡。航线距离>800 km 时,燃油附加费固定为 120 元,因而该算例呈现出航线距离越长,飞机赢利能力越差的不合理现象。不过,中国国内航线距离超过 3 000 km 的情况并不多见。

3) 成本指数分析

飞行时间和飞行耗油是影响飞机运营成本的两个重要方面。一般来说,选择高的飞行速度,将省时但费油;选择低的飞行速度,将省油但费时。当油价上升时,省油的重要性会增加;反之,当油价下降时,省时的重要性会增加,因此,存在一个如何合理选择飞行速度的问题。由于爬升和下降剖面是设计规定了的,所以选择飞行速度主要指选择巡航 Ma 数。

现代民用客机是利用"成本指数"来选择最佳巡航 Ma 数的。"成本指数"分析是 DOC 分析的一项应用。飞机的直接运营成本项目可分为以下 3 类:

(1) 与时间有关的成本项目。包括:资金成本(或租金)、维修成本中与飞行时间有关的部分,以及与时间有关的机组成本。这类成本是固定的,当速度高,飞行的航程远或航段多,单位航程分摊的成本将降低。

(2) 与燃油有关的成本项目。即燃油成本,它取决于燃油价格和轮挡耗油,飞行速度对轮挡耗油产生影响。

(3) 与起落次数(即飞行循环)有关的成本项目。包括:导航费、机场费、地面服务费、餐饮费、民航建设基金、维修成本中与起落次数有关的部分,以及与时间无关的机组成本(相当于基本工资)。这类成本与飞行时间(或速度)无关。

飞行速度的选择,对前两类成本产生影响,不影响第三类成本。与时间有关的成本(元/分钟)和与燃油价格(元/千克燃油)之比就是"成本指数",单位是"公斤燃油/分钟"。

下面以 A320 飞机在国内航线营运为例,讨论成本指数的确定方法,A320 飞机和运营的假设条件与前一节相同。依据上面的叙述,需要确定资金成本、与飞行时间有关的维修成本和机组成本。在 Liebeck 模型中,可分别计算机体的与飞行时间有关的和与飞行循环有关的维修成本,而在 AEA 模型中,可分别计算发动机的与飞行时间有关的和与飞行循环有关的维修成本。因此,我们分别借用两种模型来计算机体和发动机的维修成本。由于缺乏有效的统计数据,暂且假设机组成本中,1/2 与飞行时间有关(即 1/2 是与飞行时间无关的基本工资)。表 4-23 给出了 A320-200 飞机在 3 种航线距离下成本指数计算实例。

表 4-23　成本指数计算实例:A320-200 飞机

航线距离/(海里)	300	650	1 200
轮挡时间/(小时)	1.055	1.825	3.035
与时间有关的成本总计/(元/航段)	14 311	25 173	42 241
所有权成本	11 778	20 378	33 893
与时间有关的机组成本	1 083	1 873	3 116
与时间有关的机体维修成本	1 233	2 413	4 267
与时间有关的发动机维修成本	579	1 133	2 004
与时间有关的成本(元/分)	232	236	238
燃油价格(元/千克)	7	7	7
成本指数(公斤燃油/分钟)	33	34	34

成本指数的计算结果为 34 公斤燃油/分钟,其含义是"34 kg 的燃油与 1 min 的飞行时间的价值相等",也就是说,如果增加速度,每减少 1 min 的飞行时间,燃油的增加量低于 34 kg,则增加速度是经济的,否则是不经济的。图 4-21 给出了 A320 飞机飞行重量 65 t 时最佳巡航 Ma 数与成本指数、巡航高度的关系曲线(数据来自 A320 飞机《机组操作手册》)。当 A320 飞机在 35 000 ft 高度上巡航时,由图 4-21 可查出最佳巡航 Ma 数是 0.785。

4) 价格敏感性分析

飞机价格和燃油价格,是 DOC 分析中两个既重要又难以确定的输入数据。燃油价格的激烈浮动和难以预测一直困扰着航空公司的经营者。飞机价格主要取决于飞机的航程能力和客座(或商载)能力,其次取决于速度、舒适性、运营成本和产品系列化等,同时受到航空市场和产品竞争的影响。对于飞机制造商,飞机价格是最敏感的营利杠杆;对于航空公司,飞机价格是制造商给出的最清晰的合作意愿。因此,飞机价格的确定是飞机制造商的一项重要决策。

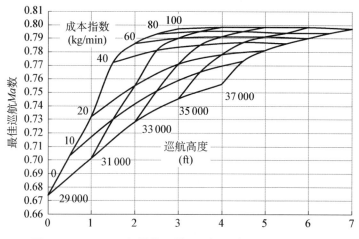

图 4-21 A320 飞机最佳巡航 *Ma* 数（飞行重量 65 t，无风）

飞机目录价（list price）是制造商的建议价格，实际上很少有航空公司付出目录价来购机；合同价格（contract price）通常是商业机密；市场价格（market value）是专业评估机构依据市场条件给出的、接近于成交价的评估价格。对于已进入市场的飞机，DOC分析中的飞机价格应采用市场价格。对于研制中的飞机，通常采用"制造商研究价格"（manufacturer's study price，MSP）。"制造商研究价格"的确定，既要参照已服役的同类机型的市场价格，也要考虑飞机的制造成本。单架飞机的制造成本等于单架飞机的重复成本（recurring cost）加上分摊到每架的非重复成本（non-recurring costs）。

利用 DOC 分析模型，分析飞机价格和燃油价格对飞机经济性敏感性，有助于飞机制造商对飞机价格做出合理决策，有助于对燃油价格变化的影响做出量化判断。图 4-22 利用 CAAC 模型、用"地毯图"的形式、以 A320 飞机为例给出了飞机和燃

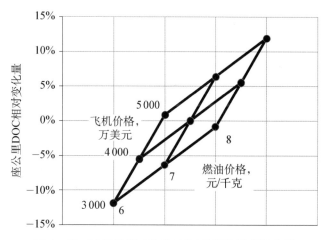

图 4-22 飞机和燃油价格对 DOC 影响敏感性分析

油价格对 DOC 影响敏感性分析结果。

5) DOC 分析应用于飞机优化设计

表 4 - 24 列出了影响 DOC 的主要参数，以及这些参数所涉及的设计参数。这些设计参数大多是在初步设计阶段结束时确定的。由于 DOC 与这些设计参数的相关性，在初步设计阶段，DOC 分析已成为飞机优化设计的一个重要工具。

表 4 - 24　影响 DOC 的主要参数和涉及的设计参数

成本项目	影响成本的参数	涉及的设计参数
折旧	飞机价格、初始备件、折旧年限、残值、利用率、轮挡时间、平均航段距离	• 飞机价格：与航程能力、座位数、速度、舒适性、运营成本、系列化等有关 • 发动机价格：与发动机选型、发动机推力要求、机场适应性等有关
贷款付息	飞机价格、初始备件、贷款总额、贷款年限、贷款年息、利用率、轮挡时间、平均航段距离	• 轮挡时间：与速度和过站时间等有关 • 飞机利用率：与可靠性和维修性设计等有关
保险	飞机价格、保险费率、利用率、轮挡时间、平均航段距离	
燃油成本	燃油价格、轮挡耗油、平均航段距离	• 轮挡耗油：涉及发动机推力和耗油率、气动阻力、飞机重量、巡航高度和速度、APU 耗油
维修成本	维修工时费率、维修工时、维修材料费、机体重量、发动机推力和参数、平均航段距离	• 维修工时：涉及维修性设计、机体重量 • 发动机推力和参数：涉及发动机选型、机场适应性等
机场收费	机场收费标准、最大起飞重量、旅客座位数	• 最大起飞重量 • 旅客座位数
导航费	导航费收费标准、平均航段距离、最大起飞重量	• 最大起飞重量
地面操作费	地面操作费收费标准、最大商载、旅客座位数	• 最大商载 • 旅客座位数
餐饮费	餐饮费标准、航线距离、旅客座位数、舱位划分	• 旅客座位数 • 舱位划分
民航发展基金	收费标准、航线类型、航线距离	• 最大起飞重量
空勤成本	空勤/空乘薪酬、空勤/空乘每月飞行的轮挡小时数规定、空勤/空乘培训要求、飞机利用率	• 旅客座位数 • 培训成本：系列化和共通性设计有利于降低培训成本，有利于空勤转机型

在 DOC 分析应用于飞机优化设计时，首先应该认识到，飞机的设计航程、座级（或商载能力）、单发升限，以及机场适应性（起降距离、进场速度和 ACN 值等）等描

述飞机市场适应性的总体设计参数,是飞机开发商依据目标市场需求确定的,它们不属于飞机总体设计参数优化的范畴。

DOC 分析应用于总体设计参数优化的基本方法和步骤如下。

第一步,给定基准型飞机(baseline aircraft)的总体参数、设计重量和性能数据。基准型飞机应满足目标市场需求。基准型飞机设计数据的正确性很重要,因为它是总体设计参数优化的基础,不正确的基准型飞机设计数据可能导致总体设计参数优化的谬误。

第二步,利用总体参数设计软件,在满足目标市场需求的前提下,选择基准型飞机的某些几何和气动参数(机翼面积、展弦比、根梢比、翼尖装置、高升力装置和机身长细比等)、动力装置参数(发动机推力、涵道比和耗油特性等)、设计速度参数(失速速度 V_S 和最大使用速度 V_{MO}/Ma_{MO} 等),或新技术和新型结构材料的应用等进行敏感性分析,得出总体参数变化引起的飞机重量、发动机推力需求和轮挡性能等的变化量。在以往的总体参数优化设计中,设计师采用"最小阻力"或"最小重量"准则来优选总体参数。在经济性为导向的总体参数优化设计中,还需进行下面两个步骤的工作。

第三步,评估总体参数变化引起的飞机和发动机价格变化。新技术和新型结构材料应用引起的飞机价格变化需要专门研究和确定,飞机重量和发动机推力需求变化导致的价格变化,可采用下面给出的经验式来估算:

$$AP_{VAR} = 1/3AP_{BASE} \times MWE_{VAR}/MWE_{BASE} + 2/3AP_{BASE} \tag{4-38}$$

$$EP_{VAR} = EP_{BASE} \times (SLST_{VAR}/SLST_{BASE})^{0.8} \tag{4-39}$$

式中:AP_{BASE} 为基准型飞机的价格;AP_{VAR} 为参数变化后飞机的价格;MWE_{BASE} 为基准型飞机的制造空重;MWE_{VAR} 为参数变化后飞机的制造空重;EP_{BASE} 为基准型飞机的发动机价格;EP_{VAR} 为参数变化后飞机的发动机价格;$SLST_{BASE}$ 为基准型飞机的发动机海平面静推力;$SLST_{VAR}$ 为参数变化后飞机的发动机海平面静推力。

第四步,利用 DOC 分析模型,对参数变化后的飞机进行 DOC 敏感性分析。最后,以 DOC 最低为基本准则,来优选各项总体参数。在某些情况下,为了给飞机系列化发展或潜在构型的需求留有设计余量,可能需要某些程度上牺牲一点经济性,选择 DOC 略高的总体参数。例如,A320 飞机的机翼面积是偏大的,但为后来的A321 飞机留下了设计余量。在第四步的 DOC 敏感性分析中,通常采用 100% 的上座率,平均航段距离采用设计航程,因为飞机是在满座和设计航程状态下进行优化设计的。

图 4-23 给出了 DOC 分析应用于总体设计参数敏感性分析常见的"地毯图"。

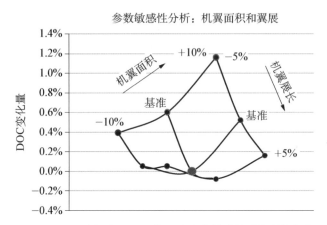

图4‒23   DOC分析应用于总体设计参数敏感性分析的"地毯图"

4.3   飞机价值评估及定价策略

4.3.1   概述

航空公司获得飞机的使用权通常有两种方式，一种是直接购买，另一种是租赁。在直接购买方式下，民用飞机的所有权成本在航空公司直接运营成本（DOC）中占据了很大的比重。飞机机队作为航空公司的重大资产，其价值倍受关注。飞机租赁业务在当今民用航空业也扮演着非常重要的角色，飞机租赁通常可分为融资租赁和经营租赁两种方式，对飞机未来市场价值走势的判断和评估是飞机租赁公司必须掌握的关键要素。不仅如此，对于购买、管理航空资产或为飞机提供资金支持的金融机构而言，把握飞机价值波动规律从而评估机遇和降低风险，长期以来一直是其面临的最大挑战。

因此，对飞机价值进行评估，对航空贸易、保险和金融市场的从业者来说具有至关重要的意义。

4.3.2   飞机价值定义和术语

在讨论飞机的价值之前，首先需要对飞机价值的有关定义和专业术语，以及飞机状态的界定。首先是飞机的市场价值（market value）和基本价值（base value）。这两类价值定义又可以各自进一步确定为全寿命期价值（full life value）和半寿命期价值（half life value）。

飞机的市场价值是指目前市场中飞机的"公平价值"。确定市场价值需要在下述前提下进行：

（1）特定时间点（如今天）的现货交易价格。

（2）单机销售——不享受规模折扣。

（3）上述时间点在开放市场条件下交易。

（4）两个独立实体间的公开交易。

（5）不附加租赁条款——仅限飞机本身。

（6）拥有合理的营销时间（12 个月）。

（7）买卖双方存在交易意愿。

由于飞机市场价值随行业周期而波动，针对其历史数据的研究，得到的成果规律性不够，对于未来期间内飞机市场价值的预测可预见性也较差，因此，提出了飞机基本价值的说法，以消除经济周期对商用飞机价值所造成的影响。

总的来说，飞机基本价值是指公平（平衡）市场中的飞机价值。对其的研究具有如下特点：

（1）基本价值是指"飞机长期内的基本经济价值"。

（2）供求平衡并开放而稳定的市场环境下的交易。

（3）假设飞机被"最充分、最好的"使用情况下。

（4）随时间推移而贬值。

（5）将飞机历史价值走势和未来价值预期走势考虑在内。

（6）所有未来价值预测均是根据基本价值情境所做出的。

另外一个值得区分的概念是全寿命期价值和半寿命期价值。"半生命周期"（half life）是一个标准评估工业的术语，它假设飞机处于机身、发动机、起落架和所有主要部件的使用情况处于全面检修状态，而任何有使用寿命限制的部件都处于使用到一半的状态。

"全生命周期"（full life）的价值定义假设在如下维修状态下：机身刚经过重大检查（通常称为的 D 检查），发动机刚从性能恢复工厂出厂，发动机所有具有使用寿命的部件都未使用过，起落架刚经过大修，所有其他部件参数都定义为处于"半生命周期"（如维修状况无变化）。

4.3.3　影响飞机价值的因素

决定飞机当前和未来残值，并影响航空公司和租赁公司购机决策的主要因素可以归结为 4 类：宏观经济形势、航空市场状态、制造商因素和飞机因素。

1）宏观经济周期性变化的影响

各种全球性事件引发的全球经济景气周期性的波动，对航空市场的需求和航空公司的支付能力带来明显影响，从而影响新机和二手飞机的市场交易量和交易价格。经济上升期，可指望飞机价值相应提升；经济疲软，则飞机价值相应下降。图 4-24告诉我们，飞机平均市场价值变化与全球 GDP 变化之间，存在紧密的相关性。

2）航空市场状态

航空市场对飞机价值的影响主要有如下 3 个方面：

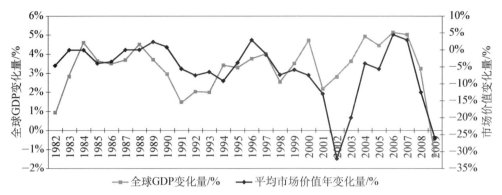

图 4‑24　飞机平均市场价值与全球 GDP 变化的相关性

（1）市场需求。

航空市场需求发展的强势、均衡或弱势，是飞机市场价值的决定性因素。当航空运输需求强势增长时，飞机利用率和上座率上升，航空公司扩大机队的意愿提升，飞机的市场价值将随之上升；当航空运输需求处于弱势时，航空公司可能会降低票价来维持上座率，或售出多余的飞机，飞机的市场价值将随之下降。

（2）市场流动性。

二手飞机市场是航空运输业发展的产物，飞机在市场的流动有利于航空公司应对周期性变化的市场，合理配置资金、资源和运能。

在役飞机数量、飞机后续订单数量、制造商生产线的规模、营运人数量和地理分布，是衡量市场流动性的基本指标。市场流动性对飞机残值有着极为重要的影响。市场流动性强的机型，其航材备件和发动机供给有望得到长期保证、来源充足且价格稳定，维修便利，机组获得性强，便于在运营商之间转手，因此具有较高的残值。

（3）航空公司的利润空间。

航空公司的利润空间与飞机的市场价值之间有很强的相关性，利润空间大其市场价值随之增加。

3）制造商因素

制造商的状态对飞机的残值有不可忽视的影响。

（1）制造商的价格策略。

制造商不断寻求新技术、新材料和提高安全性，并期望体现在飞机价格的提高上。不过，价格的提高不是一厢情愿的事，新技术和新材料只有体现在飞机经济性和安全性的改善上，有利于扩大航空公司的利润空间，才能为市场所接受。210～290 座级的 B787 飞机，其机体结构材料按重量计，50% 复合材料，20% 铝合金，15% 钛合金。机翼带倾斜式翼尖，发动机挂架采用减噪的锯齿形边缘。机头的气动外形更光洁，采用四块风挡。驾驶舱兼容性设计使得有资质的 B777 驾驶员能够操作该机型。直接运营成本比相似座级的 B767 飞机低 20%。该机型从客户利益出发,在设计上尽可能地简化,把客户化选项降至最低,并且大量向海外扩展制造工作,以降低制造成本,提升客户的利润空间。因此该机型尚未问世大量订单已收入囊中。

如果制造商持续依靠高折扣出售飞机和扩大市场,飞机残值将难以恢复到基本价格的趋势线水平。

(2)飞机生产线。

高的飞机产能和大批量生产,有利于增加市场流动性,趋于提升飞机残值。最终阶段生产的飞机的残值较低。无论是飞机制造商还是发动机制造商,终止业务将严重损害飞机残值。图 4-25 比较了 MD-83 早期产品与最后期产品的市场价值,最终阶段生产的飞机的残值大幅下降,其原因主要是担忧机体、系统和发动机的售后服务和航材供给难以得到必要的保障。

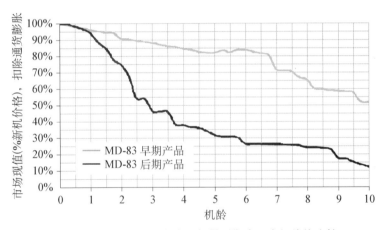

图 4-25　MD-83 早期产品与最后期产品市场价值比较

(3)制造商的选择。

目前飞机制造商和机型的选择余地很小,大型飞机制造商仅波音公司和空客公司两家。飞机制造商和机型的有限的选择余地,使得航空公司购机谈判的筹码很少,但有利于二手飞机市场的流动性,有利于飞机保值。

更换制造商和机型对于航空公司来说存在成本增加的风险,是一项困难的选择。新制造商和新机型的进入,航空公司必然担忧更换制造商和机型带来的成本增加的风险,担忧二手飞机市场的流动性不足飞机难以保值的风险。

4)飞机因素

(1)机龄。

机龄是决定飞机基本价值和市场价值的重要因素,飞机市场价值随机龄的变化如图 4-26 所示。

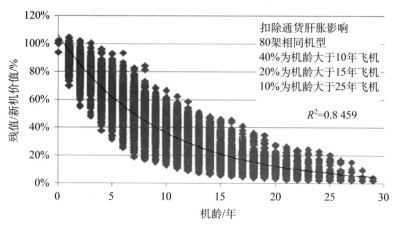

图 4-26 飞机市场价值随机龄的变化

（2）机型。

市场分散度是决定飞机市场流动性的基本因素，从而对飞机残值产生重要影响。表 4-25 比较了现役窄体机与宽体机的市场分散度。

表 4-25 现役窄体机与宽体机市场分散度比较

项 目	窄体机	宽体机
平均使用寿命	24～28 年	22～24 年
机型和衍生型数量	2 种主要机型	8 种主要机型
	8 种主要衍生型	30 种主要衍生型
	12 种机型/发动机组合	50 余种机型/发动机组合
技术更新换代时间跨度	每 14～16 年推出一款新机	每 8～10 年推出一款新机

上文提到，市场流动性对飞机残值有着极为重要的影响。从表 4-25 可以看出，与宽体机相比，窄体机的平均使用寿命较长，机型和衍生型的选择余地较小，加上窄体机的更新换代较慢，因而主要窄体机型的产量较大，延续的生产时间也较长，客户基础很宽。这使得窄体机的市场流动性很强，便于在运营商之间转手，老旧飞机也不难找到第三层次的买家，因而有较高的飞机残值。图 4-27 为 A320-200 飞机基本价值随机龄的变化。

宽体机由于机型和衍生型较多，更新换代较快，市场分散度较高，每款机型的客户基础较小，市场流动性较差，在二手飞机市场要找到适合的运营商机会稍差，飞机残值必然受到影响。图 4-28 比较了 A320-200 与 B747-400 飞机的基本价值，B747-400 残值随机龄下降速度明显快于 A320-200。

窄体机并非都有良好的市场流动性。机队规模相对较小的 A318 飞机，其市场流动性较差。图 4-29 比较了 A320 与 A318 飞机残值预测结果。

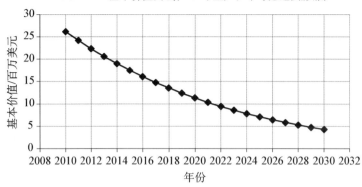

图 4 – 27 A320 – 200 飞机基本价值随机龄的变化

资料来源：Ascend。

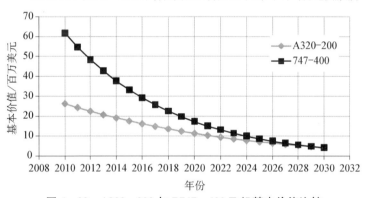

图 4 – 28 A320 – 200 与 B747 – 400 飞机基本价值比较

资料来源：Ascend。

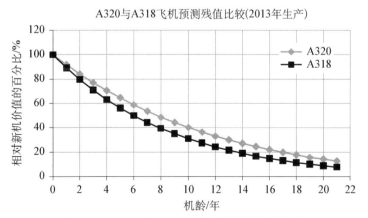

图 4 – 29 A320 与 A318 飞机残值预测结果比较

资料来源：Ascend。

类似机型安装不同的发动机，也可能因客户数和市场流动性不同，飞机的残值显示出很大差异（见表4‐26）。

表4‐26　历史案例：安装不同发动机影响飞机残值

型号	生产年份	发动机	客户数(1985年)	销售量	1991年残值
DC10‐30	1980	GE	39	183	3 500万美元
DC10‐40	1980	P. W	2	41	1 500万美元

（3）飞机技术规范（飞机最大重量、发动机和驾驶舱）。

普通构型、采用兼容性高的系统和成品的飞机，市场适应性宽，便于在运营商之间转手，其残值较高。特殊构型（如安装大推力发动机的高原型飞机）市场适应性较窄，市场流动性较差，难以找到下一个买家，其残值较低。衍生型多的飞机会拆分市场，每个细分市场的机队数量低，影响市场流动性，因而降低残值。航空公司偏好双发飞机，四发飞机虽然有利于安全性，但是维修成本高，受到市场冷落，其残值较低（如A340飞机）。具有客机改装货机潜力的飞机，有利于延长其经济使用寿命，从而也提升了残值。长的经济使用寿命能够推高飞机的残值，高的飞机残值也能够延长飞机的经济使用寿命。图4‐30窄体客机改装货机延长飞机经济寿命。

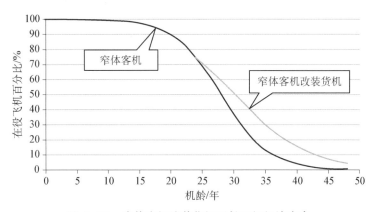

图4‐30　窄体客机改装货机延长飞机经济寿命

（4）飞机系列化和技术先进性。

具有发动机和机载系统高度共通性、装载灵活性的飞机系列化，为客户提供机队和客座能力的灵活性，有利于扩大市场和提升残值。

图4‐31以4款窄体客机为例说明技术先进性对飞机市场价值的影响。先进技术有利于降低运营成本和延长有效使用寿命，提升在二手飞机市场的销售前景。

（5）飞机运营经济性。

同类飞机无论新旧，其直接运营成本中的空勤/空乘成本、所有权成本、机场收

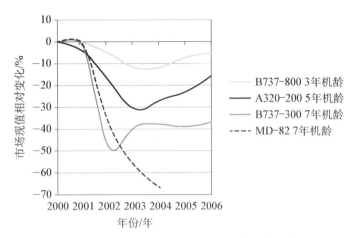

图 4 - 31 技术先进性对飞机市场价值的影响

费、地面操作收费和民航发展基金等是一样的,影响飞机运营成本和价值的关键因素是维修成本和燃油成本,因而维修成本和燃油成本是航空公司考量飞机价值的重要指标。

航空租赁公司是靠投资飞机挣钱的,它们总是精心挑选保持残值潜力最佳、能够很快出租或出售的飞机。表 4 - 27 列出了全球航空租赁公司订购最多的商用飞机。租赁公司为何对 B737 - 800,A320 - 200,A330 - 200 和 B777 - 300ER 等机型情有独钟呢? 上述分析可能有助于我们寻找到其中缘由。

表 4 - 27 全球航空租赁公司订购最多的商用飞机

（截至 2010 年 1 月 31 日,资料来源：SPEEDNEWS）

机型	窄体机						宽体机				
	B737 - 700	B737 - 800	B737 - 900ER	A319	A320	A321	B777	B787	A330	A350	A380
租赁公司定单数	563	1 495	207	325	1 865	190	343	879	390	505	177

4.3.4 飞机残值预测

表 4 - 28 列出了影响飞机残值的主要因素。飞机残值的预测是困难的,因为飞机残值受到众多因素及不可预测事件的影响。预测不是一门精密科学,不存在精确的数学方程,也无捷径可走,预测的基础,是大量飞机交易历史统计数据的收集和回归分析,及对当前和未来市场需求和供给的充分评估。

表 4‐28　影响飞机残值的主要因素

飞机因素	市场因素	飞机因素	市场因素
机龄	在役飞机数	可靠性	制造商现状
飞机座位数和航程	后续订单数	改装性	竞争机型
速度	运营商数目	共通性	政府法规
发动机型别	运营商集中度	生产线上的位置/停产	市场预测(包含经济和航空运输业发展的影响)
技术	运营商地理分布		
直接运营成本	可获得性/存量		

1) 基本价值预测：历史统计数据的回归分析

飞机交易历史统计数据的回归分析,是预测飞机基本价值的主要方法。

首先考虑影响飞机残值的独立变量机龄。图 5‐32 给出了以机龄为变量的飞机交易价格数据图(包含 1970 年至 2008 年约 3 000 个二手市场交易数据),纵坐标用转售价格/重置价格之比(%)来表示。"重置价格"(replacement price)指的是扣除了通货膨胀影响的新机名义原始交易价。应当注意到,纵坐标不直接用飞机转售价格(即残值),而用转售价格与重置价格之比,使得不同价格的机型之间具有可比性,避开了飞机因素(座位数、航程、速度、技术、发动机和直接运营成本等)引起的飞机重置价格的影响。图 4‐32 描述飞机随时间而贬值的过程,图中的多项式回归曲线能够很好地描述了转售价格/重置价格之比与飞机机龄的关系。

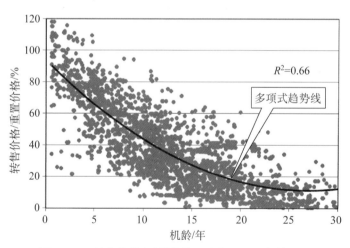

图 4‐32　转售价格/重置价格之比与飞机机龄的关系

图 4‐32 中数据点的散布,实际上体现出了市场需求的强弱。当我们把这些散布的数据点按市场需求的强弱,依次划分为 10 个条带,市场需求最强的称为"坚挺度 1",市场需求最弱的称为"坚挺度 10",并各自给出多项式回归曲线,于是就得到

了确定飞机当前和未来基本价值(即残值)的市场需求条带图。当然,每两个条带之间还可以进一步不受限制地细分。

利用图 4‑33 我们可对飞机的残值做出判断。下面以 MD‑83、B737‑400 和 A320‑200 这 3 款竞争机型为例来说明。它们都是 20 世纪 80 年代进入市场的 150 座级飞机,MD‑83 和 B737‑400 已于 1999 年停产,A320‑200 仍然在生产。这 3 款竞争机型的新机都以 100% 的新机价格为起点(相当于坚挺度 2.5),往后的趋势将取决于市场需求的强弱。A320‑200 的技术、运行和经济性优于其他两款机型,被认为属于"坚挺度 5"。B737‑400 稍逊于 A320‑200,属于"坚挺度 6"。MD‑83 的运营商数量和集中度较小,耗油率较高,制造商已终止商务(被波音公司收购),被认为属于"坚挺度 8"。

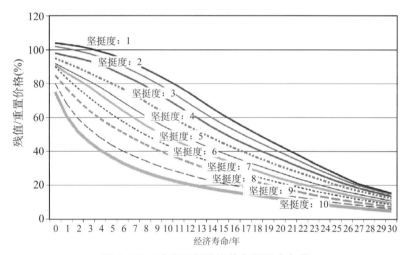

图 4‑33　确定飞机残值的市场需求条带

对于每一款机型,都可以依据其技术经济性和市场行销情况,参照类似机型,确定其"坚挺度"。然后,根据每一款机型的经济寿命的假设和重置价格,对残值做出判断。

当要求考虑通货膨胀对预测的基本价值的影响时,还必须把通货膨胀影响"加回去"。近年来,全球年通货膨胀率保持较低水平,通常假设为 2%～3%。

市场是动态的,飞机的基本价值不是一成不变的。因此,在飞机残值预测中,飞机交易历史统计数据应该不断补充、修正和更新。

2) **市场价值预测:经济周期性影响分析**

利用对飞机交易历史统计数据的回归分析,我们可以预测飞机的基本价值。但是,飞机的实际市场价值往往会偏离基本价值而波动,还必须进一步分析经济周期性变化对飞机市场价值的影响。

（1）通货膨胀的影响。

在飞机交易历史统计数据的回归分析中，为分离出飞机价值衰减的真实趋势，剔除了通货膨胀影响。由于全球的飞机大都以美元计价和交易，所以在分析中通常以美国国内的通货膨胀率来分析。图 4-34 以 DC-10 飞机为例展示出通货膨胀对市场现值的影响。从图中可以看出，20 世纪七八十年代的高通货膨胀率对飞机市场现值带来很大影响。剔除了通货膨胀后的市场现值曲线呈现出波动下降的趋势，这种波动主要来自全球 GDP 和油价的起伏变化。

在预测未来市场价值时，还必须把通货膨胀影响"加回去"。近年来，全球年通货膨胀率保持较低水平，通常假设为 2%～3%。

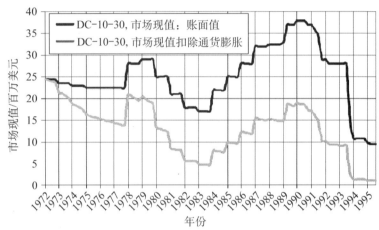

图 4-34 市场现值扣除与不扣除通货膨胀影响的比较

资料来源：Ascend。

（2）经济和航空运输业周期性波动的影响。

当航空运输增长强劲或飞机供不应求，飞机价值将上升，反之亦然。如果供需平衡，此时的飞机价值就是"基本价值"。飞机价值的周期性波动有时是很大的，而且，这种波动的幅度与机型有关。图 4-35 比较了周期性波动对不同机型的影响。较大的机型（图中的实例是 300 座级的 DC-10-30ER）对周期性较为敏感，因为当航空运输需求强劲时，较大的客舱使得它挣钱相对容易；当航空运输需求弱势时，较大的客舱难以满载，损失比小的机型（图中的实例是 160 座级的 B737-800）要大得多。B737-800 的波动幅度约为±10%，而 DC-10-30ER 的波动幅度在其经济寿命的最后阶段高达±60%。

（3）周期性波动分析方法简述。

图 4-36 以 1988 年制造的 B737-300 飞机为实例，给出飞机的市场现值评估数据和价值趋势线。价值趋势线相当于飞机的基本现值。

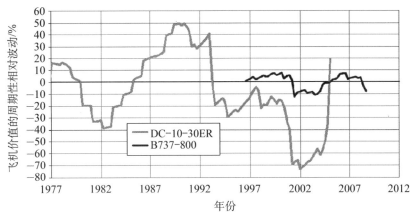

图4-35 周期性波动对不同机型的影响比较

资料来源：Ascend。

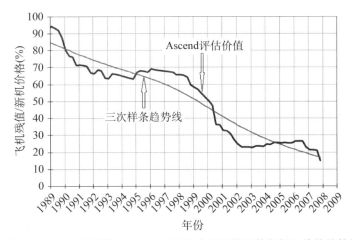

图4-36 **1988年制造B737-300飞机市场现值评估数据和价值趋势线**

　　把图4-37中的市场现值相对于基本现值的偏离量（以百分量表示），以年份为变量，可以得到飞机残值周期性波动曲线。从该图线可以清晰地看到因海湾战争引发的1991年至1993年飞机价值衰退，"9.11"恐怖袭击引发的2001年至2003年飞机价值衰退，以及2008年金融危机引发的飞机价值衰退，波动幅度在20年间从10％增加到30％。

　　请注意，航空公司的信用等级和银行间拆借利率等经济参数几乎同时显示出类似的周期性波动（见图4-38）。可以直观地认为，无论是飞机价值的波动，还是信用等级和银行间拆借利率的波动，都是因为经济周期性波动这同一个原因引起的。也就是说，飞机价值的波动，是经济周期性波动直接引起的航空市场需求强弱变化所致，不是因为信用等级和银行利率等经济参数波动后造成的，因此，无须考虑这些因素的间接影响。

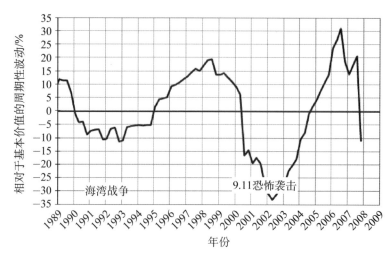

图 4‑37　1988 年制造 B737‑300 飞机价值的周期性波动

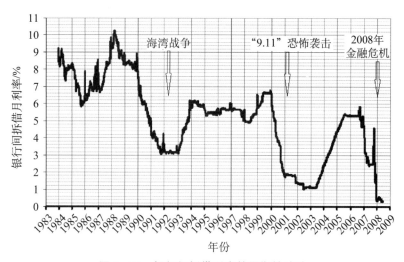

图 4‑38　银行间拆借利率的周期性波动

飞机的市场需求,由航空运输需求量(客公里数)和运能需求(即可用座位数)来驱动。高的航空运输市场需求将引起航空公司购买更多的飞机,飞机运能短缺,则飞机价格上升;由于航空公司在高市场需求条件下能够多卖出机票,并保持高的机票价格,收益将上升,购机违约的风险降低。高的市场需求伴随着强劲的经济增长,银行的贷款利率随之提高。

航空运输量(客公里数)的年增量(%)与运能的年增量(%)之差,表征了飞机的相对短缺(差值为正)或过剩(差值为负)。把年差值逐年累积起来,以年差值累积量为纵坐标,以年份为横坐标,可得到如图 4‑39 所示的"航空运输量年增量(%)—运能年增量(%)"累计图。该图中包含了历史统计数据和未来的预测数据,从一些全球航空市场预测报告中,不难获得航空运输量年增量和运能年增量的历史和预测数据。图中给出了年差值累积量的长期趋势线。曲线随时间不断上升的趋势表明,由于飞机的速度、商载能力和利用率不断提高,飞机座位的产能不断上升。

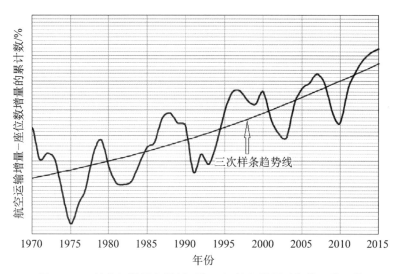

图 4-39　航空运输量年增量(%)—运能年增量(%)的累计图线

以图 4-39 中的年差值累积量曲线相对于趋势线的偏离量为纵坐标,以年份为横坐标,得到如图 4-40 所示的曲线,这条曲线称为"飞机容量相对短缺/过剩周期曲线"(pent-up relative capacity shortage/surplus,PURCS)。

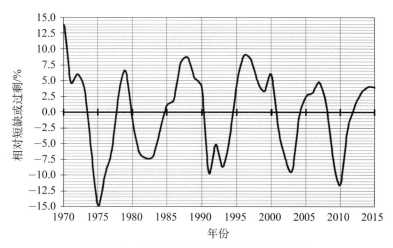

图 4-40　飞机容量相对短缺/过剩周期曲线

PURCS 周期曲线有点像单摆运动,遇到扰动会偏离平衡点,随后回到平衡点,但 PURCS 周期曲线稍有些不同。当经济从低点回暖时,飞机开始短缺,航空公司挣了钱并下新飞机订单,制造商需要 18～24 个月来生产飞机,所以响应会稍有滞后。当经济从高点下降时,新飞机可能还在交付,飞机开始过剩,制造商放慢生产速度,等待下一次经济的复苏。正是这种"短缺—过剩—短缺"的周期性波动决定了飞机市场价值的波动。

我们可以用数学方法来模拟周期性波动。假设周期性波动(见图 4 - 41)是这样构成的:波长为 T1 和振幅为 A1 的上升段到达峰值后,接着是波长为 T2 和振幅为 A2 的下降段,然后是波长为 T3 和振幅为 A3 的上升段,如此等等,其形态像正弦波。我们把模拟的周期性波动,按照图 4 - 40 给出的飞机容量相对短缺/过剩周期曲线来确定波峰和波谷点,两种曲线的波长和振幅的平均偏差和标准偏差应该一致。一般来说,上升段要比下降段长一些。图 4 - 42 示例给出了模拟的周期性波动曲线。

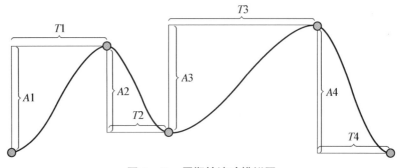

图 4 - 41 周期性波动模拟图

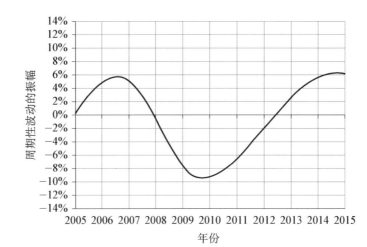

图 4 - 42 模拟的周期性波动曲线

依据 PURCS 周期曲线或模拟的周期性波动曲线,理论上我们能够对飞机的残值进行预测。实际面临的问题远非如此简单。首先,PURCS 周期曲线的建立,基于航空运输的年增量与运能的年增量预测,其中运能的年增量预测受到复杂多变的新机交付量和老旧飞机退役量的影响,预测难度高,预测时间跨度越大,预测精度越低,对飞机容量相对短缺/过剩的影响较大。

其次,前面已经提到,不同机型受周期性波动影响的程度有很大差异,按照受周期性波动影响的敏感度,应该把机型分为不同敏感度等级。最好的飞机的敏感度系数约为 1.5,也就是说,市场现值与基本现值之比约为 PURCS 振幅的 1.5 倍。老旧或大型飞机的敏感度系数约为 3 或更高。虽然老旧或大型飞机的投资风险很高,但是只要在正确的时间进入和退出市场,其投资效益仍可能是可观的。临近结束其经济寿命的飞机,在最后一个周期的上升期,它的市场价值不再上升,何时终止运营却难以预测。图 4 - 43 图解了在周期性波动的下降段,不同机型面临的"机型漏斗"命运:好的机型的残值缩水小,老旧机型的残值缩水大,一部分飞机难以出现在下一次上升期。

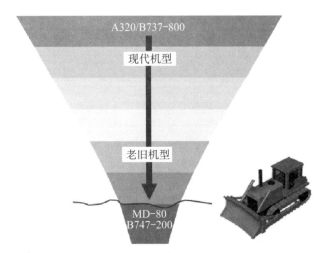

图 4 - 43　周期性波动下降段的"机型漏斗"

PURCS 周期曲线或模拟的周期性波动曲线,仅是一种飞机残值预测的辅助手段,飞机的残值预测,不仅要求掌握充分的飞机交易历史统计数据,对当前和未来市场需求和供给进行周详的评估,还必须依靠评估者丰富的实践经验。

4.3.5　定价模型和策略

民机价格是影响客户选择飞机机型的重要因素之一。以航空公司购买飞机为例,在 2012 年的油价和中国市场运行环境条件下,单通道窄体机价格引起的所有权成本约占直接运营成本(DOC)的 30%,DOC 是指与飞机直接相关运营成本(下章将重点介绍)。

1) 价格定义

民机价格主要有目录价格(list price)、基本价格(base price)、合同成交价格(contract value)和市场价格(market value)。

目录价格(list price)：即对外公布价。

基本价格(base price)：指的是由飞机《标准技术说明书》(*Standard Specificaiton*)所定义的飞机构型和标准客户服务项目条件下的飞机价格,价格中不包含客户采购设备(buyer furnished equipment)(如座椅和厨房插件等),不包含客户选装设备(如平显、第二套气象雷达和 ETOPS 等常列为客户选装设备或功能),不包含客户可能提出的特殊客户服务项目。

合同成交价格(contract value)：指的是飞机购机合同价格,通常是商业机密。合同成交价格＝基本价格＋所有 SCN 的价格＋特别客户服务项目附加费。SCN 为《技术说明书更改通知》(Specification Change Notice)的缩写。

市场价格(market price)：指的是评估者认为在评估时段的市场条件下最接近于成交价的价格。

2) 定价方法

一般情况下,定价决策由财务、会计、成本控制、销售和市场部门参与,总管理层有最后的发言权,定价流程如图 4-44 所示。

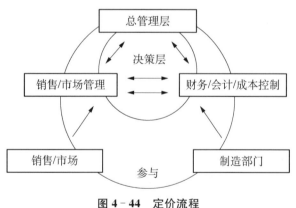

图 4-44 定价流程

定价方法主要有：

(1) 成本加成(cost-plus)定价。

成本加成定价方法简单实用,是基于成本的一种定价方式,也是早期人们对科技产品定价常用的手段之一。即价格由如下两个部分组成：成本和利润。在我国计划经济时代,成本加成是主要的定价方式。制定飞机价格的依据是：制造成本(即材料成本与工时成本之和)＋5%管理费。飞机价格要经国家批准,称之为"国批价格"。成本加成定价方法近年来受到许多质疑,主要原因有两个方面：一方面,由于销量波动很大或难以预测,许多工业产品很难估算单位成本;另一方面,基于成本定价的产品开发方式是"事后成本控制,而非事前成本控制",不利于产品的长期营利能力。许多知名企业为了追求最优价格以攫取更高的利润,已经逐渐放弃了成本加成的定价策略。

(2)竞争驱动定价。

竞争驱动定价方法又称为竞争定价,它是基于市场竞争状况而定价的策略。这种定价方法适用于新产品的初始快速定价,有利于市场份额的快速提升。竞争驱动定价的不足是产品销量的增加往往与利润最大化相冲突,尤其对于高价值产品而言,这种定价方式会损失合理的产品溢价利润。在 B2B 市场营销中,利用竞争驱动定价策略,有利于新产品的开拓与推广。

(3)价值取向定价。

价值取向定价是客户驱动型定价方式,又称之为"客户认知价值定价法"。该定价方法将客户愿意支付的价格作为已知变量,预测出完全吸收掉固定成本的销售量,然后推出成本价。这种定价方式的目的是:找到一种利润率和市场份额的最佳组合使得长期盈利最大化。成本加成定价和价值取向定价的区别如图 4-45 所示。

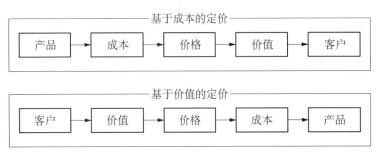

图 4-45 成本加成定价和价值取向定价

这种定价方式的主要难点在于如何有效推进产品价值沟通工作,对进入科技含量极高和投资成本高的航空运输市场的新机型而言,该项工作显得更为棘手。

3)系列化发展对定价的影响

民机系列化发展是现代民机设计的重要特点之一。例如,B737NG 系列飞机的基本型为 B737-700,后续开发出了 B737-600/800/900 等系列机型,系列化开发的时间跨度为 8 年(见图 4-46),整个 B737 家族(100~900)已经有了 40 多年的历史。

系列化发展原则是民用飞机设计的一个突出特点,在基本型的基础上衍生出加长型和缩短型是一种通用的做法,其目的是降低开发成本,提高航线和机场适应性,扩大市场覆盖范围。对于航空公司而言,引进不同座级的同系列飞机将有利于降低维修成本、备件需求量和培训费用,提高飞机的利用率。因此,系列化发展是买卖双方均极为看重的产品特性之一,任何有关民机的设计、生产和交易活动都与其有着

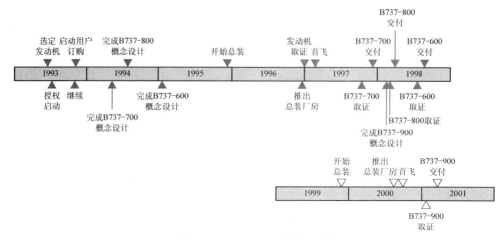

图4‑46 B737NG系列化开发

千丝万缕的联系,民机价格的制订也能够利用飞机系列化发展这一基本特性而赢得市场的青睐。很显然,飞机家族的超长开发时间为针对不同飞机型号综合应用不同定价方法而获取更高长期利润提供了机会。

以具有市场竞争力的价格(不一定是低价)进入并提高市场份额,是飞机产品成功立足激烈竞争的民机市场关键的第一步,而提高长期利润率是企业生存的根本需要,它也是民机定价策略的最终目标。因此,利用民机系列化发展的特点,针对飞机家族按阶段应用不同的定价方式,可以协调解决新机型进入市场和长期盈利的两大目标,民机价值战略主要表述为(见图4‑47):

(1)针对民机产品基本型的市场环境,以竞争定价方法为基础提出合理的竞争格。

(2)以该价格为基础进行新产品成本校核分析。

(3)充分发挥基本型产品的价值沟通作用提升后续产品的客户认知价格。

(4)基于市场价值方法对产品发展型进行定价,同时依据该价格进行产品改进设计的成本控制。

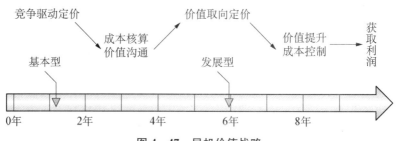

图4‑47 民机价值战略

4) 民机定价

民机市场是一个激烈竞争的市场，采用竞争定价的方式是常用的做法。图4-48给出了飞机市场价格示例。可以看出，决定客机价格的第一级参数是座位数和航程，因为航空公司的收益取决于座位数和航程。第二级参数是运营成本、速度和舒适性。第三级参数是飞机的竞争性（包括残值、共通性和品牌形象等）。停产或过时机型的价格很低，因为备件和客户服务难以保证飞机正常运行。

飞机定价方法如表4-29所示。

表 4-29 飞机定价方法

定价类型	适合飞机	定 价 方 法
成本定价	军机和公务机	价格＝成本＋收益(5%)
市场定价	商用飞机	价格决定于： ■ 飞机性能(座级和航程) ■ 运营成本(DOC评估) ■ 旅客诉求(舒适性、舱内噪声) ■ 竞争能力(与同类竞争机型比较) ■ 市场需求量和市场占有率目标 ■ 企业或品牌形象

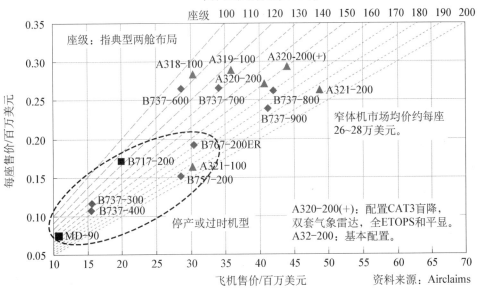

图 4-48 飞机市场价格示例

　　DOC 是航空公司评价飞机是否经济的重要指标之一,该指标评估分析也是民机竞争分析中必不可少的环节之一。因此,本章采用基于 DOC 的竞争定价流程(见图 4 - 49)。

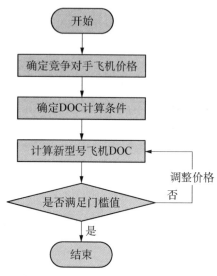

图 4 - 49　基于 DOC 的竞争定价流程

　　根据航空公司调研结果表明,一般情况下,引进一架新型号飞机的座公里 DOC 降低要求是 15%(建议门槛值)。

4.4　飞机引进方式优选及客户财务方案分析

4.4.1　飞机引进方式概述

　　当前,航空公司所利用的飞机引进的方式主要有 4 种:自行购买、贷款购买、融资租赁与经营租赁。这 4 种方式均有其各自的特点与限制条件。如自行购买,要求企业有充沛的现金流,而贷款购买与融资租赁,则可以缓解企业自身资金紧张的压力,但也同时提高了企业财务报表中的资产负债比率。而经营租赁尽管灵活方便,也没有前面 3 种方式的缺点,但经营租赁的成本却很高。航空公司往往会根据自身的不同特点和要求,进行不同的选择。下面将详细介绍这 4 种不同的方式。

4.4.1.1　自行购买

　　所谓自行购买,是指企业利用自有资金自行购买飞机的情况。企业的自有资金主要来源于留存收益、折旧和公积金转增股本等。由于我国航空运输业折旧率偏低,盈利能力较弱,留存收益较少,航空公司自有资金数量不足,加之飞机本身价格昂贵,运用自有资金购买飞机在航空公司所占比例不大,我国民航目前的比重尚不足 10%。

航空公司自行购买飞机的优点有：在企业现金流充裕的情况下，自行购买飞机，没有偿还贷款与租金的压力，不会导致企业的资产负债比率上升，也不会提升企业的财务风险。而且操作简单；不需要涉及第三方，无须担保人，只要付清了款项就可以拥有飞机的所有权和使用权，航空公司对购买的飞机有充分的支配权和处置权。

自行购买飞机的缺点有：由于飞机金额巨大，自行购买飞机会导致企业大量现金流量的流出。特别是当企业的现金流不太充裕，或企业有其他更好的投资机会时，自行购买飞机容易导致企业资金周转不畅，或丧失其他更好的投资机会。

4.4.1.2　贷款购买

所谓贷款购买，是指企业向银行或其他非银行金融机构借入长期项目贷款进而购买飞机的情况。这些银行或非银行金融机构主要包括：

（1）银行。银行是资金借贷双方的中介。许多大型跨国银行过去一直经营着航空航天业的融资业务，有些甚至还设有专门的业务部门。在 1990 年以前，美国的一些大型银行，如花旗银行、大通曼哈顿银行等，在飞机融资领域的排行榜上一直名列前茅。但 20 世纪 90 年代后，一些日本的银行开始崛起，如富士银行、住友银行及三菱信托银行等。而近些年来，一些日本的银行又逐渐被欧美的一些银行所取代。

（2）出口信贷机构。多数贸易出口大国都设有自己的出口信贷机构。这一机构为银行放贷提供支出或者补充，尤其是在银行不愿意承担全额风险的时候。一些出口信贷机构还参与了航空公司的飞机融资活动。如美国进出口银行。美国进出口以长期担保的形式为飞机融资提供官方支持，最高可提供飞机价值 85% 的贷款担保。美国进出口银行同时也提供贷款和补贴。

（3）政府融资机构。一些政府融资机构也为航空公司提供贷款。如欧洲投资银行（EIB）、欧洲复兴开发银行等。EIB 是航空公司和机场的一个重要融资渠道，是一家非营利性的独立公共机构。2004 年 EIB 为爱尔兰航空公司购买 A320 飞机提供融资贷款 166 百万欧元。

贷款购买的优点有：在企业经营状况和财务状况良好的情况下，可以充分利用财务杠杆，对机队进行投资扩充，这有利于航空公司的长期发展；购买回来的飞机不用考虑使用期限；购买方式从投入的总资金上看低于租赁，而且操作简单；不需涉及第三方，无须担保人，只要付清了款项就可以拥有飞机的所有权和使用权，因此，航空公司对购买的飞机有充分的支配权和处置权。

贷款购买的缺点是：一次性的资金投入很可能造成资金筹集上的困难，也可能造成航空公司资金流动上的不畅通，还可能导致航空公司资金的闲置和浪费。而且，采用贷款购买方式还会影响航空公司的财务状况，使资产负债率和负债与股东权益比上升。

4.4.1.3　融资租赁

融资租赁又称金融租赁,是飞机租赁的基本方式之一,是出租人把飞机所有权以外的全部经营责任都转让给承租人,承租人负责飞机的维修、纳税和保险等。租期接近于飞机的使用寿命,在租期内支付的租金加上飞机的期末残值足以使出租人收回飞机的投资并取得投资收益。租期结束时,承租人可以选择购买、续租或退租飞机,是一种融物形式的完全支付的长期的飞机融资方式。融资租赁的经营模式如图 4-50 所示。

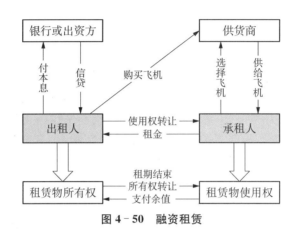

图 4-50　融资租赁

1) 融资租赁特点有 3 个方面

(1) 涉及的当事人多,交易结构复杂,使用成套协议,构成三边或多边交易。一项飞机的融资租赁交易至少有 3 个当事人:出租人、承租人和飞机制造商,最多时可达 7 个当事人,在交易商构成三边甚至多边交易。

(2) 拟租赁飞机的型号、数量由承租人自己选定,出租人只负责按用户要求融资购买飞机,对于飞机的缺陷和交付延迟等赔偿的权利,均转让给承租人,但承租人不得拖欠或拒付租金。

(3) 完全支付。指在租期内,飞机只供某个特定的承租人使用,承租人支付的租金总额加上期末购买值足以抵偿出租人购买飞机的一切成本(购价及其他费用),其他费用由利息和手续费构成。这意味着出租人只需出租飞机一次即可收回对飞机的投资和预期利润。

2) 融资租赁的主要优点

(1) 融资租赁为航空公司提供迅速而灵活的资金融通渠道。通过全额的资金融通,缓解了航空公司资金不足的压力。

(2) 可以防止飞机陈旧化风险,使折旧更加合理。

(3) 可以避免通货膨胀的影响。

3）融资租赁的缺点

（1）与贷款购买和经营租赁比，融资租赁的交易结构十分复杂，涉及的当事人众多，交易费用较高，尤其是在杠杆租赁结构下。

（2）由于飞机的所有权不属于承租人，在某些方面限制了航空公司使用飞机，主要是指对飞机的处置权，如对飞机的技术改造、出售和抵押等。

（3）与经营租赁比，融资租赁在租期内退租非常困难。

4.4.1.4　经营租赁

经营租赁又称营运租赁、营业租赁等。从业务范围的角度看，经营租赁飞机是泛指融资租赁以外的一切飞机租赁形式。经营租赁是飞机租赁的基本形式之一，是承租人（或航空公司）从租赁公司租入所需要的飞机，租期较短，承租人在租期内按期支付租金，租期结束时，承租人可以续租或退租，但一般不可购买飞机，是一种可撤销的、不完全支付的短期的飞机融资方式。经营租赁的模式如图 4-51 所示。

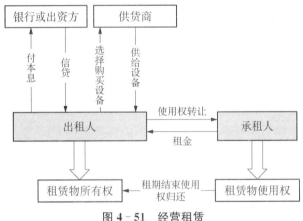

图 4-51　经营租赁

1）经营租赁特点

（1）可撤销。租赁期间，承租人可以在合理的范围内，终止租约，退还飞机，而且不用支付罚金。这使得航空公司可利用经营租赁方式，灵活地扩充机队，获得更先进更适用的飞机。

（2）不完全支付。是指在一次租期内出租人只能从租金中收回一部分购置飞机的费用，即一次租期内的租赁总额不是出租人购置飞机的全部费用，出租人需要多次出租同一架飞机方能收回对飞机的全部投资和取得预期收益。这一特点隐含着出租人的风险较大，因而租金通常也较高。

（3）租期较短。经营租赁飞机的租期十分灵活，可长可短，从短短数月至几年，一般为 3～5 年，远小于飞机的使用寿命。租期结束时，承租人可以要求续租或退租，但不可购买飞机。

2) 经营租赁的优势

(1) 经营租赁在交易结构上十分灵活,能较好地实现航空公司的经营策略。经营租赁的灵活性表现在交易结构简单、飞机交付时间短、租期短、租期内可以退租或更换飞机等,这种灵活性使得航空公司能较好地制定其经营策略。

(2) 经营租赁飞机不影响航空公司的财务状况。作为资产负债表外的租赁,经营租赁的租金直接计入航空公司营运成本,因此不会增加航空公司的负债,不提高资产负债率,对航空公司再融资不构成影响,这对改善航空公司的财务状况是十分有利的。

3) 经营租赁的缺点

(1) 经营租赁的最大缺点是租赁成本较高。

(2) 投入经营租赁市场的新飞机较少,限制了航空公司对飞机的选择。

4.4.2　飞机引进方式评价方法

不同的飞机引进方式会对航空公司的运营成本构成影响,因此,在选择飞机引进方式时有必要对各种引进方式进行经济评价。由于不论采用哪种方式引进飞机都不会对运营收入构成影响,因此在对各种飞机引进方式进行经济性评价时,只需要分析各种方式对飞机使用成本的影响,主要采用的方法有费用现值比较法和费用年值比较法。费用现值比较法也称为现值比较法,是以基准收益率分别计算各飞机引进方式的费用现值(PC)并进行比较,这种方法可视为净现值法的一个特殊情况,它是以所计算出来的费用现值最少的飞机引进方案为最优方案。费用年值比较法是指通过计算各飞机引进方案等额费用年值(AC)来进行方案比较和选择的一种方法,首先测算项目计算期内所有相关费用的现值,再按事先选定的基准收益率,折算为每年等额的费用(称为等额费用年值),并选择等额费用年值最小的方案作为最优方案。

正如前文所述,对于相同机型飞机的引进,航空公司更加关心的是不同引进方式的成本费用,因此,在介绍净现值法的基础上引入费用现值和费用年值概念对引进方式进行评价。

4.4.2.1　净现值法

净现值法是一种评价投资方案的方法,其实质是通过计算项目投资回报期内未来净现金流的现值与初始投资额现值的差(即净现值),并依据净现值的大小来评价项目投资方案的优劣,一般要求确保投资回报期内的净现值为正值。净现值的计算式如下:

$$NPV = \sum_{k=1}^{n} \frac{CF_k}{(1+r)^k} - I \qquad (4-40)$$

式中:CF_k 为第 k 期发生的净现金流量;n 为项目投资的回报期;r 为折现率;I 为初

始投资额现值。

净现值法所依据的原理是：假设预定的现金流入在年底肯定可以实现，并把原始投资看成是按一定的折现率借入的，当净现值为正数时偿还本息后该项目仍有剩余收益，当净现值为零时偿还本息后一无所获，当净现值为负数时该项目收益不足以偿还本息。即当 $NPV \geqslant 0$ 时，投资方案可行；当 $NPV < 0$ 时，投资方案不可行。

净现值法具有广泛的适用性，其应用的一个主要问题是如何确定折现率，简单地说有两种办法：一种是，根据企业的资本成本来确定；另一种是，根据企业要求的最低必要报酬率来确定。折现率的确定直接影响投资项目的取舍及选择。

4.4.2.2 费用现值法

费用现值是指用净现值指标评价投资方案的经济效果，要求用货币单位计算项目的收益，如销售收入额、成本节约额等。但是，有些项目的收益难以用货币直接计算，如安全保障、环境保护和劳动条件改善等。对于这类项目，若各备选方案能够满足相同的需要，则只需要比较它们的投资与经营费用。

$$PC = \sum_{t=1}^{n}(I+C-S_v-W)^t \times (P/F, r, t)$$

$$= \sum_{t=1}^{n} CO_t \times (P/F, r, t) \tag{4-41}$$

式中：PC 为费用现值；I 为全部投资，包括固定资产和流动资金；C 为年运营成本；S_v 为期末固定资产残值；W 为期末回收流动资金；CO_t 为各年净现金流出量；$(P/F, r, t)$ 为复利现值系数；n 为项目投资回收期。

进一步，可计算费用年值。费用年值是费用现值的一种延伸，适合于年限不同项目的比较评价。费用现值法是将投资回收期内所有年份的成本费用折算为现值，是成本费用的总量指标，但是投资回收期的长短明显会对费用现值产生影响。一般来说，在基准折现率一致的情况下，投资回收期越长，费用现值越大，反之则越小，这给比较多个年限不同项目的优劣带来困难，因此引入费用年值法。本质上讲，计算费用现值是计算费用年值的第一步，其计算式如下：

$$AC = \frac{PC}{(P/A, r, n)} \tag{4-42}$$

式中：AC 为费用年值；PC 为费用现值；$(P/A, r, n)$ 为年金现值系数；n 为项目投资回收期。

利用费用年值可以评价年限不同的项目之间的优劣，一般说来，费用年值越小，则该投资项目越优。

飞机引进方式的评价方法是基于概述里已经介绍过的净现值法和费用现值法。本节对不同的飞机引进方式分别展开分析，包括：自有资金购买引进方式评价、贷款购买引进方式评价、融资租赁引进方式评价和经营租赁引进方式评价。

1）自有资金引进方式评价

（1）自有资金购买方式的成本构成。

a. 飞机购买价格。

b. 预付款利息。航空公司在订购飞机时，需向飞机制造厂商支付预付款，由于飞机制造商并不向航空公司支付利息费用，因此，在经济评价时必须考虑预付款的利息。其中，预付款总额根据飞机畅销程度的不同通常为飞机价格的 20%～30%；飞机预付款的支付周期、支付次数以及每次支付的比例没有固定的模式，视飞机订购时间以及飞机制造进度而定。

c. 飞机进口环节税费。按中华人民共和国海关总署规定，航空公司在进口飞机时必须缴纳关税和进口环节增值税；同时，由于我国航空公司的飞机进口常由进口代理商代为采购，因此，航空公司还需支付飞机进口报关手续费给进口代理商。飞机进口关税税率和进口环节增值税率分别按优惠税率 1% 和 6% 计算。飞机进口报关手续费原则上不超过飞机总价的 2.6%。

$$进口关税 = 飞机购买价格 \times 关税税率$$
$$增值税 = 飞机购买价格 \times (1 + 关税税率) \times 增值税税率$$
$$报关手续费 = (关税 + 增值税) \times 报关手续费率$$

d. 飞机保险费。飞机保险的主要险种包括机身一切险（含零备件保险）、机身战争险、法定责任险、免赔额保险等。机身一切险费率为机队价值的 0.121 4%，零备件一切险费率为 0.040 5%；旅客责任险保险费按照航空公司的收益客公里计算；货物邮件责任险按每千元收入 0.404 美元计费；机身战争险按飞机价值的 0.045 5% 计收；免赔额保险费率为：宽体飞机每架 9 225 美元，窄体飞机每架 4 612.5 美元。飞机保险为年度保险，保险费分 4 期支付。

$$飞机保险费 = 机身一切险 + 责任险 + 机身战争险 + 免赔额保险$$

e. 折旧期末残值：

$$折旧期末残值 = 飞机总值 \times 折旧期末残值率$$

f. 年节省所得税。根据国家规定，民航企业所得税税率实交 18%，因此，年节省所得税＝每年计提折旧额×所得税税率。

（2）自有资金购买方式的费用现值。

费用现值＝（飞机购买价格＋预付款利息＋飞机进口环节税费）＋（飞机保险费 /4）×（P/A，投资收益率 /4，折旧期×4）－折旧期末残值×（P/F，投资收益率，折旧期）－年节省所得税×（P/A，投资收益率，折旧期）

2）贷款购买引进方式评价

（1）贷款购买方式的成本构成。

a. 飞机购买价格。

b. 预付款利息。计算方法与自有资金购买方式相同。预付款可由自有资金支付，也可用贷款支付。

c. 一次性交易费用。贷款购买时，借款人有可能须向贷款人支付一次性交易费用，如承诺费。

d. 二手飞机评估费。如购买的飞机为旧飞机，则航空公司还需承担二手飞机评估费。

e. 飞机进口环节税费。计算方法与自有资金购买方式相同。

f. 银行年担保费。费率通常为飞机价值的 $0.2\% \sim 0.3\%$。

$$银行年担保费 = 飞机价格 \times 担保费率$$

g. 飞机保险费。计算方法与自有资金购买方式相同。

h. 折旧期末残值。计算方法与自有资金购买方式相同。

i. 每年计提折旧额。计算方法与自有资金购买方式相同。

j. 年节省所得税。包括两部分，一部分是年计提折旧额所节省的所得税，计算方法与自有资金购买方式相同；另一部分是贷款利息所节省的所得税，其中年贷款利息额取决于采用何种还贷方式。

$$贷款利息所节省的所得税 = 年贷款利息额 \times 所得税税率$$

（2）贷款购买方式的费用现值和费用年值。

费用现值 =（飞机购买价格 + 预付款利息 + 一次性交易费用 + 二手飞机评估费 + 飞机进口环节税费）+ 银行年担保费 $\times (P/A,$ 贷款利率, 贷款期）+（飞机保险费 $/4) \times (P/A,$ 贷款利率 $/4,4$ 折旧期）- 折旧期末残值 $\times (P/F,$ 贷款利率, 折旧期）- 年计提折旧额节省所得税 $\times (P/A,$ 贷款利率, 折旧期）- 年贷款利息节省所得税 $\times (P/A,$ 贷款利率, 贷款期）

3）融资租赁引进方式评价

（1）融资租赁方式的成本构成。

a. 每期固定租金。融资租赁飞机的租金一般每半年支付一次，期末支付。数额在租赁合同中规定。

b. 租金预扣所得税。按照我国税法规定，外国出租人从我国承租人处取得的租金收入必须征收 20% 的租金预扣所得税。目前，融资租赁飞机租金预扣所得税按租金利息的 10% 征收。在支付每期租金时，向国家税务总局交纳。

c. 预付款利息。计算方法与自有资金购买方式相同。预付款可由自有资金支付,也可用贷款支付。

d. 安排费用。安排费用是租赁交易成功后支付给安排人的报酬。在实际的飞机租赁交易中,安排费用既可以按飞机价格的一定比例一次性支付,也可以打入租金总额,随租金分期支付。

e. 前期费用。是租赁双方在租赁交易开始之前发生的联络费用,如差旅费、电信费等。按飞机租赁交易的惯例,如租赁交易最终没有成功,则租赁双方各自承担该项费用;如交易成功,则将前期费用打入租赁成本,或一次性支付,或由租金分期支付。

f. 管理费用。在融资租赁飞机交易中,出租人购买飞机所需的资金大部分通过银团贷款获得。管理费是支付给银团贷款中的牵头银行的费用,一般按飞机价格的一定比例计算。

g. 出租人注册费。融资租赁交易中的出租人常是一家特殊目的公司(SPC),它是专门为该项租赁交易而临时设立的,因此,需要由承租人承担注册费。

h. 代理费。代理费是支付给银团贷款中的代理银行的费用。

i. 律师费。由于融资租赁交易十分复杂,法律条文众多,因此需要聘请专职律师起草和审核租赁协议。律师费就是支付给这些专职律师的报酬。

j. 飞机进口环节税费。可以按照飞机价格计算,也可以按照租金计算。若按照飞机价格计算,则为一次性支付,计算式与自有资金购买方式相同。若按照租金计算,则为分期支付,式为

$$每期关税 = 每期租金 \times 关税税率$$
$$每期增值税 = 每期租金 \times (1 + 关税税率) \times 增值税税率$$
$$报关手续费 = (关税 + 增值税) \times 报关手续费率$$

k. 每期节省所得税。

$$每期节省所得税 = 每期租金 \times 所得税税率$$

l. 银行年担保费。计算方法与贷款购买方式相同。

m. 飞机保险费。计算方法与自有资金购买方式相同。

n. 期末购买值。在融资租赁租期结束后,承租人可以按照约定的期末购买值购买该架飞机。期末购买值比例没有明确规定,视租赁方式的不同和租赁双方谈判的结果而定。本节中设定为32%。

$$期末购买值 = 飞机购买价格 \times 期末购买值比例$$

(2) 融资租赁方式的费用现值。

a. 租期结束后购买的情况。

费用现值 ＝（每期固定租金＋租金预扣所得税＋飞机进口环节税费－租期内每期节省所得税）×$(P/A,$贷款利率$/2,2$租期）＋（管理费用＋代理费＋银行年担保费）×$(P/A,$贷款利率,租期）＋（安排费用＋前期费用＋出租人注册费＋律师费＋预付款利息）＋期末购买值×$(P/F,$贷款利率,租期）＋（飞机保险费$/4$）×$(P/A,$贷款利率$/4,4$折旧期）－租期结束后年节省所得税×$(P/A,$贷款利率,（折旧期－租期））×$(P/F,$贷款利率,租期）－折旧期末残值×$(P/F,$贷款利率,折旧期）

b. 租期结束后不购买的情况。

租期结束后,如承租人不购买该架飞机,与租期结束后购买的方式比较,承租人有可能承担残值差额的风险,但租期结束后的一切费用项目都不再会发生。另外由于租期一般短于折旧期,在计算费用现值时,以折旧期作为共同分析期。

费用现值 ＝［（每期固定租金＋租金预扣所得税＋飞机进口环节税费－租期内每期节省所得税）×$(P/A,$贷款利率$/2,2$租期）＋（管理费用＋代理费＋银行年担保费）×$(P/A,$贷款利率,租期）＋（飞机保险费$/4$）×$(P/A,$贷款利率$/4,4$租期）＋（安排费用＋前期费用＋出租人注册费＋律师费＋预付款利息）］×$(A/P,$贷款利率,租期）×$(P/A,$贷款利率,折旧期）

4）经营租赁引进方式评价

（1）经营租赁方式的成本构成。

a. 每期固定租金。经营租赁飞机租金一般每月支付一次,期初支付。具体数值在租赁合同中规定。

b. 飞机协议价格。是指出租人以报价当时同类飞机及其新旧程度在世界飞机市场的经济价格为基础,加上出租人从飞机制造厂商或前任承租人那里将飞机重新租给新的承租人整个过程中发生的成本支出后,再按105%～115%的幅度定出新的承租人将面临的飞机成本价值。

c. 租金预扣所得税。计算方法与融资租赁方式相同。

d. 一次性交易费用。是租赁双方在租赁交易过程中发生的相关费用,如差旅费、电信费等,由承租人一次性支付。

e. 定金初始投资。定金是飞机租赁公司为防止承租人在租赁期内违约或过劳使用飞机而向承租人收取的费用。按国际惯例,定金的数额通常为3个月租金,于租赁开始日由承租人随首期租金一起支付给出租人。租期结束时,如承租人未违约,则出租人全额退还定金（不含利息）,但若承租人发生违约事件,则定金有可能部分甚至全部收不回。

f. 小时架次费用。出租人一般根据世界各大航空公司同类飞机平均每一起降飞行小时数的比率来要求承租人,从而减少飞机的起落次数,延长飞机的经济使用寿命。承租人若达不到出租人的比率要求,则需要每月底按其实际比率与出租人要求比率的架次差别并按出租人规定的架次征收费用计算出每月应支付给出租人的小时/架次比费用。

　　g. 大修理基金。是在租期内储备以备将来定期应进行的飞机、发动机、起落架及主要零部件大修理所需的资金。承租人对飞机大修理基金的处理一般有两种选择。

　　a) 承租人承担大修理基金费用。承租人可选择采用按飞机每月实际飞行小时并按出租人规定的每小时大修费率计得每月大修费,按月付给出租人,而飞机返机条件中承租人不再承诺进行任何单独的属于大修理基金支出范围内的各项飞机、发动机修理项目。

　　b) 承租人不承担大修理基金费用。承租人也可考虑不用支付大修理基金。然而,出租人为保证其飞机价值与重新投入市场的可靠性和可行性,在承租人要求不支付大修理基金的情况下,出租人必将从其他方面如月租金、飞机返机条件等方面谋求经济补偿。

　　h. 返机大修理费。在承租人不支付大修理基金的情况下,承租人必须承担返机前的大修理任务,由此产生的返机大修理费。如承租人支付了大修理基金,则返机前不再承担大修理任务,但需承担必要的返机维护成本。

　　i. 租期末定金收回。租期结束时,如承租人没有违约事件发生,则出租人将全额退还定金,但不计利息。

　　j. 银行年担保费。费率通常为 0.2%～0.3%。

$$银行年担保费 = 飞机协议价格 \times 担保费率$$

　　k. 飞机保险费。计算方法与自有资金购买方式相同。

　　l. 飞机进口环节税费。计算方法与融资租赁方式相同。

　　m. 每期节省所得税。计算方法与融资租赁方式相同。

　　(2) 经营租赁方式的费用现值。

　　经营租赁的租期较短,明显短于折旧期,因此在计算费用现值时,以折旧期作为共同分析期。

　　费用现值 = [(每期固定租金 + 租金预扣所得税 + 飞机进口环节税费 - 每期节省所得税) $\times (F/P,$ 贷款利率 $/12,1) \times (P/A,$ 贷款利率 $/12,12$ 租期) + 银行年担保费 $\times (P/A,$ 贷款利率, 租期) + (飞机保险费 $/4) \times (P/A,$ 贷款利率 $/4,4$ 租期) + (一次性交易费用 + 定金初始投资) + (返机大修理费 - 租期末定金收回) $\times (P/F,$ 贷款利率, 租期) + (小时架次费用 + 大修理基金) $\times (P/A,$ 贷款利率 $/12,12$ 租期)] $\times (A/P,$ 贷款利率, 租期) $\times (P/A,$ 贷款利率, 折旧期)

4.4.3　飞机引进方式优选案例

　　假设国内某初具规模的航空公司 A 公司,目前经营状况良好,现金流充沛。公司适用的所得税率为 18%。现公司经过对国内航空市场进行充分的调查与研究后，发现国内某些地区的客、货运输紧张，存在供不应求的局面，为缓解该地区供不应求的状况，公司对在该地区新增航班的经济性做了详细分析，财务分析显示，新增航班能够增加公司在该地区的市场份额，增强公司的盈利能力。同时，随着新航线的开辟，在一定程度上能促使公司在竞争中继续保持不断发展的势头，最后实现公司创造经济效益、赚取利润的目的。因而，公司董事会决定尽快增加运力，引进 B737 - 300 飞机一架。于是，公司派出相关人员进行调查了解，收集资料，发现可引进的方式有以下 4 种。

方案一：自行购买。公司向财务部门了解到，该公司目前有充足的现金流，若自行向波音公司购买，则该飞机的购买价格为 3 000 万美元，并且，波音公司要求，在订购飞机时，需向波音公司支付预付款，预付款总额为飞机总价的 20%。该预付款分 4 次支付，每半年支付一次。该飞机于 2010 年 1 月 1 日交付。如这笔资金不用于购买飞机，则公司打算将这笔资金用于其他投资，预计投资率为 5%。该飞机的进口环节各项税率为：关税税率 1%，增值税率 6%，报关手续费 2%。飞机保险费为年度保险，每季度支付一次。

方案二：贷款购买。如公司不打算用自有资金购买，也可选择向银行贷款。公司在对多家银行进行了解协商后，发现日本富士银行给予的条件最为优惠。日本富士银行的贷款条件是：不动产抵押贷款，贷款金额为 3 000 万美元，贷款利率为年利率 6%，利息每年支付一次，到期偿还本金，贷款年限为 10 年。无一次性交易费用。

方案三：融资租赁。花旗银行组成的银团愿意为公司提供融资租赁方式，具体租赁条件为：出租人愿意为公司出租一架全新的 B737 - 300 飞机，飞机于 2010 年 1 月 1 日交接。飞机租期 10 年，租金于每半年支付一次，期末支付，每年租金 171.16 万美元。若租期结束后，公司选择购买，则期末购买值为 960 万美元。

方案四：经营租赁。公司也可以采取经营租赁的方式。具体条件为：经营租赁的租期 8 年，每年租金 28 万美元，租金于每月初支付，每年租金预扣所得税 2.8 万美元。该飞机的定金初始投资为 84 万美元，返机大修费 120 万美元，小时架次费用 0.1 万美元，一次性交易费用为 2 万美元。

各种方式引进 B737 - 300 飞机的相关数据，如表 4 - 30 所示。

表 4 - 30　各种方式引进 B737 - 300 飞机时的相关数据　　　单位：万美元

引进方式 项目	自有资金购买	贷款购买	融资租赁	经营租赁	引进方式 项目	自有资金购买	贷款购买	融资租赁	经营租赁
飞机价格	3 000	3 000			预付款比例	20%	20%	20%	
预付款支付次数	4 次	4 次	4 次		预付款支付周期	24 月	24 月	24 月	

(续表)

引进方式 项目	自有资 金购买	贷款 购买	融资 租赁	经营 租赁	引进方式 项目	自有资 金购买	贷款 购买	融资 租赁	经营 租赁
投资收益率	5.00%				贷款利率		6.00%		
贷款年限(年)		10			贷款比例		100%		
二手飞机评估费	0	0			一次性交易费用		0		2
年银行担保费		0			每期固定租金			171.16	28
租期(年)			10	8	每期预扣所得税			6.2	2.8
安排费用			30		前期费用			4	
年管理费用			36		出租人注册费			1.5	
年代理费			1		律师费			5	
年银行担保费			6	8.25	期末购买值			960	
定金初始投资			84		小时/架次费用				0.1
返机大修理费			120		大修理基金				0
组期末定金收回			84		飞机保险费	20	20	20	20

要求：根据以上条件,结合企业自身状况,选择最优的飞机引进方式。

分析思路：在本案例中,给出了飞机引进的 4 种方式以及各自的条件,分析可知要选择最优的飞机引进方式,关键是需要计算不同引进方式下各年发生的总的费用的现值与平均每年的费用年值,其次再将各种不同方式下的费用现值与费用年值进行比较,费用现值或费用年值最低的引进方式,意味着在这种引进方式下,企业发生的各项费用是最低的,因而也就是最优的,这便是所应该选取的飞机引进方式。在下面的小节中,将以本案例为例,详细介绍各种引进方式下的费用现值的计算。

方案一：自行购买。

费用现值的计算,主要是将自购方式下各年发生的费用支出按照一定的贴现率将其折现到期初,在本例中,费用贴现的期初为 2010 年 1 月 1 日。自购方式下的各项费用发生明细如下。

1) 自有资金购买方式下各项费用支出

本节主要介绍本案例中在自有资金购买方式下的发生的各项费用组成。在自有资金方式下发生的各项费用主要有：

(1) 期初飞机的购买价格。在自行购买方式下,企业需于 2010 年 1 月 1 日向波音公司支付飞机价款 3 000 万美元。

(2) 预付款利息。按照合同规定,公司需在飞机交付前一年,向波音公司支付预付款,预付款金额为飞机价格的 20%,即 600 万美元。由于预付款是在飞机交付

前一年支付,因而这一年的利息构成了自有资金方式下发生的费用支出。预付款利息的计算如下:

$$600 \times 5\% = 30 \text{ 万美元}$$

(3) 进口环节税费。公司需在购买飞机时一次性交纳飞机进口环节税费。主要包括关税、增值税以及报关手续费。其中关税税率 1%,增值税税率 6%,报关手续费 2%。各项税费的计算如下(以万美元为单位):

$$进口关税 = 买价 \times 关税税率 = 3\,000 \times 1\% = 30 \tag{4-43}$$

$$\begin{aligned} 增值税 &= 飞机购买价格 \times (1 + 关税税率) \times 增值税税率 \\ &= (3\,000 + 30) \times 6\% \\ &= 181.8 \end{aligned} \tag{4-44}$$

$$\begin{aligned} 报关手续费 &= (关税 + 增值税) \times 报关手续费率 \\ &= (30 + 181.8) \times 2\% \\ &= 4.236 \end{aligned} \tag{4-45}$$

$$飞机进口环节税费合计 = 30 + 181.8 + 4.236 = 216.036 \tag{4-46}$$

(4) 飞机保险费。飞机的保险费为年度保险,分 4 次支付。它的计算方式,在本章 4.3 中已有论述。在本例中,假设该飞机的年度保险为 20 万美元。每季度末支付一次,每次支付 5 万美元。

2) 自有资金购买方式下各项费用节约

(1) 飞机折旧节省所得税。由于税法规定,企业自行购买的飞机,需提取折旧,且折旧额允许在交纳所得税前进行抵扣。假设公司的折旧政策与税法规定的一致,飞机折旧年限为 15 年,残值率为 5%,按直线法提取折旧,则其计算式如下:

$$\begin{aligned} 固定资产原值 &= 飞机买价 + 预付款利息 + 飞机进口环节税费 \\ &= 3\,000 + 38.45 + 216.036 = 3\,254.486 \end{aligned} \tag{4-47}$$

$$\begin{aligned} 每年折旧 &= 固定资产原值 \times (1 - 残值率) / 使用年限 \\ &= 3\,254.486 \times (1 - 5\%)/15 = 206.117\,5 \end{aligned} \tag{4-48}$$

$$\begin{aligned} 每年折旧节省所得税 &= 每年折旧额 \times 所得税率 \\ &= 206.117\,5 \times 18\% = 37.101\,2 \end{aligned} \tag{4-49}$$

(2) 残值。采取自购方式引进飞机,飞机的所有权属于航空公司,因而飞机报废时的残值收入构成了购买飞机成本的抵减项目。残值的计算为

$$残值 = 固定资产原值 \times 残值率 = 3\,254.486 \times 5\% = 162.724\,3 \tag{4-50}$$

自有资金购买方式下各项费用发生的金额及日期,如表 4 - 31 所示。

表 4 - 31　自有资金购买方式下各项费用发生的金额及日期

项目	金额/万美元	贴现率	日期	注　释
飞机购买价格	3 000	0	0	发生在 2010.1.1,设定为期初 0
预付款利息	38.45	0	0	同上
飞机进口环节税费	216.036	0	0	同上
飞机保险费	5	1.50%	1~60	每季度末发生,在飞机使用年限内,总共 15 年×4=60
折旧节省所得税	37.101 2	5%	1~15	每年末发生,在飞机折旧年限内,共 15 次
折旧期末残值	162.724 3	5%	第 15 年末	在飞机报废时发生

自行购买飞机费用现值 =(飞机购买价格 + 预付款利息 + 飞机进口环节税费)+(飞机保险费 /4)×(P/A,投资收益率 /4,折旧期 ×4)− 折旧期末残值 ×(P/F,投资收益率,折旧期)− 年节省所得税 ×(P/A,投资收益率,折旧期)

$$= 3\,254.486 + 5 \times (P/A,\ 1.5\%,\ 60) - 162.724\,3 \times (P/F,\ 5\%,\ 15) -$$
$$37.101\,15 \times (P/A,\ 5\%,15)$$
$$= 2\,988.016 \tag{4-51}$$

方案二:贷款购买。

如果公司没有充足的现金流自行购买飞机,但又愿意拥有飞机的所有权,这时企业可以选择向银行贷款购买。下面我们将对贷款购买方式下费用现值或年值进行计算。

1) 贷款购买方式下各项费用支出

(1) 贷款利息的支付与每年本金的偿还。在贷款方式下,尽管银行会先贷款给航空公司,但在贷款年限内,公司必须每年支付利息,且到期日偿还本金。利息与本金的现值构成了企业购买飞机的价款。这一金额的现值为 3 000 万美元。

(2) 预付款利息,金额 30 万美元。与自行购买方式相同。

(3) 一次性交易费用。在本例中,富士银行给出了最优惠条件,无一次性交易费用,因而其金额为 0。

(4) 二手飞机评估费。本例中,由于贷款方式购买引进的飞机为全新的。故没有二手飞机评估费,其金额为 0。

(5) 银行年担保费。在本例中,没有银行年担保费,故其金额为 0。

(6) 飞机保险费。与自行购买方式下的保险费相同,金额为 5 万美元。

2) 贷款购买方式下各项费用节约

(1) 飞机折旧节省所得税。由于是购买飞机,飞机的所有权属于企业,税法要求提取折旧,并且折旧费用可以在缴纳所得税前抵扣。金额仍然为 37.101 2 万美元。其计算方式参照本章 4.4.1 的飞机折旧节省所得税。

(2) 年贷款利息节省所得税。企业向银行贷款,每年需向银行支付利息。按照税法的规定,企业向银行贷款支付的利息,允许在交纳所得税前抵扣。因而贷款利息可以节省所得税。其计算式如下:

$$每年支付给银行的利息 = 贷款本金 \times 利率 \qquad (4-52)$$
$$= 3\,000 \times 6\% = 180$$

$$贷款利息节省所得税 = 利息 \times 所得税率 = 180 \times 18\% = 32.4 \quad (4-53)$$

(3) 残值。与自购一样,飞机的所有权属于航空公司,因而飞机报废时的残值收入构成了购买飞机成本的抵减项目。残值金额 162.724 3 万美元。

贷款购买方式下各项费用发生的金额及日期,如表 4-32 所示。

表 4-32　贷款购买方式下各项费用发生的金额及日期

项　　目	金额/万美元	贴现率	日期	注　释
飞机购买价格	3 000	0	0	发生在 2010.1.1,设定为期初 0
预付款利息	38.45	0	0	同上
飞机进口环节税费	216.036	0	0	同上
一次性交易费用	0	0	0	同上
二手飞机评估费	0	0	0	同上
飞机保险费	5	1.50%	1~60	每季度末发生,在飞机使用年限内,总共 15 年×4=60
利息节省所得税	32.4	6%	1~10	贷款年限为 10 年,利息每年末支付一次
银行年担保费	0	6%	1~10	
折旧节省所得税	37.101 2	6%	1~15	每年末发生,在飞机折旧年限内,共 15 次
折旧期末残值	162.724 3	6%	第 15 年末	在飞机报废时发生

费用现值=(飞机购买价格+预付款利息+一次性交易费用+二手飞机评估费+飞机进口环节税费)+银行年担保费×(P/A,贷款利率,贷款期)+(飞机保险费/4)×(P/A,贷款利率/4,4 折旧期)−折旧期末残值×(P/F,贷款利率,折旧期)−年计提折旧额节省所得税×(P/A,贷款利率,折旧期)−年贷款利息节省所得税×(P/A,贷款利率,贷款期)

$$= 3\,254.486 + 0 + 5 \times (P/A, 6\%/4, 4 \times 15) - 162.724\,3 \times (P/F, 6\%, 15)$$
$$- 69.501\,2 \times (P/A, 6\%, 15)$$
$$= 2\,708.776$$

方案三：融资租赁。

融资租赁引进方式下，在租赁期结束时，企业可以选择购买飞机，也可以选择不购买飞机。首先我们计算租期结束购买飞机的情况

1）租期结束购买飞机

在公司租期结束购买飞机的情况下，企业所发生的费用包括以下部分。

（1）飞机交付初期发生的费用。

根据本章4.3我们知道，尽管在融资租赁方式下，不需要在飞机交付日向飞机制造商立刻支付飞机的购机款，但仍然需要支付跟融资租赁相关的一些安排经费，这些费用包括：

a. 安排费用。在本例中，在租赁成功后，公司支付给安排人的费用为30万美元。

b. 前期费用。本例中，公司为租赁而发生的差旅费、通信费等前期费用合计4万美元。

c. 出租人注册费。本例中的出租人是由花旗银行等银团组成的一家特殊目的公司，其注册费为1.5万美元。

d. 律师费。由于进行融资租赁，需聘请专业的律师进行相关咨询。本例中的律师费为5万美元。

e. 预付款利息。在融资租赁方式下，公司仍然需要向波音公司支付订购飞机的预付款项。

（2）融资租赁下每半年支付/节省的费用。

a. 每半年支付的租金。在本例中，公司向出租方每半年支付租金171.16万美元，总共支付10年。共20次。

b. 租金预扣所得税。按照我国税法规定，外国出租人从我国承租人处取得的租金收入必须征收租金预扣所得税。

c. 飞机进口环节税费，按照税法规定，在融资租赁方式下引进飞机时，仍然需要交纳关税、增值税以及报关手续费。本例中，我们按租金计算融资租赁引进方式下的进口环节税费（以万美元为单位）：

$$每期关税 = 每期租金 \times 关税税率 = 171.16 \times 1\% = 1.711\,6 \qquad (4-54)$$

$$\begin{aligned}每期增值税 &= 每期租金 \times (1 + 关税税率) \times 增值税税率 \\ &= (171.16 + 1.711\,6) \times 6\% \\ &= 10.372\,3\end{aligned} \qquad (4-55)$$

$$\begin{aligned}报关手续费 &= (关税 + 增值税) \times 报关手续费率 \\ &= (1.711\,6 + 10.372\,3) \times 2\% \\ &= 0.241\,7\end{aligned} \qquad (4-56)$$

飞机进口环节税费 $= 1.7116 + 10.3723 + 0.2417 = 12.3256$ （4-57）

d. 租期内每期节省所得税。按照税法规定，公司所交纳的租金作为费用，允许在交纳所得税前扣除。因而得

$$
\begin{aligned}
租期内每期节省所得税 &= 每期租金 \times 所得税税率 \\
&= 171.16 \times 18\% = 30.8088
\end{aligned}
\tag{4-58}
$$

（3）融资租赁引进方式下每年发生的费用。

a. 管理费用。公司支付给银团贷款中牵头银行的费用，每年 36 万美元。

b. 代理费。公司支付给代理银行的费用。每年 1 万美元。

c. 银行年担保费。本例中，为 6 万美元。

（4）其他费用支出/节省。

a. 保险费。每季度支付，与自行购买方式相同，金额 5 万美元。

b. 租期结束后飞机的购买费用。本例中，合同约定，租期结束后若企业自行购买，则需支付飞机的购买价款 960 万美元。

c. 租期结束后年节省所得税。融资租赁期结束后，企业选择购买飞机。因而租期结束后，公司已经拥有了飞机的所有权，需要对飞机提取折旧。按照税法规定，企业折旧允许税前抵扣。折旧节省所得税的金额为 37.1012 万美元。

d. 残值。与自购一样，在租期结束后选择购买，飞机的所有权属于企业，残值收入构成了企业的一项成本节约。残值金额为 162.7243 万美元。

费用现值 =（每期固定租金+租金预扣所得税+飞机进口环节税费−租期内每期节省所得税）×(P/A,贷款利率/2,2 租期)+（管理费用+代理费+银行年担保费）×(P/A,贷款利率,租期)+（安排费用+前期费用+出租人注册费+律师费+预付款利息）+期末购买值×(P/F,贷款利率,租期)+（飞机保险费/4）×(P/A,贷款利率/4,4 折旧期)−租期结束后年节省所得税×(P/A,贷款利率,(折旧期−租期))×(P/F,贷款利率,租期)−折旧期末残值×(P/F,贷款利率,折旧期)

$= 146.7929 \times (P/A, 3\%, 20) + 43 \times (P/A, 6\%, 10) + 78.95 + 960 \times (P/F, 6\%, 10) + 5 \times (P/A, 1.5\%, 60) - 37.1012 \times (P/A, 6\%, 5) \times (P/F, 6\%, 10) - 162.7243 \times (P/F, 6\%, 15)$

$= 3044.53$

2）期末不购买

在融资租赁引进飞机方式下，当租期结束，承租人选择不购买飞机时，其所发生的费用与租期结束购买飞机相比，存在以下差异。

（1）融资租赁下期末购买与不购买飞机发生的费用差异，如表 4-33 所示。

表 4-33 融资租赁下期末购买与不购买飞机发生的费用差异

异同	项 目	租期结束后购买	租期结束后不购买	备 注
相同点	预付款利息	0	0	发生在 2010.1.1,设定为期初 0
	安排费用	0	0	同上
	前期费用	0	0	同上
	律师费	0	0	同上
	出租人注册费	0	0	同上
	飞机进口环节税费	1～20	1～20	随同租金支付,每半年支付一次
	租金节省所得税	1～20	1～20	每半年一次
	租金	1～20	1～20	每半年支付一次
	租金预扣所得税	1～20	1～20	随同租金支付,每半年支付一次
	银行年担保费	1～10	1～10	每年一次
	管理费用	1～10	1～10	每年一次
	代理费	1～10	1～10	每年一次
不同点	飞机保险费	1～60	1～40	
	租期结束后年节省所得税	第11～15年	无	
	折旧期末残值	第15年末	无	
	期末购买值	第10年末	无	
	飞机经营年限	15年	10年	前者在飞机的使用年限内,后者则在租赁年限内

　　如表 4-33 所示,在选择融资租赁方式下,期末不购买飞机与期末购买飞机所发生的费用的差异主要表现如下。

　　a. 飞机保险费。当在租赁期末选择购买时,租期结束后,飞机的所有权归企业,飞机可以继续使用,因而需要继续购买保险,飞机的保险费在飞机整个使用年限内(本例中为 15 年)支出,而当租赁期满选择不购买时,租期结束后,企业不能再使用飞机,因而租期结束后便没有了保险费。

　　b. 租赁期结束后,年节省所得税。在承租人选择租赁期结束购买飞机时,由于飞机的所有权归企业,因而租赁期结束后,飞机提取的折旧会抵扣所得税。而当租赁期结束投资者不进行购买时,租赁期结束后,飞机不再归企业所有和使用,没有折旧,因而也不会抵税。

　　c. 折旧期末残值。在承租人选择租期结束购买飞机时,由于飞机的所有权归航空公司,因而飞机报废时的残值收入当然归公司所有。而在承租人选择不购买时,飞机的所有权不属于企业,没有残值收入。

　　d. 期末购买值。当选择租期结束购买飞机时,企业会按合同规定支付现金给出租人,本例中,其金额为 960 万美元。当选择租期结束不购买飞机时,没有这一项现金流出。

e. 飞机经营年限。在选择购买的情况下,由于拥有飞机的所有权,因而飞机的经营年限等于飞机的使用年限。而在选择不购买的情况下,飞机的经营年限等于飞机的租赁年限。

(2) 不购买飞机条件下费用现值的计算。

前面已有论述,由于选择购买时公司经营飞机的年限为 15 年,而选择不购买飞机时公司经营飞机的年限为 10 年,为了便于两种方案的比较,我们把不购买飞机条件下的费用现值乘以 $(A/P,$ 贷款利率, 租期$)$,再乘以 $(P/A,$ 贷款利率, 折旧期$)$,折算至飞机的使用年限 15 年,其计算式为

费用现值 ＝ [(每期固定租金 ＋ 租金预扣所得税 ＋ 飞机进口环节税费 － 租期内每期节省所得税) $\times(P/A,$ 贷款利率 $/2, 2$ 租期$)$ ＋ (管理费用 ＋ 代理费 ＋ 银行年担保费) $\times(P/A,$ 贷款利率, 租期$)$ ＋ (飞机保险费 $/4)\times(P/A,$ 贷款利率 $/4, 4$ 租期$)$ ＋ (安排费用 ＋ 前期费用 ＋ 出租人注册费 ＋ 律师费 ＋ 预付款利息)] $\times(A/P,$ 贷款利率, 租期$)\times(P/A,$ 贷款利率, 折旧期$)$

$$= [146.792\,9\times(P/A,3\%,20)+43\times(P/A,6\%,10)+5\times(P/A,1.5\%,40)+78.95]\times(A/P,6\%,10)\times(P/A,6\%,15)$$

$$= 3\,601.04$$

方案四:经营租赁。

当企业选择经营租赁方式引进飞机时,其所发生的费用如下。

1) 飞机交付初期发生的费用

(1) 一次性交易费用。由承租人一次性支付的租赁相关费用,金额为 2 万美元。

(2) 定金初始投资。按照合同规定,承租人在飞机租赁初期需向出租方支付定金 84 万美元。

2) 每月初支付的费用

(1) 每期固定租金。按合同规定,在租期内,承租人需每月向出租人支付固定租金 28 万美元。

(2) 租金预扣所得税。按照税法规定,在支付租金时,需向国家税务总局交纳预扣所得税,其金额为 2.8 万美元。

(3) 飞机进口环节税费。按税法规定,在经营租赁方式下,公司仍然需要交付进口环节税费。其计算式为(以万美元为单位)

$$每期关税 ＝ 每期租金 \times 关税税率 ＝ 28\times1\% ＝ 0.28 \qquad (4-59)$$

$$
\begin{aligned}
每期增值税 &= 每期租金 \times (1 + 关税税率) \times 增值税税率 \\
&= (28 + 2.8) \times 6\% \\
&= 1.848
\end{aligned} \tag{4-60}
$$

$$
\begin{aligned}
报关手续费 &= (关税 + 增值税) \times 报关手续费率 \\
&= (0.28 + 1.848) \times 2\% \\
&= 0.042\,6
\end{aligned} \tag{4-61}
$$

$$
飞机进口环节税费 = 0.28 + 1.848 + 0.042\,6 = 2.170\,6 \tag{4-62}
$$

（4）每期节省所得税。按照税法规定，企业支付的租金，作为一项费用允许税前扣除。其计算式为

$$
\begin{aligned}
每期节省所得税 &= 每期租金 \times 所得税率 \\
&= 28 \times 18\% \\
&= 5.04
\end{aligned} \tag{4-63}
$$

3）每月末支付的费用

（1）小时架次费用。每月承租人需向出租方支付的小时架次费用为 0.1 万美元。

（2）大修理基金。在本例中，合同约定，承租人不需承担大修理基金费用。因而其金额为 0。

4）其他费用

（1）每年银行担保年费。与贷款购买方式相同，每年需向银行支付的担保费为 8.25 万美元。

（2）保险费。与前几种引进方式相同，每季度保险费 5 万美元。

（3）返机大修理费。在本例中，由于没有大修理基金，因而，承租人必须承担返机前的大修理费。预计返机大修理费金额为 120 万美元。

（4）租期末定金收回。本例中，初始定金 84 万美元，租期结束后，收回定金 84 万美元。

经营租赁方式下各项费用发生的金额及日期如表 4-34 所示。

表 4-34　经营租赁方式下各项费用发生的金额及日期

项　目	金额/万美元	贴现率	日期	注　释
飞机进口环节税费	2.170 6	0.05%	1~96	每月初支付
一次性交易费用	2	0	0	期初支付
飞机保险费	5	1.50%	1~32	每季度支付
定金初始投资	84	0	0	期初支付

项　目	金额/万美元	贴现率	日期	注　释
返机大修理费	120	6%	8	租期结束后支付
期末定金收回	84	6%	8	租期结束后支付
小时架次费用	0.1	0.05%	1～96	每月末支付
大修理基金	0	0.05%	1～96	每月末支付
银行年担保费	8.25	6%	1～8	每年支付
租金	28	0.05%	1～96	每月初支付
租金预扣所得税	2.8	0.05%	1～96	每月初支付
利息节省所得税	5.04	0.05%	1～96	每月初支付

　　费用现值＝[（每期固定租金＋租金预扣所得税＋飞机进口环节税费－每期节省所得税）×（F/P,贷款利率$/12,1$）×（P/A,贷款利率$/12,12$租期）＋银行年担保费×（P/A,贷款利率,租期）＋（飞机保险费$/4$）×（P/A,贷款利率$/4,4$租期）＋（一次性交易费用＋定金初始投资）＋（返机大修理费－租期末定金收回）×（P/F,贷款利率,租期）＋（小时架次费用＋大修理基金）×（P/A,贷款利率$/12,12$租期）]×（A/P,贷款利率,租期）×（P/A,贷款利率,折旧期）

$$= [27.930\,6 \times (F/P, 6\%/12, 1) \times (P/A, 6\%/12, 96) + 8.25 \times (P/A, 6\%,$$
$$8) + 5 \times (P/A, 1.5\%, 32) + 86 + 36 \times (P/F, 6\%, 8) + 0.1 \times (P/A,$$
$$6\%/12, 96)] \times (A/P, 6\%, 8) \times (P/A, 6\%, 15)$$

$$= 3\,800.22$$

5 政策环境

5.1 概述

政策法规,这里特指一国的中央或地方政府出于宏观和长远利益考虑而主动干预产业活动的各种政策法规的集合,它是国家干预或参与经济活动的一种手段,对于航空产业这种战略性新兴产业和军民结合的高技术产业的崛起和发展,其作用无可替代。《国家中长期科学和技术发展规划纲要(2006—2020 年)》将大飞机确定为我国未来 15 年力争取得突破的 16 个重大科技专项"之一,这对于国家安全、国民经济发展、综合国力的提升和竞争优势的形成至关重要,对于我国民用飞机产业的发展意义重大。探索和分析政策法规对民用飞机产业发展的影响,有助于更好地认识和把握民用飞机产业发展中软要素的作用和影响。

本章在科学筛选和分类的基础上,对一些重要政策法规对民用飞机产业发展的影响进行了理论和实证分析,使研究结论和对策建议更具有针对性。从国内、国际的不同视角,宏观、微观不同层面进行探索,以期为民用飞机产业发展和市场开拓争取有利的市场环境。

5.2 航空运输市场政策分析

在经济全球化的背景下,国际航空运输自由化已成为航空运输业发展的必然趋势。为顺应这一趋势,我国航空运输业必须全面融入世界航空运输业中,天空开放势在必行。在天空逐步开放后,我国航空运输业必须考虑如何应对市场的进一步自由化和国际化,要努力提高核心竞争力,以便积极主动地参与全球航空运输市场的竞争,开拓国内和国外两个市场。

5.2.1 航权、航空自由化与天空开放

1) 航权

"航权"(traffic rights)是指跨国航空运输的权力,又称"空中自由"(freedoms of

theair)，它通常可分为领空飞越权、技术降落权、目的地下客权、目的地上客权、中间点权或延远权、桥梁权、完全第三国运输权、国内运输权、完全国内运输权等，是一个国家的垄断资源。航权的概念源于 1944 年的"芝加哥会议"，其法律依据是当时制定的《国际航班过境协定》，主要有 9 种航权。

第一航权：领空飞越权。一国或地区的航空公司不降落而飞越他国或地区领土的权利。例如：北京—纽约，中途飞越日本领空，就要和日本签订领空飞越权，否则只能绕道飞行。

第二航权：技术降落权。一国或地区的航空公司在飞至另一国或地区途中，为非营运理由而降落其他国家或地区的权利，诸如维修、加油。例如，上海—芝加哥，由于飞机机型的原因，不能直接飞抵，中间需要在安克雷奇加油，但不允许在安克雷奇上下旅客和货物。

第三航权：目的地下客权。某国或地区的航空公司自其登记国或地区载运客货至另一国或地区的权利。例如，北京—东京，日本允许中国民航承运的旅客在东京进港。

第四航权：目的地上客权。某国或地区的航空公司自另一国或地区载运客货返回其登记国或地区的权利。例如，北京—东京，日本允许旅客搭乘中国民航的航班出境否则中国民航只能空载返回。

第五航权：中间点权或延远权。某国或地区的航空公司在其登记国或地区以外的两国或地区间载运客货，但其班机的起点与终点必须为其登记国或地区。也就是说，这种航权需要和两个或两个以上的国家进行谈判。以新加坡航空公司的货机为例，它飞行的是新加坡经我国厦门、南京到美国芝加哥的航线，并在厦门、南京拥有装卸国际货物的权利。

第六航权：桥梁权。某国或地区的航空公司在境外两国或地区间载运客货且中途经其登记国或地区（此为第三及第四航权的结合）的权利。例如，伦敦—北京—首尔，国航将源自英国的旅客运经北京后再运到韩国。

第七航权：完全第三国运输权。某国或地区的航空公司完全在其本国或地区领域以外经营独立的航线，在境外两国或地区间载运客货的权利。例如，伦敦—巴黎，由德国汉莎航空公司承运。

第八航权：（连续的）国内运输权。某国或地区的航空公司在他国或地区领域内两地间载运客货的权利（境内经营权）。例如，北京—成都，由日本航空公司承运。

第九航权：（非连续的）国内运输权。本国航机可以到协议国做国内航线运营。第九航权可以是完全在另一个国家开设的航线。

2）航空自由化

航空自由化起源于美国，主要经历了两个发展阶段。第一阶段是在 1944 年的"芝加哥国际民航会议"上由美国首先提出，其精神主要有：统一航空技术规范、不限制运力、不限制运价和实行航空业完全的自由竞争。但该理论与政策遭到绝大多数国家反对,未能在大多数国家实行。第二阶段是 20 世纪 70 年代,仍由美国提出,认为航空业应该放松政府管制,充分发挥市场的力量,提出国家之间在航线、运力和运价方面按市场经济机制进行,制定双边或多边自由协定。这一思想受当时主要资本主义国家摆脱经济危机愿望的影响,而得以一定程度的实施。从发展历程看,航空自由化的目的是强调市场机制的作用,反对政府对航空运输业的规制。从内容看,航空自由化涵盖航线、运力、运价等航空运输业的各个方面,从范围看,航空自由化不但涉及一个国家对航空运输业的管制政策,还涉及国家与国家之间的双边或多边协定。

3) 天空开放

美国在航空自由化理论的指导下向全世界提出"天空开放",指两国或多国之间通过订立双边或多边运输自由化协议,在彼此承认航空主权的前提下开展国与国之间的航空运输服务。其实质是以国家协议的法律形式,固定运输的自由竞争特性。1992 年 8 月 5 日,美国运输部公布了"天空开放"政策的主要内容:

(1) 开放进入一切航线。

(2) 对各条航线上的动力与班次不做限制。

(3) 美国任一航点与欧洲国家任一航点之间的经营权利不受任何限制,包括中间点及延远点的服务,以及在国际门户城市上不受限制地提供旅客转至较小飞机的权利。

(4) 预订机票价格享有弹性。

(5) 自由安排包机。

(6) 自由安排货运。

(7) 允许航空承运人将利润换成硬通货,并将所获利润迅速汇回国内。

(8) 开放代码共享。

(9) 航空承运人有在他国自行处理地面业务的权利。

(10) 允许航空承运人就航班经营的有关事项自由签署贸易协定。

(11) 允许在不歧视的原则下,开放计算机订座系统并允许进入该系统。

1992 年,美国与荷兰签署了第一个天空开放协议,之后分别与加拿大、新加坡、新西兰、智利、文莱等国签署了多国间的"天空开放"协议。特别是 2010 年 6 月 24 日,美欧双方代表在卢森堡正式签署了 3 月 25 日双方达成的第二阶段"天空开放"协议,进一步丰富了"天空开放"政策的内容,成为"天空开放"政策新的里程碑。可见,"天空开放"政策在航空运输业开放的自由度上远远超过了单一的"航权"开放,对航空运输业的影响是深远的。

近年来,美国在全球大肆宣扬"航空自由论""天空开放论",要求其他国家开放民用航空市场,力争将国际民航运输置于不受政府干涉的自由市场竞争中。"天空开放"政策的形成,与美国航空运输业的放松管制政策是一脉相承的,是美国国内航空运输业放松管制政策在国际民航运输市场的延伸,其目的是将航空自由化政策推向全球。

航空自由化、天空开放以及政府对航空运输业的放松管制三者之间既有联系、又有区别。联系是三者的共同目标是让政府退出对航空运输业的管制;共同的理论基础是经济自由主义;共同的措施是放松政府对航空运输业在航线、运价和运力方面的规制,以自由竞争的方式由航空公司对资源进行市场化配置。三者之间的区别是:航空自由化、天空开放多指国家与国家之间,放松管制一般则指国内的相关政策。

5.2.2 对民航业进行政府规制的经济学依据

规制通常也称为"管制",是指社会公共机构依照一定的规则对企业的活动进行限制的行为。规制的主体是政府,客体是"企业",依据是"一定的规则",目的是使"企业的活动受到限制"。从其属性来分,管制可分为经济性管制和社会性管制两类。经济性管制是通过被认可和被许可的各种手段,对企业的进入、退出、价格和服务的质量,以及投资、财务和会计等方面的活动进行管制,其中最重要的是进入限制和价格管制。社会性管制则是指政府为了保障劳动者和消费者的安全和健康,对产品和服务的质量和生产活动中的操作行为等制定规则进行管制。各国政府对航空运输业的管制是基于安全、政治和经济等方面的原因,这与经济学只侧重经济性管制是不同的。航空自由化、天空开放和政府规制的根本分歧在于政府在航空运输业中的角色定位即政府是否应该对航空运输业进行管制。管制的原因在于是否存在"市场失灵"的情况。西方经济学理论认为,以下几种情况由市场进行资源配置是低效率的:垄断、外部性、公共物品和信息不对称。下面分别加以说明。

1) 垄断

垄断使完全竞争市场转化为不完全竞争市场,垄断企业可利用其垄断力量将产品价格定在边际成本之上,其产量远远低于完全竞争市场,这样不利于按帕累托最优原则配置经济资源,从而降低了资源配置的经济效率。垄断是最为常见也最易为人们所了解的一种市场失灵情况。

2) 外部性

外部性亦称外部成本、外部效应(externality)或溢出效应(spillovereffect),是一个经济学范畴。外部性,按照产生方式的不同可以分为消费外部性和生产外部性。消费外部性是指一个消费者直接关注另一个经济行为人的生产或消费。如对于当地工厂的排污量。生产外部性是指一个厂商的生产受到另一个厂商或消费者选择的影响,如渔场关注倾倒在捕鱼区的污染物的数量。外部性,按照产生效果的不同,可分为正外部性和负外部性。正外部性是指私人边际收益小于社会边际收益,负外部性是指私人边际成本低于社会边际成本。根据经济学理论,从整个社会的角度看,当私人边际收益与社会边际收益不等,或私人边际成本与社会边际成本不等时,由市场来配置资源无法达到有效率的结果,即负外部性会导致提供的数量超过有效率配置的数量,而正外部性则会导致提供数量不足。

与之相反的是:在存在正外部性时,私人提供的数量要小于社会的总体需求量,也无法达到整个社会最有效率的水平,都需要政府进行调控。

3)公共物品

经济学上所讲的公共物品是指具有非竞争性和非排他性的物品,或者说,对所有涉及的消费者都必须供应相同数量的物品,公共物品的典型例子是国家安全、空气污染等。

由于公共物品具有非排他性,一旦有人购买了公共物品,其他人即使不付费,也可以照样享用同一公共物品。假若有人在公寓的楼梯上安装了一盏灯,其他上上下下的人都可以从中得到好处,并不会因为不付钱而受到丝毫影响。如果每个人都想搭别人的便车,期待他人购买公共物品,结果便没有公共物品。显然,分散决策的市场机制在这里不起作用了。通过市场机制供应公共物品还有一个问题:公共物品具有非竞争性,公共物品一旦供应了,所有的人都能够而且必须享用同一数量,多一人享用该物品丝毫不影响其他人的享用,即多一人享用的边际成本为零。既然消费者能从公共物品中得到一定的效用,而其消费的边际成本为零,那么,从社会效率的角度看,应该让所有的人都免费享用公共物品,以任何方式阻拦一部分人享用公共物品都会造成效率损失。

公共物品的特殊性质给由市场机制调节其最优生产量带来了麻烦,原因是公共物品的需求曲线是虚假的。公共物品的特性决定:第一,单个消费者通常并不清楚自己对公共物品的需求价格,更不用说去准确地陈述他对公共物品的需求与价格的关系;第二,即使单个消费者了解自己对公共物品的偏好程度,但为了少支付或不支付费用,他们也不会如实说出来,而是在享用公共物品时都想当"免费乘车者"。

由上可知,在存在外部影响的环境中,市场机制无法达到资源的有效配置。由于公共物品具有极强的外部影响,市场不仅失去效率,而且根本不存在,依靠市场根本无法实现公共物品的有效配置,这也是所有国家的国防、公共基础设施都由政府提供的原因。

4)信息不对称

完全竞争市场的一个重要假设是信息是完全的。非对称信息是发生交易的双方之间对商品信息的了解程度不一致。西方经济学理论认为,信息不对称容易产生逆向选择问题和道德风险。这些现象会影响市场机制的运行结果,导致资源配置的低效率,从而使市场失灵。

除安全性、军事性等非经济因素外,从经济学角度看,民航业需要政府管制的原因主要有以下几点：一是民航业具有自然垄断性。民航业的垄断性源于航线资源的开发与供给受到约束、具有规模经济性和范围经济性的特点、有较大的沉淀成本，存在进入阻碍；二是民航业具有公共物品特征，有较强的外部性。民航业属于国家基础性产业，我国社会主义的国家制度决定了民航业必须要承担相应的社会责任，所提供的运输服务具有公共物品特性，具有较强的正外部性和负外部性。正外部性体现在民航业的快速发展能对交通运输环境和投资环境、区域经济发展起到较大的促进作用。负外部性体现在民航业会产生较大的噪声和空气污染；三是民航业的运价设定存在非对称信息。一般消费者都是航空运价的被动接受者，无法掌握航空运输企业的真实成本信息，加上民航业一定程度的垄断性，企业成本无法完全按照市场显露出来，存在消费者和运输服务提供者之间的信息不对称。

当然，从我国的实际情况来看，对民航业进行规制的原因除上述外，还和我国民航业的发展阶段和市场机制的发育程度有关。目前，我国民航业尚处于快速发展时期，市场机制还很不完善，为了促进民航业的正常发展和良性竞争，必须保留一定程度的政府规制。

5.2.3　航空自由化与天空开放政策的理论依据

1）可竞争市场理论

对比完全竞争市场，可竞争市场被定义为厂商进入的绝对自由和退出的无成本市场。完全竞争市场通常具有以下特征：一是所有生产者技术相同；二是不存在沉淀成本；三是在位者不能随时改变价格；四是消费能够立即对价格差异做出反应。可竞争市场理论以潜在竞争的一系列假设为前提，指出由于潜在竞争者的存在，使在垄断行业中，垄断者也不可能获得超额利润，由于不存在退出成本，只要该行业存在正利润，就会吸引潜在的进入者加入进来。所以，在位者要想防止有新的进入者，只能在边际成本上经营，获取正常利润。因此，可竞争市场理论认为，对于存在潜在进入的垄断行业进行政府规制是不必要的。

随着航空运输业的发展，民航业的垄断性在一定条件下会不断淡化，由强垄断行业向弱垄断行业发展，逐步具有竞争性特征。这些条件主要包括技术手段的发展、其他运输工具的替代性和国外竞争对手的压力等。因此，根据可竞争市场理论，民航业具备了该理论的市场结构条件，不再需要政府规制。

2）规制无效性理论

根据经济学理论，"天下没有免费的午餐"，规制也要产生成本，这种成本超过一定限度，会产生资源配置的低效率和"规制失灵"。首先，政府规制需要大量的成本。为有效执行规制政策，政府需要配备一定的人员、设备及相应的机构，维护这些机构、人员的正常运转需要支付成本。其次，规制会导致企业内部低效率。政府对航空运输业进入的规制,阻止了外来进入者,导致在位者长期缺少竞争意识、运行成本高,难以发挥市场竞争机制的作用,从而导致在位企业内部的低效率。再次,规制主体与客体之间存在信息不对称的情况。出于自身利益最大化的考虑,航空运输企业不可能把它所掌握的全部信息告诉政府,甚至还会提供一些虚假信息。政府虽有收集信息的渠道、甄别信息真伪的条件和手段,但毕竟时间和精力有限,两者之间,不可能达到真正意义上的信息对称。最后,规制会产生寻租。政府规制过程中存在的寻租现象,也会导致资源配置的低效率。虽然政府规制的初衷是实现社会福利的最大化,但政府与其工作人员之间是一种委托代理关系,工作人员也有自身的利益,当个人利益与社会整体利益发生冲突时,寻租就发生了。航空运输企业的寻租可以通过损失社会上其他人的福利来满足政府工作人员利益的方式实现,使政府规制有利于企业而非社会,这样就会导致资源配置的低效率。

5.2.4 民航运输业的实践

基于民航业的重要性,各国政府对它都有过不同程度的规制。从世界民航业发展的历程来看,一般都经历了在发展初期的管制和成熟时期的放松管制。自 20 世纪 70 年代以来,部分发达国家和发展中国家掀起了一场航空自由化运动,强调对民航业管制的放松,取得了良好的效果。美国放松民航管制的基本历程如表 5 - 1 所示。由于竞争机制的引入,航空运输企业的运输成本都有不同程度的下降,管理水平和服务水平都有较大幅度的提高。同时,政企分开,减少了政府对企业的过多干预,既减少了寻租行为,也使航空运输企业有了更多的自由空间。而一些航空运输自由化改革进展缓慢的国家则没有出现这种情况。

表 5 - 1 美国放松民航规制的基本历程

A1.1.1 第一阶段	A1.1.21975	A.1.1.3 福特总统向国会提交民航业放松规制法案;民用航空委员会中止了航线暂停审批制度和产量限制协议
	A1.1.41976	A.1.1.5 实行多家许可进入制度
	A1.1.61977	A.1.1.7 建立价格上下限制度
	A.1181977	A.1.1.9 通过了放松国内航空货运规制法案,允许货物运输者在国内航线上自由定价和经营;允许客运业务实行折扣价
A.1.1.10 第二阶段	A.1.1.111978	
	A.1.1.131981	A.1.1.12 颁布《民航放松规制法》,取消对客运业务的规制
	A.1.1.151983	A.1.1.14 取消民用航空委员会的航线进入规制权 A.1.1.16 取消民用航空委员会对国内航空运价的规制权 A.1.1.18 颁布《民用航空委员会废止法》
	A1.1.171984	
	A.1.1.191985	A.1.1.20 解散民用航空委员会
	A.1.1.211989	A.1.1.22 全面解除价格规制、服务标准规制,实现自由的进入与退出和完全自由的兼并与联盟

（续表）

A.1.1.23 第三阶段	A.1.1.241991	A.1.1.25 放松对外资进入民航业的限制，将外资对本国航空公司的最大允许持股比例从 25％提高到 49％
	A.1.1.261994	A.1.1.27 取消各州对州内航空快递业务的规制权
	A1.1.281998	A.1.1.29 运输部发布《有关航空公司不公平的排他性行为的执行政策声明》，以纠正其产业内的反竞争行为
	A.1.1.301999	A.1.1.31 司法部对美洲航空公司提起反托拉斯诉讼
	A.1.1.322000	A.1.1.33 西北航空公司在反垄断审查中同意放弃其在美国大陆航空公司中的控股权

进入 21 世纪后，随着航空运输业的迅猛发展，西方发达国家开始新一轮的航空自由化浪潮，天空开放政策逐渐被许多国家特别是发展中国家所接受。

5.2.5 "天空开放"给我国带来的机遇和挑战

航空运输业是现代交通运输业的一个重要方面，是综合国力的具体体现。在改革开放之初，我国民航业一直处于受保护状态，但加入 WTO 以后，根据相关要求，航空运输业必须逐步放开。特别是美国推行的"天空开放"政策其影响力越来越大，如何应对这一挑战，我国政府和航空运输企业需要深入思考。

1）"天空开放"带来的机遇

一是，有利于区域经济的发展。天空开放的重要结果之一就是开放航权特别是第五航权。开放航权对地区经济有很大的刺激作用，航空公司可以充分利用天空开放优化自己的航线，这样能够迅速增加航权开放的客货运输量，促进区域经济的发展。国际机场协会的研究资料表明，每 100 万航空旅客可为周边区域创造 1.3 亿美元的经济收益和 2 500 个就业岗位。例如，1995 年，菲律宾政府开放了苏比克湾地区的第五航权。随后，美国联邦快递公司用 5 年时间在此建立了一个亚太经营中心，中心的建成迅速改善了苏比克地区的工业发展环境。1995 年，该地区的产值只有 2 000 万美元，到 2001 年猛增到 10 亿美元。2004 年中美之间也签署了开放协议，规定美国企业必须在中国建立一个转运中心，这也势必会促进周边地区经济的发展。

二是，有利于飞机等高科技制造业和现代服务业的发展。天空开放后，能够极大地提高航空运输业的客货运输量，促进飞机制造业和现代服务业的发展。天空开放带来的民用航空的巨大需求，进一步拉动航空工业的创新发展。现代航空器和空中交通管理系统集中了大量先进技术。自动化、电子、微电子、计算机等现代高科技在机载设备和空管设备中被大量采用，使控制、管理系统具有越来越高的自控性。天空开放导致航空运输业成倍增长势必带来整个产业链的快速发展。同时，航空运输又是现代服务业的重要组成部分，它还能为其他服务业提供强有力的支撑，甚至能决定某些服务业的发展前途。现代服务业的迅速发展,产生了巨大的人流、物流和信息流,公务商务人员的旅行、公务商务文件的快递和科技含量高、体积小、价值大的产品运输,一般都依赖航空运输。航空运输对旅游业的刺激更是显而易见。在我国,现代服务业正在兴起。天空开放政策的实施必将进一步提高我国现代服务业的比重和水平。

三是,有利于航空枢纽港的发展。在枢纽辐射式航线结构成为航空运输业运营的主导模式后,枢纽机场的作用就显得尤为突出和重要。大型枢纽机场能够吸引并且聚集经济社会发展中的优势资源,形成巨大的人流、物流、资金流、技术流、信息流,对区域经济发挥积极而强大的集聚、辐射和带动效应。各国、各地区纷纷把构筑国际航空枢纽作为其提升国家或区域竞争力的战略举措。就国际性的枢纽机场而言,第五、第六航权的开放是实现提升国家或区域竞争力的必要条件之一,这是因为第五航权的"延远权"和第六航权的"桥梁权"都能够为旅客和货物带来更好的中转机会,能够为航空公司在更广泛的空域内完善航线网络,优化资源配置。因此,天空开放政策的实施,可以改变机场的地位,导致世界枢纽机场格局的变化。目前,在欧洲、北美和亚太地区3个主要航空市场中,只有亚太地区的国际航空枢纽港分布格局尚未完全定型,除中国香港和新加坡机场外,最有潜力和竞争力成为该地区国际航空枢纽港的还有韩国仁川机场、日本成田机场、泰国曼谷机场和我国北京首都、上海浦东、广州白云机场。上述几个国家和地区参与世界航空运输业天空开放的程度和进度,很有可能会决定这一地区航空枢纽港的归属。

四是,有利于我国航空运输业的发展。天空开放后,我国航空运输企业虽然面临巨大的外部竞争压力,但也面临着新的发展机遇。如果能抓住机遇,加快发展,势必能进一步壮大我国的航空运输产业,促进我国由航空运输大国向航空运输强国的转变。首先,政策的对等性,会为我国航空运输业发展提供机会。天空开放政策具有对等性,即在开放国内航线的同时,也会取得对方国家的航线,这样就会进一步扩大我国航空运输公司的业务范围,培育新的业务增长点。其次,在与国外对手的竞争中我们可学到新的管理经验、提升管理水平。天空开放后,我国航空运输公司可在激烈的竞争中,加快学习世界发达国家航空运输企业的管理经验,取长补短,提高自己的服务能力、水平和国际竞争力。

2)"天空开放"带来的挑战

一是,国内航空公司将面临激烈的国际竞争压力。天空开放后,世界航空巨头会迅速进入我国市场,从短期看,会给国内航空公司带来更大的竞争压力。目前,在全球民航市场的竞争中,我国民航处于劣势。表现在,①尚未形成国际性航空枢纽。我国航空枢纽建设刚起步,在中转设施、运行流程和出入境环境等方面都存在严重不足。而在我国周边,日本成田和关西机场、新加坡樟宜机场、泰国曼谷机场、韩国仁川机场在国际航空枢纽建设方面都比我国先行了一步;②国际航线网络不健全。

我国国际航线不仅少而分散,而且与国内航线的衔接性也差。迄今为止,与我国建立双边航空运输关系的国家有 106 个,而我国航空公司开辟国际航线的国家和地区则只有 49 个,特别是至非洲和南美的航线更少,大量国际航权无力使用,致使市场份额流失;③一些主要国际航线的市场竞争力不强。如在中美、中欧航线上,我国航空公司投入运力不足,市场份额少,赢利能力弱。根据美国的预测,中美航权谈判后新增航线每年将为美国航空公司带来 50 亿美元收益,而我国航空公司在中美航线上却长期处于亏损状态;④航空货运处于被边缘化的状况。全行业目前仅有 9 家全货运航空公司,货运飞机比国际巨头也少得多。在国际航空运输货运市场上,我国的市场份额只有 20% 左右。而世界航空货运巨头如美国联邦快递、德国汉莎航空货运等公司已纷纷在我国建立货运枢纽,快递网络遍布我国众多城市,高价位的快件、包裹、电子元器件由外航垄断的趋势越来越明显。因此,相对于欧美航空运输巨头及其他国家的大型航空公司,我国的航空运输企业规模小,经营管理水平低,业务主要集中在国内航线,国际竞争力弱,在航线、运力和运价上皆不具有优势,开放天空后必然面临巨大的生存压力。

二是,对航空安全管理提出了更高的要求。天空开放后,航空运输业务量的不断增长将会使安全管理的压力越来越大。首先,涉及国家的增加会导致涉外问题的复杂化。天空开放不仅涉及我国与协议国,还会牵涉到大量的第三国。比如第五航权开放后,外国航空公司可以在我国机场搭载和卸下第三国即"延远国"的客货,这就会涉及我国与该国的关系,使我国的涉外关系更加复杂,从而带来一些新的不稳定因素。其次,放松管制会增加安全隐患。天空开放政策的实施,不仅会影响航空运输业的发展,还会带来一些不安全和不稳定因素。因为与传统的政府强有力的对航空运输业的管制不同,天空开放后,政府对航空运输业的管制会逐步放松,这就给敌特势力、恐怖势力、民族分裂势力带来了可乘之机,从而增加了安全隐患。再次,航空运输业务量的迅速增长,也会加重航空运输安全管理的负担。天空开放后,更多的航空公司将会进入我国空域,这就对我国航空安全管理提出了新的挑战。

5.3 产业政策

较成体系的产业政策是随着欧洲工业化的发展而出现的。只是当时还没有形成产业政策一词。该词最早出现于经济合作与发展组织 1970 年会议中日本通产省关于《日本的产业政策》的报告。随着政府职能的优化,产业政策在产业发展中的作用越来越重要。

5.3.1 产业政策的定义

关于产业政策的定义,主要有以下观点。

(1) 产业政策是政府推动某一产业发展的所有政策的集合。经合组织对于产业政策的定义是"产业发展和效率性增强的手段"。英国经济学家阿格拉(1985)在《欧洲共同体经济学》一书中指出：产业政策是与产业有关的一切国家的法令和政策。日本经济学家下河边醇、管家茂(1982)在编制《现代日本经济事典》时，将产业政策定义为："国家或政府为实现某种经济和社会目的，以全产业为直接对象，通过对全产业的保护、扶植、调整和完善，积极或消极参与某个产业的生产、营业、交易活动，以及直接或间接干预商品、服务、金融等的市场形成和市场机制的政策的总和。"

(2) 产业政策是政府为了弥补市场调节失灵而对产业进行干预活动的总和。日本著名经济学家，原通产省经济研究所所长小宫隆太郎(1988)认为，"产业政策是通过某些政策手段，对以制造业为中心的产业(部门)之间的资源分配实施干预的各种政策，以及干预个别产业内部的产业组织，对私营企业的活动水平施加影响的政策的总体"，其"中心课题就是针对在资源分配方面出现的市场失效而进行的政策性干预"。

(3) 产业政策是一国政府为促进本国特定产业在国际上取得领先地位而制定的相关政策的总和。美国经济学家查尔斯·约翰逊(1984)认为："产业政策是政府为了取得在全球的竞争能力而打算在国内发展和限制各种产业有关活动的总的概括。"日本经济学家并木信义(1989)认为："产业政策就是当一国的产业处于比其他国家落后的状态，或者有可能落后于其他国家时，为了加强本国产业所采取的各种政策。"

(4) 产业政策是政府对某一产业的经济计划。这种观点在欧美颇为流行。例如，美国社会学家阿密塔伊·艾特伊奥利就把产业政策看作"用更温和和悦目的名词"来表述的计划。

由于发展水平、经济制度和价值观念不同，各国学者对产业政策的认识也不尽相同，但都从不同方面揭示产业政策的内涵。综合这些观点，本书认为，产业政策是一国政府为推动本国产业发展，提高其竞争力，综合运用各种手段干预产业的政策导向的集合。

5.3.2　产业政策的功能

产业政策是一国政府为了促进产业发展而采取的相关政策。这些政策主要具有以下功能。

1) 弥补市场调节失灵

市场机制通常是通过价格来实现资源配置的。但有些时候市场机制并不奏效，如外部性强的产业、垄断产业等。同时，市场机制对于国家战略性新兴产业、支柱产业的调节力度较弱，难以满足这些产业发展的需要。这些缺陷，产业政策恰好可以弥补。它可以在宏观层面，从中长期考虑，优化产业资源配置，促进其健康发展。

2）促进产业发展

产业在各国的发展情况和程度不同,有的起步早,有的起步晚。为了摆脱落后局面,赶超先进国家,政府会出台一些照顾和扶持该产业的产业政策,以发挥其促进产业发展的功能。对于新兴产业和遇到发展瓶颈的产业,这种功能则更加明显。

3）增强竞争实力

在经济全球化的今天,市场竞争日趋激烈。要想在激烈的国际竞争中立足,企业除了要练好内功,还要靠产业政策的扶持。因为产业政策不仅可以强化本国产业的比较优势,形成有本国特色的产品出口;还可以扶持本国弱势产业的发展,提高其综合实力和国际竞争力。

5.3.3　产业政策的评估

一项产业政策出台后其成效如何,需要从以下几方面进行评估:

1）生产力水平

马克思主义的政治经济学认为,生产力是人类社会发展的根本动力。评估产业政策的优劣,首先要看它能否促进生产力的发展、提高生产力的发展水平。这里不仅有生产力量的增加,更有质的提升。如果一项产业政策能够使该产业的生产技术水平较为显著持久地得到提升,那么它就是成功的;反之,就是不成功的。

2）国际竞争力

在经济全球化的今天,市场竞争日趋激烈,企业的压力越来越大,能否帮助企业减轻压力,提高国际竞争力,也是评估产业政策优劣的一条重要标准。如果一项产业政策能够从国际视角统筹产业发展,帮助企业减轻压力、提高国际竞争力,那么它就是成功的;反之,就是不成功的。

3）综合效益指标

这是从更宏观的角度来评估产业政策的优劣。促进产业发展,提高经济效益,这是产业政策最显著的也是最基本的功能。衡量产业政策的优劣仅凭这一条还不够,还必须从更高、更广的角度统筹它的社会效益、环境效益和政治效益等。只有不片面追求经济效益、短期效益,而是从全局和根本上健康稳定地推动产业发展的政策,才是成功的政策;反之,就是不成功的政策。如那些为追逐 GDP 而鼓励发展高能耗、低技术产品的产业政策就是如此。

5.3.4　民用飞机产业

民用飞机产业是研发和制造民用飞机及其有关设备的机构和企业构成的总体,包括设计科研机构、民用飞机发动机制造和总装、零部件、机载设备及特殊材料的研制和生产机构,也就是参与民用飞机研发、生产和维修各个环节的企业和机构的总和。

民用飞机产业作为战略性新兴产业,具有以下特点。

一是战略性强。民用飞机产业涉及国防和国家综合实力,与军事、政治紧密相关。发展民用飞机产业,不只是出于经济方面的考虑,更是出于战略需要。

二是技术密集。民用飞机产业是典型的知识和技术密集型产业。日本通产省飞机战略报告中指出:"飞机工业是高增值的工业和技术先进的部门;是知识密集工业领域的典型,能对其他工业起带动作用。"也正是这种技术密集性,导致了其研发周期长、难度大。

三是外溢性强。民用飞机产业综合了上百种学科、七千多种技术,差不多涉及所有工业部门。其研究成果能够被其他部门广泛利用,有助于其提高产业技术水平和经济性。

四是资金需求大,投资周期长。研制一种新机型,动辄数十亿资金。其核心技术研发需要近 10 年时间,这就使得民用飞机产业收回成本周期较长。著名的空客公司也是在运营 20 多年后才实现盈利的。

5.3.5　产业政策作用的机理

1) 市场失灵理论

市场失灵理论是经常用来证明产业政策必要性的理论之一。18 世纪,随着亚当·斯密"看不见的手"的理论的诞生,经济自由主义兴起,并在相当长的一段时间内占据统治地位。但随着资本主义市场的发展,经济危机频繁爆发,市场自我调节屡屡失效。负外部性、恶性竞争、资源配置浪费及失衡,都是市场这只"看不见的手"很难解决的问题。这时,凯恩斯"看得见的手"应运而生。凯恩斯在其巨著《就业、利息和货币通论》中,提出了在市场失灵的情况下政府干预的必要性。本节所阐述的产业政策,就是政府干预的一种有效形式。

2) 动态比较优势理论

大卫·李嘉图的比较优势理论被认为是传统的比较优势理论,他从静态的角度研究比较优势,认为每个国家都应该优先发展本国在生产成本上具有优势的产业。但是随着经济的发展,传统比较优势理论的缺陷逐渐暴露出来。不发达国家,其比较优势在于劳动力和资源禀赋,但按照传统比较优势理论,过度依赖资源和发展劳动密集型产业,其产业附加值低,发展空间有限,会使这些国家长期处于落后状态,长久下去,必然会被锁定在国际市场价值链的低端。为了弥补这种缺陷,德国经济学家李斯特提出了动态比较优势理论,认为"工业化起步较晚的国家,有可能经过国家对某些产业的保护与培育,发展新的优势产业;后起国家只有促进这种优势产业参与国际分工,才能打破原有国际分工格局,以先进的生产结构占据于自己有利的国际地位"。

5.3.6　产业政策作用的机制

产业政策对产业发展的影响是复杂的、多方面的。

1）产业政策通过优化产业结构影响产业发展

有效的产业政策能够促成利于产业发展的产业结构。产业政策能够优化产业结构，提高产业集中度，实现规模效益，避免重复建设和不必要竞争。这对于幼稚产业的成熟和衰退产业的转型具有重要意义。

2）产业政策通过保证产业资金影响产业发展

资金是保证产业快速正常运转的必要条件。对于那些需要扶持的产业，要给予补贴、投资或税收优惠，促进其加强产业技术研发，扩大生产规模，提升产品质量，推动产业发展。

3）产业政策通过引导人才流入影响产业发展

创新是产业长久发展的源泉。创新的根本是技术性人才。政府通过政策导向、科研支持，可以吸引更多技术性人才进入相关产业，提高产业科技含量，从而生产出附加值更高、更具竞争力的产品。

5.4 国际民用客机扶持政策分析

5.4.1 美国促进民用飞机产业发展的政策

自 1909 年莱特飞机公司成立以来，美国航空工业的发展已超过百年。在这一百多年里，麦克唐纳、道格拉斯、洛克希德、波音等公司曾经各领风骚，并最终在市场竞争和政府引导下，逐步合并。目前，波音公司在全球航空市场上举足轻重，与空客公司并称为航空双巨头。在曲折的发展过程中，美国航空工业能够屹立不倒，并最终垄断全球市场，美国政府的产业政策在其中起了至关重要的作用。例如，美国政府 2005 年发布《国家航空科技政策》，以此作为 2020 年前美国开展航空科研项目的指导，其目的就是强调要将航空产业发展放在突出地位。一年之后，又颁布《国家航空研究与发展政策》，主张建立一个包括政府、工业界和学术界的航空 R&D 团体，以指导美国航空业的研究和发展，维护航空技术领先。此外，美国政府还在税收、财政补贴、采购、出口信贷等方面对航空产业进行了扶持。

1）税收优惠

美国政府对航空工业采取"全部完成合同征税方法"（completed contract method，CCM），也就是在整个合同都完成时，才承认收入，并以此为基数计征税款，同时还允许其加快折旧、减免研制开发税。美国飞机制造商由此从递延或减免中获益。波音公司目前法定所得税率为 35%，但由于这些税收优惠政策，其实际税率远低于 30%。1997 年至 2003 年，由于政府的各种税收优惠政策，波音公司的所得税实际税率平均约为 26.3%，远低于 35% 的法定名义税率。除国家层面的税收优惠政策外，因飞机产业对地区经济发展的巨大带动作用，州一级政府也提供了相当程度的优惠政策。例如，原波音公司总部所在地的华盛顿州通过税收豁免、税收优惠和基础设施建设,向波音公司提供了 40 亿美元的政府补助。而堪萨斯州也以所谓的"波音债券"方式向波音公司提供了 9 亿美元的补助。2001 年,波音公司将总部由西雅图迁往芝加哥,也是因为芝加哥当地政府承诺给予波音公司长达 20 年的优惠政策,仅此一项政策,就使波音公司获利 410 万美元。

美国州及地方政府为了支持民用飞机产业的发展,也会给予辖区内飞机制造商以税收优惠,其中伊利诺伊州、华盛顿州和堪萨斯州力度最大。波音公司将其总部迁至伊利诺伊州芝加哥市时,就得到了诸多优惠,比如减免 15 年公司所得税,减免 20 年每年 100 万美元的财产税等。

2) 财政补贴和直接投资

美国政府对飞机产业的大规模补贴和投资源于一战期间。当时大量飞机参战,直接影响战局,从而引起美国政府对飞机制造业的高度重视。二战期间,这种现象有增无减。为了研发和生产军用飞机,美国政府投入大量研发资金,提供基础设施和生产装备,促使飞机制造商增加生产以满足军事需求。在供应军机的同时,飞机制造商也对其产品进行了改进,以便于投入民用市场以获利,从而使政府补贴发挥了更大效益。例如,B707 飞机就是由 KC-135 空中加油机改造而来。为了开发 KC-135 空中加油机,美国政府投入了 20 亿美元。波音公司将其改造为 B707 飞机只花费了 1.8 亿美元,并且还是在政府租赁的工厂里生产出来的。此外,奠定了波音公司全球霸主地位并独领风骚 30 年之久的 B747,也是军方设计的运输机 C-5A 的改版。空客公司的报告指出,1978 年至 1988 年间,美国国防部(DOD)以这种形式直接或间接地给予波音公司和麦道公司的补贴就高达 150 亿美元。

除军方外,美国航空航天局(NASA)也经常以项目的形式,给予飞机制造商以人力、物力和财力上的支持,包括"降噪计划""飞机能源效率计划""高速运输机计划"以及大量和美国联邦航空管理局(FAA)相关的项目,从而使波音公司获得了巨额的财政补贴。

从欧盟诉波音公司案的世界贸易组织(WTO)的裁决来看,波音公司所获得的高达 53 亿美元的补贴被认定为非法。这个数字相对于其实际获得的补贴只是冰山一角。

3) 政府采购

早期的飞机产业是靠军事订单逐步发展起来的。随着民用航空的发展,政府非军事订单也逐渐多了起来,它们与军事订单一起成为政府采购的对象,从需求角度拉动了民用飞机产业的发展。由麦克唐纳和道格拉斯合并而成的麦道公司,在推出其 DC-10 机型时,遭遇瓶颈,销售情况堪忧。在这种情况下,美国军方向其提供了一份 60 架 KC-10(DC-10 为其民用改造版)的订单,帮助其度过危机,后来被波音公司合并。波音公司在其最初的 20 年里,经营状况也不理想,民用飞机部分更是长期负债,正是政府采购的支持,才使它渡过难关,并最终发展成为飞机制造业的霸主。

同时,政府采购也成为政府向飞机制造商利润输出的途径之一。美国国防部(DOD)一直是美国飞机产业产品与服务的最大买主。摩根斯坦利的一份调研报告指出,在 DOD 和波音公司签署的 B767 空中加油机的采购合同中,DOD 开出的采购价格要远远高出正常价格;B767 一般利润为 6%,但在此合同中波音公司利润率高达 15%,单这一笔采购就使得波音公司多获益近 2 亿美元。

美国五角大楼承认,其与波音公司在 1998 年至 2003 年签订的采购合同,并不是通过完全公开的采购方式,而是对波音公司"照顾有加",正因为如此,才使波音公司在全球竞争中一直处于有利地位。

4)出口信贷

美国进出口银行一直被戏称为"波音银行"。这是由于长期以来其超过 50%的出口信贷都是给波音公司的,这一数字在 1999 年更是高达 68%。2001 年,波音公司高层宣称,美国进出口银行曾经以资金方式支持了波音公司 20%的出口。

1978 年,经济合作和发展组织(OECD)出台了《官方支持出口信贷的安排》,即"君子协定"。其中关于飞机制造业的谅解备忘录,限制了各国政府对于大型飞机出口信贷的支持力度。即便在这样的情况下,美国进出口银行仍给本国大飞机出口以强有力的支持,1998 年至 2004 年,其为波音公司产品及服务的出口,提供了高达 280 亿美元的贷款,占当时进出口银行信贷总额的 52.8%。正因为如此,才使波音公司在国际市场上独领风骚,称霸数十年。

5.4.2 欧盟促进民用飞机产业发展的政策

欧洲的飞机产业起步较早,但各国各自发展,力量分散,到 20 世纪 60 年代末,其市场占有之和连 10%都不到。欧洲的民用大飞机产业能够与美国抗衡,并最终两分天下,还得从空客工业公司的成立和发展算起。空客公司是由德法英西四国的飞机制造企业联合成立的,在各国政府的大力扶持下,最终打破了波音公司一家独大的垄断格局。2003 年,空客公司获得 284 份确认订单,在全球民用大飞机市场的占有率高达 54%,超过了波音公司。在其发展过程中,欧盟各国政府制定的产业政策对民用飞机制造业支持的密度和强度,绝不逊色于美国政府。

1)启动援助

启动援助(launchaid)是欧盟支持空客公司的常用补贴方式之一。

在启动援助中,四国政府以项目或非项目形式,为空客新机型的研发和生产提供了大量资金。这些资金一般无利率或利率很低,并且偿还义务与飞机销售情况挂钩。如果研发失败,对该机型的支持资金,则不必归还。这种补贴涉及 A300~A380 的每一种机型,补贴幅度在 33%~100%之间。具体来看,英国政府新机型或发动机的研发及生产给予 50%~60%的资金支持,如英国太空宇宙公司研发 A380 机翼就获得政府 3 000 万英镑的补贴。德国则进一步规定德国空客公司在利润未达到某一标准时,不必偿还开发支持资金。法国最大的飞机生产商和发动机生产商都是国有企业,几乎完全依靠政府支持运作。而西班牙政府则对西班牙航空制造有限公司在空客生产项目上的亏损进行了补贴。正因为四国政府这种无私的资助,才使得空客公司 30 年间能够取得如此大的发展。

除四国政府外,欧洲投资银行(EIB)也参与到开发支持的补贴中来。它为 A320、A330/340 的研发向英国宇航和西班牙 CASA 提供了资金支持,为 A380 的研发向 EADS 提供了资金支持。由于飞机销售采购都是以美元定价,这就使得空客公司面临着汇率风险,为了补偿汇率变化造成的不利影响,欧盟还有专门的汇率补贴。仅德国 1989 年的"汇率补贴"就高达 16 亿欧元。

除了对研发的支持,四国政府还为空客公司建立、扩大和升级基础设施提供便利和资助。这一支持涉及德国的汉堡、诺丁汉、不来梅及瓦莱尔,法国的图卢兹地区,英国的布劳顿、威尔士和西班牙的一些地区。

2) 其他

在税收优惠方面,四国政府的扶持力度很大。2000 年,英国为激励科技发展和科技成果产业化,发布了中小企业投资开发减免税收政策,大型公司的优惠幅度更大。空客公司在生产和销售过程中的关税是全免的,所需缴纳的增值黉免率也高达 99%。EADS 作为空客的母公司,2001 年至 2003 年获得的税收优惠就高达 1.7 亿欧元。此外,四国还以政府保护的形式,影响本国航空公司对飞机采购的选择,以落地权、航路和极具竞争力的低息出口信贷来推动飞机的出口。

5.4.3　德国促进民用飞机产业发展的政策

进入 21 世纪以后,德国政府认为航天产业目前实现商业化的可能性不大,应继续加大拨款力度,制定了一些具体的扶持政策。2008 年,欧盟决定为今后几年发展航天产业拨款 100 亿欧元,德国承担份额最多,达 27 亿欧元,但其中大部分以订单、研发经费等形式又流回德国。2009 年,德国政府给航天产业拨款 14 亿欧元。不仅如此,它还出台了一系列政策措施,鼓励和支持航空航天产业的发展。德国政府支持航空航天产业的主要政策措施如表 5-2 所示。

表 5-2　德国政府支持航空航天产业的主要政策措施

序号	名称及主要内容
1	以出口信用保险,为航空航天产品出口提供支持
2	在联邦政府、地方政府成立促进机构,为航空航天产业发展筹集经费(年均约 2 亿欧元)
3	扩大政府出口信用保险范围,鼓励企业出口
4	改善出口银行再融资条件
5	政府承诺在出访等国事活动中积极推荐出口产品

（续表）

序号	名称及主要内容
6	经济部帮助航空工业中小企业获得参与政府项目的机会
7	积极促进地球观测产品的商业化运作,促进公共部门和私人结成风险收益共同体开发新技术
8	每 5 年一期的航空研究计划,加强对航空领域先进技术的研究
9	高新技术发展战略,鼓励和扶持国内高新技术产业发展

5.4.4　加拿大促进民用飞机产业发展的政策

加拿大从事飞机生产已近一个世纪,在支线飞机、商用喷气式飞机和商用直升机的开发和制造方面实力强大,是全球支线飞机制造业中的佼佼者。目前,加拿大从事飞机设计、开发和制造的工程师、技术专家和生产工人有近 2 万名,他们都接受过高等教育。获得世界认可的加拿大运输部航空管制系统,可以确保加拿大飞机能够达到安全性和可靠性的最高标准。在民用飞机制造领域,加拿大已经赢得了良好的声誉,在世界民用飞机产业格局中占有重要地位。当然,与其他国家一样,其民用飞机产业的发展也离不开政府的政策支持。

1) 大力鼓励研发和创新

民用飞机产业发展主要依靠技术进步。加拿大政府采取抵免税和加速减税手段,以及联邦和省政府的相关税收优惠政策,对民用飞机企业的研发活动进行持续不断的支持。这些政策的实施,使企业有致力于研发活动的强大动力,企业用于飞机的年度研发费用和资本投入接近 1 亿加元,从而保证了加拿大一直处于飞机技术开发和应用的前沿领域。此外,加拿大政府还向航空领域的研发部门直接提供资金支持,这些项目主要有: 加拿大技术合作项目(TPC)——向主要技术的战略性研发提供资助;工业和地区利益项目(IRB)——利用联邦政府采购本国企业产品,推动产业发展。这些政策的实施,一方面极大地激励了企业进行研发投入的积极性,另一方面,也为企业提供了大量资金,减轻了企业的财务负担,还能从根本上降低产品成本,提高国际竞争力。

2) 以政府收购方式扶植本国民用飞机企业

加拿大政府曾多次在紧急关头以政府收购方式扶植本国民用飞机企业。在对加拿大飞机公司和德·哈维兰公司的两次收购中,政府通过投入资金和偿还债务共投入资金 25 亿加元,还鼓励庞巴迪集团先后收购了加拿大飞机公司、德·哈维兰公司、美国的利尔飞机公司和英国的肖特飞机公司。

3) 地方政策鼓励产业集聚

在世界第三大飞机制造商庞巴迪的总部所在地——蒙特利尔,超过 50% 的业务集中在航空航天领域,39 800 名从业人员,由 6 600 名工程师、科学家以及 5 700 名技术员、19 500 名一线工人和 8 000 名管理人员组成。所有航空器材产业集中在方圆 30 km 经济圈内,几所航空航天专业学校和大学提供航空航天训练。加拿大的航空航天制造公司的研发中心大多集中在蒙特利尔地区。该地区的所有大学都参与航空航天研究。除公司内部的研发中心外,蒙特利尔地区还有 10 余家世界著名的航空航天公共和半公共研究中心,其中包括加拿大航天局、航空航天制造技术中心、工业材料研究所,以及魁北克航空航天创新研究联合体,后者是全球独一无二进行产业与大学合作的机构,旨在发展具有潜在竞争力的研究项目。此外,许多与产业相关的国际组织也都聚集在蒙特利尔:如国际民航组织(ICAO)、国际空运协会(IATA)、航空公司电信和信息服务协会(SITA)等。

5.4.5　巴西促进民用飞机产业发展的政策

巴西支线飞机,能在美欧两大航空巨头的夹缝中生存,并且不断成长壮大,与其政府的产业政策支持是分不开的。巴西航空业重要政策一览表,如表 5-3 所示。

表 5-3　巴西航空业重要政策一览表

政策法规名称	主要内容	主要目的
1969 年成立巴西航空工业公司	公司部分资本出售给私人,政府控股,允许各企业用上缴国家税款的 1% 购买巴航股票	增加巴西额外投入,限制外国支线飞机公司进入巴西市场
1994 年私有化	将巴航出售给私人财团 C 含外企和政府作为小股东,保留金边股	以私有化促进公司效率,以外国参股提高新技术和市场销售,同时政府又有控制权
1990 年以前基本政策	直接资金投入、配套技术研发支持、国内市场保护政策、政府直接补贴等	以直接方式支持企业发展
1990 年以后基本政策	为企业发展培育良好市场环境	退出对企业的直接干预,鼓励开展国际合作
科技创新投入政策	财政拨款和基金模式	一部分无偿划拨,一定范围内降息发放;用于风险投资;用于奖励技术进步成效好的企业
鼓励企业研发措施	减免企业所得税,并从所得税中扣除他们用于培养科技人才的费用;政府规定如企业将产值的 5% 用于技术开发投资,则减免 50% 的所得税;对高新技术企业少征所得税(比其他企业少征 1%~8%)和工业产品税,对加快折旧给予补贴,减征技术出口关税和国内技术转让、技术服务税等;企业可从应纳税额中提留 1%~8% 进行科研和技术创新;高科技产业开发研究所需的仪器仪表进口,免征关税	鼓励高新技术企业始终维持较高水平的研发投入

（续表）

政策法规名称	主要内容	主要目的
1993 年企业科技开发税收方面的优惠政策	强调企业是提高国家技术水平的主体；鼓励企业与大学、科研单位联合开发新技术、新产品；鼓励企业与企业之间开展合作；要求企业加强自身的技术管理；允许企业保守自己开发的技术秘密，取得成功后，仍可得到政府的资助	鼓励企业技术创新
扶持中介组织	了解、掌握企业的发展状况	将政府的部分职能赋予中介组织
巴西银行出口信贷计划	通过出口信贷计划发放。出口信贷计划的融资条件和融资期限根据商品附加值或服务的复杂程度来确定。通常以国产化指标低于 60% 为衡量标准。国产化率超 60% 的 4 万元以上单价产品，出口信贷金额可达其价值的 100%	通过"贴息"和"贷款"两种方式对出口进行鼓励，增强其在国际市场上的竞争力
巴西社会经济发展银行出口信贷项目	主要对造纸、矿业、石化、软件、飞机等行业提供出口信贷支持	重点扶持巴西的飞机制造业和航空工业
进出口税收优惠	对出口飞机免征工业产品税和商品流通税，飞机出口企业减征所得税。对进口航空制造业原材料、零部件、制造设备和制造机械免征进口税。同时，政府还为航空工业争取进口航空产品的工业补偿	帮助企业开拓国际市场
国内市场保护	关税和非关税壁垒	对国内民用飞机整机市场采取保护政策，对购买国产飞机的支线航空公司，政府给予经济补贴

1）本国航空公司购买航空产品须经政府批准

巴西所有航空公司购买航空产品都必须经过本国政府批准。如果所购买机型与本国生产的飞机存在竞争关系，则需要征收 50% 的关税，而无竞争关系的飞机只征收 7% 的关税。同时，本国航空公司购买本国飞机，还允许使用巴西雷亚尔（巴西货币）进行交易，并给予补贴。这些措施确保了巴西飞机在本国市场的占有率。

2）允许本国企业用缴税额的 1% 购买巴西航空工业公司的股票

1969 年，巴西政府出台法规规定，本国企业均可用缴税额的 1% 购买巴西航空工业公司的股票。仅此一项政策，就使巴西航空制造商在研发和生产上获得了持续稳定的资金来源。

3）利用出口信贷开拓国外市场

为了促进飞机出口，巴西政府规定，进口巴西飞机的企业可以获得 8% 年息的低息贷款。此外,政府还通过自主出口计划(PROEX)向巴西飞机出口商提供出口补助,通过巴西国民经济与社会发展银行(BNDES)为巴西飞机的销售提供融资。

从表5-3可以看出,虽然巴西政府出台的一些政策并不是专门针对航空制造业的发展,但是从政策覆盖范围和实施效果看,对航空制造业的发展起了促进作用。在促进和支持本国航空制造业发展的过程中,巴西政府并不局限于对产业发展提供保护,而是以保护性政策为基础,积极为产业的发展壮大提供政策支持。在巴西航空工业公司产生和发展的每一阶段,政府政策支持都起了决定性作用。巴西政府综合运用各种政策措施,包括政府直接投资、税收优惠、政府采购、技术转移和技术支持条款、出口信用支持、扶持中介机构和指导产业发展等政策措施,积极支持巴西航空工业公司开拓国内外市场、增强企业技术研发能力、确立企业品牌地位,以及鼓励企业参与国际竞争与合作。

5.4.6　国外扶持民用飞机产业发展的主要经验

我国民用飞机产业起步晚、基础薄弱,加上该产业投资大、周期长、风险高、技术外部性强、涉及国家安全等特点,要想在国际市场上分一杯羹,政府的扶持必不可少。从美、欧、巴西对民用飞机产业的政策支持看,政府主要扮演投资者、消费者、推销者等多重角色。为了又好又快地发展我国的民用飞机产业,我们必须借鉴这些国家的成功经验。

1) 政策长期稳定,奠定发展基础

从民用飞机产业发展的历史看,各国的产业政策支持都始于其民用飞机产业建立初期,并且都有战略性的长远规划。如美国政府促成麦克唐纳公司和道格拉斯公司、波音公司和麦道公司的合并,就是基于国家整个飞机产业的发展;欧盟从其第二框架计划开始,就把飞机产业纳入其中,做出中长期规划,稳步推动空客公司成为可以与波音公司抗衡的力量。巴西政府从1969年起,就执行1%税额购买巴西航空工业公司股票的法令,使其成为巴航的主要资金来源之一。

我国的民用飞机产业长期处于军工体系内,开放性低,市场竞争力弱,体制落后,技术水平不高,加上该产业发展周期长,政府的产业政策不可能立竿见影地取得成效,这就要求我们在制定政策时,必须从长计议,制定较为科学稳定的产业政策体系,逐步推动我国民用飞机产业持续、稳定、健康发展。同时,该产业涉及部门多,分布地区广,只有产业政策长期稳定有效,才能协调好各种关系,形成合力,推动我国民用飞机产业又好又快发展。

2) 立足国际竞争,推动科技进步

飞机产业是典型的技术密集型产业,要想在国际市场立足,就要推动科技进步。美国国防部和航空航天管理局就经常将与飞机产业相关的研究课题交给波音等公司进行攻关,给予其研发补贴,推动其技术水平的提升。欧盟更是这一做法的坚定执行者,欧盟四国对于空客公司每一种新机型的研发都不遗余力地给予支持,承担其33%~100%的研发费用,若研发失败,这些费用则不必返还,如果成功也是到其获利至一定程度,才需要还款。正是在这样的政策支持下,才使空客公司以技术占领市场的愿望得以实现。

我国的飞机企业以前大多从事零配件生产,习惯走"引进—仿制—组装"的老路,技术水平低。要想促进我国民用飞机产业的发展,就必须制定相应的政策,以推动自主创新,提升科技水平和核心竞争力。只有这样,我国的民用飞机产业才能不断地成长壮大,才能在激烈的国际竞争中立于不败之地。

3) 促进产品销售,需求拉动发展

现代产业发展,已由生产推动为主转化为需求拉动为主,按照订单生产的飞机产业也不例外。可见,有了需求才能拉动生产,带动科研,提升产品性能和服务。这样,才能进一步扩大需求和市场份额,从而进入良性循环。为了促进本国飞机的销售,各国政府各出奇招。美国政府不仅大量采购本国飞机,还靠出口信贷推动其飞机出口。欧盟四国则以落地权、航路等附加条件,吸引订单;四国政府领导还利用各种场合不遗余力大力推销空客飞机,法国前总统密特朗曾宣称其是空客飞机的"头号推销员"。巴西政府为了保护本国飞机销售,对与其存在竞争关系的飞机产品征收高达50%的关税。

我国民用飞机产业尚处于起步阶段,市场认同度不高,销售压力大。要想保证订单,拉动生产和科研,就要充分发挥政府的作用。首先,政府可以通过政府采购保证飞机的销售;其次,政府可以通过出口信贷、融资、出口补贴等贸易政策,推动飞机出口;再次,政府还可以以其他附加条件,如天空开放等来争取订单。在促进产品出口的同时,还可以关税、购买补贴等手段,保证国产飞机在本国的销售及市场占有率。

4) 军民协调发展,相互促进提高

飞机产业源于军用飞机研制。很多民用机型都是由军用机型改进而成。因此,两者在技术、基础设施、人员等很多方面都是共通的。美国的飞机制造商基本都是军民融合型企业,其军用技术扩散到民用领域后就可以带动整个飞机产业技术水平的提高。而民用飞机对经济效益的追求,也可以降低制造成本,使整个飞机产业利润更加丰厚。军用民用机型相互促进、协调发展,可以使整个飞机产业的技术含量大大提升,经济效益和军事效益稳步提高。同时,军方以国防名义给民用飞机制造商以补贴,也不违反 WTO 规则,是政府支持民用飞机产业发展的一条有效途径。

我国军用、民用飞机研制长期分离,造成基础研究、设施、资源的大量浪费。同时,技术军、民分立,各自研发,竞争转移不畅,也不利于整个飞机产业的发展。要消除这些弊端,更好地利用科研生产资源,协同发展军用民用飞机,提升我国飞机产业的科学技术水平,就要制定相应的产业政策,走军民融合式发展之路。

5) 加强国际合作,减少贸易摩擦

从日本、巴西和欧盟等国家民用飞机产业发展的过程看,国际合作在飞机研发和市场开拓方面能够发挥重要作用。一方面,在经济全球化的背景下,飞机产业的发展已经融入国际生产体系,各国之间的影响进一步加大。另一方面,加强国际合作能够将我国民用飞机的发展与发达国家捆绑在一起,形成利益共同体,有利于对竞争对手的牵制,因为与竞争对手建立战略联盟、风险合作伙伴关系,不但能提升我国在价值链中的地位,还能获得一些先进的技术和管理经验,减少与竞争对手的贸易摩擦。

5.5 国产民机客户扶持政策分析

实现"大飞机梦"是"中国梦"的重要组成部分之一。构建国际一流的民机制造企业,实现三足鼎立的民机产业格局,是中国民机制造商的雄心壮志。目前,ARJ21-700飞机已基本完成试航取证任务,处于型号成功向市场成功转变关键阶段,市场营销工作的紧迫性和重要性不言而喻;而C919大型客机是市场主力的150座级机型,必须直面波音和空客的激烈竞争,其市场营销任务较ARJ21-700飞机而言更谓过之而无不及。

因此,我们须在"全力开发国内市场、稳健开发国外市场、量力开发特殊市场"的基本原则下,以客户为中心,以"一揽子"解决方案为出发点,以与中小型客户共同发展为策略,积极开展市场营销工作,以应对两个型号的严峻挑战。为完成上述目标,本节研究了目标客户培育、发展阶段支持方案,以及循环经营模式,用于支持市场开拓工作。

首先,从航空公司的商业模式和规模两个方面对客户进行了分类,定义7类航空运营商业模式;其次,根据机队规划理论、成本分析方法和调研结果,归纳出不同种类和规模航空公司的需求要素;之后,对标世界先进民机制造商(波音公司和空客公司)的客户支持模式,结合公司的优劣势,形成国产民机的客户支持选项,共计6大类27小项;接着,应用规模经济理论分别划分航空公司和飞机产品的培育及发展阶段,找出支持政策的设计区域(或着眼点),明确支持方案的上下限;然后,开发出不同类型客户培育和发展阶段的支持方案,并给出案例分析。

5.5.1 航空公司分类

1) 航空公司商业模式

商业模式(business model)是一种阐明某个特定实体的商业逻辑的概念性工具,它描述了公司所能为客户提供的价值以及公司用以实现价值并产生可持续盈利收入的要素。简言之,商业模式就是一个公司通过什么方式来赚钱。

在具体经营中,不同商业模式的航空公司在发展方向、运营特点和盈利点上还是存在很大的差异,因此,在考虑制造商对客户的支持方案时,有必要研究不同商业模式的需求特点,考虑客户最核心的需求,为其量身定制最有效的支持方案。

审视全球航空公司业的发展历程,成功的航空公司依据自身的发展战略,适应日趋理性和成熟的消费者对服务的诉求,形成了各具特色的商业模式。依据航空公司市场特点和航线网络的范围及模式的不同,典型航空公司商业模式可分为全球网络型航空公司、区域型航空公司、区域低成本航空公司、高品质型航空公司、点对点支线航空公司、依附型支线航空公司、包机航空公司7种类型(分类依据来源于《国产干支线飞机市场运营模式研究》)。

(1) 全球网络型航空公司。

全球网络型航空公司拥有遍布全球的航线网络,旨在为世界各地旅客提供覆盖全球范围的航空运输服务。它们控制着一个或多个枢纽,在国内航空运输市场处于主导地位;它们还是全球航空联盟的主要成员,除了自身拥有的洲内航线和跨洋航线外,还通过战略联盟完善市场布局、拓展航线网络覆盖范围,在洲内主要市场和洲际市场都占有较大份额。例如,达美航空公司、汉莎航空公司、法荷航空公司和美国航空公司。另外,全球网络型航空公司旗下拥有众多子品牌,通过不同的子品牌运营不同市场,提供多等级的服务。通过这种方式,可以把注意力集中于某一区域运营,从而在部分细分市场上获得额外的规模经济优势。

(2) 区域型航空公司。

区域型航空公司是指目标聚集于国内或洲内某些特定区域的航空公司。它们以区域内中心城市为枢纽和基地,搭建覆盖区域范围的航线网络,并通过枢纽机场实现区域与国内或洲内其他主要城市之间的连通,在所在区域市场有着绝对控制力,是所在国家的骨干航空公司,如阿拉斯加航空公司。

(3) 低成本航空公司。

区域低成本航空公司针对的客户群体是对价格敏感的乘客,一般使用单一机型,选择洲内和国内的二线机场,并主要服务于点对点的特定航线,旨在提供低价格、高效率的航空运输服务。如美西南航空公司和瑞安航空公司。

(4) 全服务型航空公司。

高品质型航空公司是在全球网络型航空公司和地区型航空公司之中,关注高收益旅客缝隙市场的一种商业模式。其主要特点就是为高收益旅客提供高品质的航空运输服务,因此其票价水平一般相对较高。例如,阿联酋航空公司、新加坡航空公司。

(5) 点对点支线航空公司。

点对点支线航空公司主要是在较小的二三线机场运营，一般选用喷气支线飞机，有时候也会使用老旧的二手干线飞机。其商业模式的关键在于以合适的机型为低客流量市场的乘客提供服务，尤其是对时间成本非常看重的旅客。例如，Portugalia、华夏航空公司。

（6）依附型支线航空公司。

依附型支线航空公司是在美国发展起来的一种商业模式。此类航空公司多采用支线飞机运营，通过运力采购协议（CPA）的形式为网络型航空公司提供支线运力，从而为其枢纽机场输送旅客。采购依附型支线航空公司运力的网络型航空公司甚至负责其航班计划、市场营销、定价和收益管理，同时基于航班的运营成本支付相应费用。而依附型支线航空公司则负责飞机的运营、维护和财务管理。例如，ExpressJet、Eurowings 航空公司。

（7）包机航空公司。

包机航空公司是专门提供包机服务的航空公司，主要分布于欧洲。包机航空公司没有定期航班，其主要客源自来旅行社，受季节性影响较大。其为旅行社等团体所提供的包机服务都实行低成本和低服务。如德国的 TUIfly 航空公司。

上述典型的航空公司商业模式关注不同地域范围的市场，机队构成各具特点，向客户提供各具特色的航空运输产品，其成功要素和支持需求也不尽相同，航空公司不同商业模式特点比较及不同商业模式核心需求比较如表 5-4、表 5-5 所示。

表 5-4　航空公司不同商业模式特点比较

商业模式	网络覆盖范围	机队构成	运输价格	目标顾客特点	成功要素
全球网络型	洲际/洲内/国内	多机型	中	较为综合	航线网络覆盖范围、枢纽主导地位、营销能力、服务品质
区域型	洲内/国内	相对单一	中	较为综合	区域市场主导地位、服务品质
低成本型	洲内/国内	单一	低	对票价敏感的旅客	成本控制、高利用率、单一机型
全服务型	洲际/洲内/国内	相对单一	高	公商务旅客	高品质服务、产品创新
点对点支线	洲内/国内	相对单一	中	较为综合	飞机选型、市场选择、成本控制
依附型支线	洲内/国内	相对单一	中	较为综合	合作关系、运行效率
包机	洲际/洲内/国内	相对单一	低	旅行社等团体	与旅行社等团体的合作关系、季节性管理

表 5 - 5　航空公司不同商业模式核心需求比较

商业模式	对制造商支持需求
全球网络型	机型通用性,航权资源
区域型	航线时刻
低成本型	飞机性能(使用成本、油耗、可靠性、机龄)
全服务型	高新技术,航材支持
点对点支线	地方支持政策
依附型支线	地方支持政策
包机	维修,航材支持

2) 航空公司规模

通过调研及对客户的分析证明,航空公司的商业模式不足以完全地描述航空公司的客观情况。在航空公司的发展过程中,一般由初创期、成长期、稳定期和持续发展 4 个阶段组成。在对客户培育的过程中,作为制造商,应不仅限于对自身的产品进行培育,同时应对有发展需求的航空公司进行培育,选取部分的支持方案条目来支持航空公司的发展,这样更有利于市场的开拓和客户忠诚度的提高。因此,在分析航空公司需求特点时,还应考虑航空公司规模这一重要因素。为方便使用,我们定义规模较大的航空公司处于稳定期或持续发展期,这类航空公司有成熟的经营模式和风险控制能力,不需要制造商提供额外的针对公司发展的支持方案;而规模较小的航空公司处于初创期或成长期,需要制造商在对飞机提供支持的同时,也针对航空公司的发展给予一定的帮助,以促使其与机型共同发展。

从反映航空公司运输能力、运输量、航线规模及结构 3 个方面的因素着手,分别选择飞机数量、机型、运输能力、航线数量 4 个指标进行样本研究与验证,最后得出航空公司的运输能力最能体现航空公司的市场构造类型,也最能反映航空公司的市场成熟度以及竞争力水平,因此选用其为航空公司规模界定的最主要指标。

综上所述,在考虑目标航空公司的培育和发展阶段支持方案之前,应明确该航空公司的商业类型和规模,以帮助寻找和明确该航空公司的需求,从而使选择的支持方案更直接快速的满足航空需求,促进其发展。

5.5.2　国外主流制造商客户支持概况

5.5.2.1　空中客车公司客户支持概况

1) 空客公司进入航空制造市场时的状况

当空客公司带着它的第一架飞机 A300 进入市场之时,波音公司正在忙于并购麦道公司的内部调整,两公司合并之后,在资源、资金、研究与开发等方面都占有优势。新波音公司的资产总额达 500 亿美元,净负债为 10 亿美元,员工总数 20 万人。尽管两公司的合并后波音公司成为世界上最大的军用和民用飞机制造商,但是驾驭这样一个航空航天业的巨人，并将两个公司顺利融为一体，并不是一件容易事。并购完成后，市场对波音飞机的需求量迅速增长，促使公司开始加速生产。1997年6月，波音公司在埃弗雷顿工厂生产的B747的产量达到每月4架，而1996年9月其产量仅为每月2架。随着需求的急剧增加，波音公司却并未对生产线做出改变，很快就不堪重负。到1997年的初秋，B747的生产完全陷入混乱，供应链崩溃，供应商也受到了冲击，整个生产线不得不停工。到1997年底，波音公司宣布其第三季度的生产问题导致公司出现16亿美元的坏账，接着1998年损失利润10亿美元。这使得波音公司无暇顾及空客公司这个"新进入者"。

同期，燃料价格大幅上涨。自1973年10月16日其，当日石油的价格从每桶3美元跃升至5.12美元，增长了70%。而这源于石油输出国组织（OPEC）的一个政治决定，此外该组织还同时宣布每月减少5%的石油产量，"直到以色列全部撤出被占领土地，并恢复巴勒斯坦人民的合法权利为止"。这场"石油冲击"带来的后果是严重的，经济发达国家对石油的依赖充分暴露，并给一些对油价高度敏感的行业造成了严重破坏，首当其冲就是商用航空。1972年，煤油占主要航空公司直接运营成本的10%，之后这个比例增到超过30%。从长远来看，为了提高燃油利用效用，航空公司很有可能会转向容量更大的客机，而空客公司研制的双发动机A300B尽管在节约能源方面只迈出了一小步，但这次危机最终有利于它的发展。

2）空客公司的市场开拓策略

（1）飞机的销售范围从欧洲扩展到世界。

巩固欧洲版图：尽管作为一家欧洲航空制造企业，空客飞机最初获得的订单大多来自资助国家的国有航空公司，但是不仅订单数量远远少于先前各国政府承诺的对于项目支持的数量，而且各航空公司的承诺也是三心二意。这些航空公司大多是迫于政府的压力同空客公司签订订购合同，但在履行合同时却希望能够从政府方面获得更多补贴。面对这种情况，空客公司总裁采取了连蒙带吓的手段，威胁航空公司如果不履行订购合同就终止空中客车的计划，迫使航空公司接收了飞机。

开拓公司销售版图上的"丝绸之路"：空客公司于1975年签署了4架A300确定订单和4架意向订单，但在此后的16个月中，集团就再没有收到一份订单。空客公司在美国市场上的努力受到了波音公司的打压，这使其认识到必须要赶在波音公司之前打开亚洲和远东市场，突破口是新进入市场不久的航空公司，同时把重点放在了处于航空运输量预计会有大幅度增长地区的财力雄厚的航空公司。1977年中期，泰国航空公司的最终订单终结了空中客车工业集团14个月的零订单记录。截至2013年，空客公司在亚太地区的现役飞机数量不断提升，在全球现役飞机数量中所占的比例已经大大超过美国制造商。

打开北美市场：作为飞机制造市场上的迟到者，空客公司在推广自己产品时更注重航空公司的实际需求，其双发动机的设计理念也帮助其迅速获得了美国东方航空公司的关注。然而面对新机型,东方航空负责人迟迟无法下定决心,于是空客公司决定抛出杀手锏,提供 4 架飞机供该航空公司免费使用 6 个月,这一提案最终被接受,并被空客集团称为"产品支持"的计划。这项计划是空中客车工业集团对不熟悉空中客车飞机的航空公司提供驾驶员培训、零部件供应、组织维修等方方面面的支持服务。接下来空客公司面临美国方面设置的一系列障碍,包括欲对空客飞机征收 5% 的进口税,限制其在纽约拉瓜迪亚机场使用,甚至被禁止在水上飞行超过 1 h,但这些问题还是一一解决了,只剩下资金问题。借助各银行的友好帮助和法、德政府主管的出口金融机构的大力支持,空客公司筹集到令航空公司无法拒绝的条件优厚的资金。美洲银行同意以固定 3.5% 的利息借贷 5.22 亿美元,为期 15 年(那时正常的商业利率可能会接近 9%),同时由里昂信贷银行和德意志银行这两家欧洲银行借贷 2.5 亿美元,同时空客公司提供自己筹到的价值 9 600 万美元的债券,而发动机制造商——通用电气公司也提供 4 500 万美元贷款。这样诱人的条件,主要原因是得到了法国和德国政府的担保。

(2) 注重对亚洲市场尤其是中国市场的开拓。

根据空客公司预测,未来几年世界航空工业发展势头迅猛。空客公司首席执行官恩德斯说,到 2030 年全球新飞机需求量为 2.78 万架,价值约 3.5 万亿美元。其中亚洲需求量 9 370 架,超过全球需求量的 1/3,价值约 1.3 万亿美元。亚洲市场尤其是中国市场在空中客车公司全球战略中地位日益突出,仅在 2006 年空客公司就向中国交付近 80 架飞机,中国在役空客飞机数量达到了 266 架,占空客公司全球现役飞机总量的 9.19%(见图 5-1)。

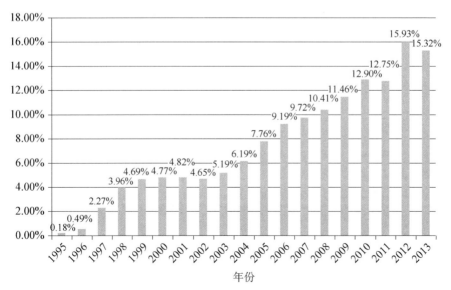

图 5-1 中国在役飞机数量占空客全球在役飞机数量的百分比

空客公司对于自己在中国市场上的成功总结如下：

第一，建立了一支优秀的团队，能够倾听客户的声音、理解市场发展的需要，思考怎样能满足市场的需求和发展。空客公司在展望 2016 年至 2020 年中国未来民航市场的发展前景时，发现中国的客流量从 2013 年至 2020 年最起码要翻一倍，即从 3.5 亿人次发展到 7 亿人次。但同时制约中国民航发展的一些瓶颈因素并没有办法得到有效缓解，如机场拥堵、空域的紧张和飞行员的短缺等问题。在这样的背景下，空客公司思考如何适合中国未来市场的需求和发展，审视了自己的产品系列后，认为目前深受市场欢迎的 A330 区域改进型是未来舒缓这些压力的有效手段之一。相比于现有的 A330 飞机，A330 区域型缩短了航程、减轻了重量，通过对客舱布局合理化的改进，使座位的数量最高可以达到 400 座，这意味着单座成本大幅降低，使得 A330 区域型在北京—上海这样的中短程航线上使用更为经济。

第二，加大了基础服务设施建设。在北京建立了培训中心以及技术支持和零部件中心。

第三，空客公司采用立体的、多层次的方法，而不是局限于"买"和"卖"的简单关系，寻求在工业合作领域的积极对话。这说明空客公司已经不再像过去那样把中国仅定位为新兴市场，而是视作最重要的战略市场之一。比如，空客公司在天津建立了 A320 飞机总装线，在哈尔滨合资建立了世界一流的哈飞空客复合材料制造中心，空客 A350XWB 宽体飞机有 5% 的机体计划要在中国生产。与中国航空业进行全方位、多层次的合作，是空客公司在华业务的重要构成部分，而不仅局限在销售上。通过双赢的方法，大幅增加与中国航空制造企业的工业合作和技术转让力度，使得空客公司同中国航空业的关系更加亲密。

（3）价格优势和灵活的销售策略。

由于空中客车工业集团的许多客户是在发展中国家，这些国家资金缺乏，因此空中客车公司很早就采用了租赁而不是销售的市场战略。

3）空客公司的成功因素

空客公司作为一家航空制造领域的后来者，抓住了全球能源危机和波音公司合并重组后的内部调整这两个机遇，艰难地打破波音公司在行业中一家独大的地位，它的成长之路有许多值得我们借鉴的地方。首先，空客公司非常重视客户的实际需求，在推广飞机时强调其经济性和舒适性，与航空公司的经营理念不谋而合；其次，准确预测市场增长量，重点开发亚太新兴市场，推进航空公司业务增长；采用租赁而不是销售的市场战略，帮助发展中国家解决了航空公司资金短缺的问题。

5.5.2.2　波音公司客户支持概况

波音公司的发展史是与航空发展史基本同步，它随着战争的需求，从军品获得第一桶金，之后进入航空运输业务。

随着航空业务的发展，波音公司开发的首架现代民用客机 B247 型客机。之后研究出喷气式客机 B707。后来用 B727,开辟了中型喷气式客机的市场。B737 的初衷是进入小型喷气式客机市场以完善产品结构,但先进的技术使其击败竞争对手成为历史上最畅销的喷气式客机。B747 是当时航空史上最大的民营投资项目,并且在研究期间市场并无类似产品,但波音公司坚持其独特的战略眼光,认为市场对比 B707 大一倍的飞机的需求在未来是肯定的。这份坚持也换来 B747 巨大的成功。之后在 B707 和 B727 的基础上推出 B757 和 B767。近期更是研制出 B787 梦想客机来诠释他们对航空产业的预测和认识。可以说,波音公司一直是以行业带头人的身份来主导与引领着市场。通过对市场战略的预测与新技术的优势,占领并保持着霸主的地位。

1) 波音公司的营销策略

波音公司成为空中霸主,不仅得益于其精湛的技术,在很大程度上还归功于其成功的营销策略。正如美国航空公司总裁唐纳德所说:"从技术上说,波音公司是出色的,但洛克希德等其他公司也非常能干,他们的主要区别在于波音公司有其独特的销售方法和杰出的销售力量,才使得买主觉得波音公司能够充分理解自己需求,从而形成强烈的购买欲"。

(1) 精良的销售队伍。

波音公司有一支精良的销售队伍,公司犹如打磨璞玉一般训练他们,使他们为公司带来源源不断的订单。

波音公司的销售人员必备素质:具有销售方面的专业知识经验;熟悉飞机的性能和构造;熟悉飞机产品支援功能和程序;具有较好的业务交往能力;具有经营决策和较高的综合分析能力。此外,最重要的是,波音公司的销售人员必须尽一切可能掌握客户的所有信息,包括客户的飞行计划、飞行时间表、驾驶员、技师、随机人员以及公共关系、财务等状况。波音公司认为销售人员只有在全面了解他们所负责的客户之后,才能按照客户的需求提供合适的机型,推销更多的飞机。

有一次波音公司的销售人员向一个非洲国家推销 B737 型飞机,该国家要求波音公司报告飞机机轮轧死蜈蚣后的摩擦系数。因为这个国家的机场蜈蚣泛滥,如果机轮与蜈蚣的摩擦系数太大,飞机达不到一定速度就飞不起来。而波音公司的销售人员在这方面已有所准备,做了详细的实验数据证明。于是,他们当即告知蜈蚣不会影响 B737 起飞。这给航空公司留下了深刻的印象,成为它购买 B737 的重要原因。

(2) 着眼于客户。

市场竞争的最终目的是赢取客户,波音公司民机销售人员在销售活动中始终保持对市场动态和目标市场的高度敏感,注重客户的心理驱使,了解客户机队更新的各种需求,并尽力解决客户提出的问题。波音公司将客户购机时最关心的问题归纳如下几点:民机制造商在国内外的信誉和营销,飞机本身的设计特点、性能参数和构型状态；飞机运营成本和投资回报率；飞机的销售价格和其他优惠条件；飞机在同类机型机种对比中的特点和优势；购机的付款方式；飞机交付后的产品支援；购机附加优惠条件，如经济合作、技术支援、补偿贸易等；租赁方式的原则；购机资金来源。

在B707推出时，波音公司为布忍尼夫航空公司专门生产了B707-200机型，该公司经营的是南美航线，必须在海拔很高的机场起落，因此需要大马力的飞机，波音公司为了能满足这项特殊需求，专门更换了B707的发动机。在研发B777时，波音公司请客户代表共同参与飞机的设计和制造，这些客户不断告知波音公司的设计员，哪些设计可能有问题，哪些设计受欢迎，哪些设计方便乘客使用。波音公司在认真分析研究这些意见之后，对原设计进行了1 000多项改动，使得B777具备了更优越的性能。

波音公司在设计每一款机型之前，公司的设计人员都会认真听取营销部门的建议，极为重视销售部的市场分析和信息反馈，并非一味求大、求豪华，也不会一味迎合市场舆论。波音公司清楚，包括销售和售后服务在内的营销人员最接近客户，最清楚市场需要什么，知道客户的困难在哪里。为了更全面地了解客户的需求，波音公司通过对民机市场和航空公司的调查，对市场信息进行有效的管理。其中，对民机市场调查的内容包括：市场需求、市场环境、市场销售价格、机型适应性和制造厂商的情况。对航空公司现状调查的内容包括：航空公司计划和发展、航线结构、飞机需求量和购买力、飞机选型论证和经营方式。

（3）以奇制胜的广告宣传。

对波音公司而言，它直接面对的客户是全球数百家航空公司，但波音公司的广告则更多的是针对其客户的客户即乘客所做的。波音公司利用广告鼓励人们乘坐飞机，只有坐飞机的人多了，航空公司的生意才能做大，波音公司的飞机也将随之有更好的销路。

飞机推销的关键是对飞机质量的宣传。波音公司在这方面也付出了长期的努力并有其独特的手段，早在1954年，喷气式客机刚刚问世时，在西雅图一次水上飞机比赛，波音公司派出B707参赛，并在现场做了高难度、令人难以置信的飞行表演。正是这大胆的表演，让客户见识了B707的高质量和优越的性能，为其之后的销售奠定了基础。

（4）以销定产。

飞机买卖与普通买卖不同，一架喷气式飞机动辄几千万美元甚至上亿美元，这对买方和卖方来说都是一笔不小的资金，所以无论是波音公司还是航空公司在买卖飞机时都十分慎重。波音公司一般先拿订单，后生产飞机。即所谓的"以销定产"。从客户确定订单到交付飞机往往要经历几年的时间。

由于波音公司是"以销定产"，所以，首先不是考虑自己生产什么，而是考虑客户需要什么。这就是波音公司往往可以在一定幅度内根据客户的需求进行调整，波音公司随时和客户保持联系,以满足客户对飞机改进的需求,打造属于客户的飞机。

(5)以旧换新。

在波音公司的营销策略中,还有一个绝招,就是"以旧换新"。客户可以将超过"服役"年限的飞机退给波音公司,然后换购新的飞机。波音公司为此专门成立了二手飞机销售服务部。

此项服务可谓一举两得,一方面,满足了绝大多数客户的需求,客户手中的旧机型已如鸡肋,"食之无味,弃之可惜",若当作破铜烂铁卖了又不划算,能折价卖给波音公司,对航空公司来说实在是求之不得;另一方面,波音公司还因此赢得新的订单和信誉。波音公司将旧飞机进行改造,更换旧零件,再将其送回二手市场进行交易。

"以旧换新"的营销策略使波音公司获得了许多客户,这是波音公司在飞机销售市场长期处于霸主位置的诸多原因之一。

(6)充满中国元素的营销。

中国航空市场是一个极具潜力的成长性市场,波音公司预测,中国国内的客运量将以7.9%的年均速度增长,中国的航空公司在2010年至2019年间将需要4 330架新飞机,市场价值达4 800亿美元,因此,能否占领中国航空市场,将直接决定波音公司与其竞争对手在全球的力量对比。

为了能在中国市场上获得更多的份额,波音公司在其全新机型B787"梦想客机"的命名方面积极地融入了中国元素。在项目启动之前,B787一直被称为"波音7E7梦想飞机"。直到波音公司与中国政府2005年1月28日在华盛顿签署了60架B787飞机购买协议之后,才正式有了"B787"的名字,因为"8"在中国文化中象征着幸运。

2)波音公司服务体系

波音公司在中国有十分广泛的业务分部,它提供安全、飞行、机务、技术、空中管理等培训和技术服务,惠及中国40余个城市;它在乌鲁木齐、北京、沈阳、济南、上海、厦门、成都、武汉、昆明、广州、香港、汕头和海口13个城市成立了驻场服务基地;它还为中国的9个城市和地区,北京、天津、青岛、上海、广汉、成都、珠海、香港和海口提供波音模拟机。波音公司与中国多所大学建立合作项目,中国有13个城市参与波音飞机的生产。

波音公司的民用飞机服务业务包括客户支持服务业务、飞机物料管理业务、飞机维护服务业务、机队优化服务业务、飞机运营服务业务和金色关怀业务。

5.5.3　国产民机客户支持方案

国产民机作为市场的新进入者,面对航空巨头对于市场的垄断,其面临的境遇无疑是艰难的。但有国家庞大的经济实力做后盾,同时中国航空市场已成长为现今全球最具发展潜力的市场,国产民机对其有得天独厚的优势,通过积极的客户扶持,不断巩固和扩大市场份额,最终有望在激烈的民机市场竞争中占据一席之地。

1) 客户支持方案概述

作为国产民机的最终使用者——航空公司,其面对的航空运输市场,由于具有一定程度的政府管制和航权限制等特征,除了市场机制以外,政策在航空公司竞争中也扮演着重要角色。对于刚投入市场的新机型的使用者,由于机型尚未进入成熟期以及机队规模较小等特征,决定了其成本和规模经济效应必然无法与使用现有机型相匹敌。因此,为保障航空公司竞争力,从而最终支持新机型乃至本国航空产业的发展,在新机型投入市场的初期,从采购、租赁、运营、处置等全方位对客户进行支持,是各大飞机制造商以及所在国政府的通行惯例。政府通常通过财政补贴、税收优惠、政府采购、出口信贷和关税等方式支持飞机产业的发展,促进生产效率的提高,弥补市场失灵的不足,增强本国的产业竞争力,争取动态比较优势,最终推动国产民机产业的发展。

通过收集整理大量的客户调研结果,评估客户需求,同时借鉴其他飞机制造商的做法,将制造商可以提供的客户支持分为购机支持、运营支持、航线及时刻支持、出口相关支持、机型处置支持以及其他支持等方面,对制造商的客户支持方案进行简要概括。

2) 购机支持

购机支持,一般指对客户飞机采购过程中产生影响的环节进行一定优惠倾斜的支持。如购机审批程序、飞机折扣、贷款贴息和预付款比例等;也可扩展为飞机购买时需要确定的买方权利优惠,如机型选择权和机位优先权、回购政策和残值担保等。表5-6列举制造商的客户购机支持条目。

表5-6 客户购机支持

支持条目	具体内容
购机融资支持	解决客户的购机资金来源,降低飞机的所有权成本,进而降低运营成本,同时为客户提供优良融资方案以降低风险
优先购买选择权	为客户提供机型转换的权利,如将原有的基本型订单改为加长型或缩短型订单等,提高客户机队规划的灵活性和适用性
飞机价格折扣	降低客户飞机购买成本,以变相降低运营成本,但一般伴随着大额订单,或针对特殊客户
预付款比例降低	增加客户的资产流通性,对于资金困难的客户尤为重要。一般不超过竞价的10%,协议价格的15%
回购政策	对客户现有旧机型进行购买回收,帮助客户处置老旧机型,减少运营成本。完善其机队规划目标,并换取新机型的订单

（续表）

支持条目	具 体 内 容
残值担保	在购机合约中加入残值担保条款,降低客户在飞机服役期到时的风险,在新进入机型中常见
改装费用减免	对飞机改装费用给予减免优惠,使客户花费较少的代价得到更加适合的机型,以完善其机队规划和运营目标
购机增值税减免	减少客户购机成本

3) 运营支持

运营支持主要指客户购买飞机后,在运营过程中制造商给予的支持,分为飞机运营支持(见表5-7),飞机维护支持,和机队优化支持。

表 5-7　飞机运营支持

支持条目	具 体 内 容
收费减免	运营国产飞机所发生的营业税、民航建设基金、机场费用和空管收费根据政策减免,提高飞机经济性
训练优惠	飞行、机务、乘务和维修等培训费用的优惠及减免
降低维护费用	通过技术手段或在价格方面优惠,降低飞机的维护费用
保修期延长	延长客户飞机使用的保障时间
建立备件库/支援中心	在客户基地附近建立备件库或支援中心以减少培训和维修方面所需的时间和费用
运营补贴	为让航空公司运营国产飞机得益,向国家或地方申请按照班次或客座率进行补贴

4) 航线及时刻申请支持

我国的航权航班和时刻管理政策在管理上主要特点为分类、分级管理。在考虑客户的航线与航班时刻申请时,应借用新入航空公司、新开航线航班时刻(如昆明长水机场)和基地航空公司等优势。相关航线及时刻支持如表5-8所示。

表 5-8　航线及时刻支持

支持条目	主 要 内 容
优先审批	优先审批使用国产飞机执飞的航线申请,加快国产飞机直飞航线的审批速度
资源预留	给使用国产飞机的航空公司预留若干黄金航线和黄金时刻的支持。帮助客户将国产飞机用于较好的航线及航线时刻

5) 进出口相关支持

进出口相关政策主要指针对国外企业购置飞机时适用的优惠政策,包括出口信贷支持,出口税和其他国内应付税款补偿等。表5-9列举了出口相关支持条目。

表 5-9　出口相关支持

支持条目	主 要 内 容
预提所得税减免	我国飞机租赁公司通常通过设置在国外的SPV开展租赁业务,因此必须缴纳7%～10%的预提所得税。而国外飞机租赁公司与国内航空公司开展租赁业务时,按照规定这笔税款应由国外租赁公司负担,但根据目前业界惯例,预提所得税实际无一例外地由国内航空公司负担。因此,对国产飞机租赁业务减免预提所得税,能够直接利好国内航空公司与租赁公司
出口信贷支持	对于国外航空公司购买国产飞机时,给予一定的融资支持
纳入对外援助计划	对于国外航空公司,尤其是中国援助国的航空公司购买产品时,给予适当优惠
出口税和其他国内应付税款补偿	降低国外客户的飞机购买成本
进口税费减免	对航空公司和国产民机公司及所属单位在进口国产飞机航材、维修设备、飞机部件和训练配套设备时的进口关税和进口环节增值税减免

6) 机型置换支持

机型置换支持主要是针对航空公司现有的机队情况,尤其是其中的老旧机型或者是贮藏机型,在航空公司没有较好处置办法的时候提出的支持方案。表5-10中列举了机型置换支持条目。

表 5-10　机型置换支持条目

支持条目	主 要 内 容
老旧机型置换	为客户收购老旧机型,提供新机型填充机队;并将老旧机型折算成一定资金以减少新机型的购买成本
老旧机型收购	为客户提供老旧机型的解决方案,通过自有的二手机公司,帮助客户出售老旧机型,或以略高于市场价值的价格收购,以帮助客户解决问题,一般伴随着新订单的签订
机型改装	主要用于帮助客户进行改装(如客改货等),延长飞机的使用年限。

7) 其他支持

其他政策指除上述项目外,可以在客户购置、运营、处置飞机的过程产生影响的优惠政策。表5-11中列举了3条相关其他支持条目。

表 5 - 11 其他支持条目

支持条目	主 要 内 容
加速折旧	飞机资产加速折旧,可以降低客户的资金成本,增加资金流动性
融资支持	对客户各方面的资金需求,给予合理的解决方案
基地审批放宽	为帮助航空公司客户争取在繁忙机场设立运营基地以提升市场竞争力,可申请对于运营国产飞机及支线航线的航空公司,允许其作为特例在繁忙机场增设运营基地

5.5.4 客户培育与发展阶段划分

1) 航空产业规模经济性及其影响

航空产业的特殊性使其具有明显的规模经济性,主要表现在密度经济和运输距离规模经济。

密度经济概念为,假定空间尺度不变的情况下,在具体的运输线路上,运输通过量越大,该线路的运营效率越高或单位运输成本越低。从影响因素上可分为线路通过密度经济、飞机载运能力经济和机队规模经济。

因为在航空运输业中,固定成本所占的比例很大,随着运输量的上升,单位固定成本分摊的越少,这就构成了线路通过密度经济;从单个运输工具的载运能力来看,运输工具载运量越大,运营效率就越高,单位运输成本就越低,这就构成了飞机载运能力经济;另外随着航空公司规模的扩大,机队规模增加,这样将会大大降低航空公司的购买成本和维修成本,从而构成了机队规模经济。运输距离规模经济是指在假定运输密度不变的情况下,单位运输成本会随着运距(总的人公里数)的不断延长而下降,也叫幅员经济,这可以用来解释目前航空公司的战略联盟,尤其是互补性线路联盟的现象。

2) 客户培育与发展阶段划分理论依据

(1) 产品培育过程。

对于目前中国民航业的发展阶段来讲,经济效益与规模的关系大致可以用图 5-2 来表示。规模经济是技术效率、管理效率、体制效率的综合体现。技术上的规模经济的存在很容易被体制上和管理上的低效率所抵消,于是表现出规模不经济的现象,图 5-2 正是说明了这个问题。

a. 在最初的 A 点到 B 点,随着规模的增加,管理费用成倍增长,其增长幅度超过了规模经济带来的效益时,就会表现出经济效益下降的趋势,于是出现了小型航空公司效益相对较高,中型航空公司效益不佳的现象。

b. 如果规模大幅度增加,如图 5-2 中从 B 点到 C 点的过程,规模经济带来的效益充分发挥,即使管理费用仍然很大,当规模经济效益超过费用率的增长幅度时,又会体现出经济效率增加的现象,这正解释了为什么三大航空公司的经营效率高于中等的直属航空公司的原因。

c. 在规模的进一步增加,向超大型发展,也即 C 点以后的过程,规模经济性连同网络经济性、范围经济性均发挥作用,经济效益会更加提高,这可以解释目前中国乃至国外的各大航空公司联合重组的现象,其正是为了追求大集团所带来的规模效益。

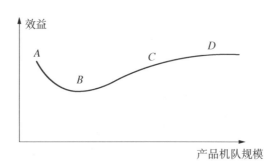

图 5 - 2　中国民航业经济效益与规模的关系

根据这个分析结果,我们可以将 A 点到 B 点的时期定义为客户的培育阶段,即飞机数量较少,且由于运营初期管理效率,技术效率等效益并不明显,随着飞机增加,效益可能呈现下滑趋势。B 点到 C 点的时期则为客户的发展阶段,此时客户已经度过培育期,飞机数量较多,且规模经济已经发挥作用,随着规模增加,经济效益也更加提高。B 点为分界点,即投入资产的边际效益由负转正时,边际效益可用实际运输量的生产效率的指标,即平均每个工作人员的收费吨公里、平均每个工作人员的运输客公里、载运率(等于收费吨公里/可用吨公里)3 个指标来衡量。

(2) 航空公司培育过程。

考虑产品在航空公司内部的发展过程的同时,也应根据之前的航空分类方法,针对航空公司的需求进行培育发展。

航空公司的发展过程中主要经历初创期、成长期、稳定期和持续发展期 4 个阶段。如前文所述,规模较小的航空公司一般处于初创期和成长期,在此阶段的航空公司,对资金变动较为敏感,在航线规划与运力分配上也并不成熟,需要稳定的签派率和安全性保障,风险承受能力较低,在支持方案是需要提供全套培训,模拟机,维修驻场和融资渠道等。航空公司在此阶段主要考虑的问题是生存和发展。

规模较大的航空公司则处于稳定期和持续发展期。在此阶段,航空公司已经开始成熟地运营,有自主的培训方案和维修方案,明确的盈利模式和一定的抗风险能力。航空公司在此阶段主要目的是维持持续发展,减少外部环境的影响。

3) 培育与发展阶段支持方案选择

支持方案的选择来源于两个方面,一方面为上述的理论依据通过对航空业特性的分析找到能够促使航空公司阶段发展的因素,进而选择对应影响的支持条目,以达到目的。

另一方面为防止理论与实际脱节,提高支持方案的可行性,通过走访航空公司获得直接的客户需求,并就支持方案的效用性向客户征询意见,主要走访中国国际航空公司(国航)以及厦门航空公司(厦航)。其中,国航为混合机队,同时拥有空客、波音飞机并采购了新机型 B787 与 A350;厦航则为全波音机队。本节也对之前成都航空、吉祥航空、东航、南航等航空公司的需求调研报告进行了重新整理,使结果更加客观有效。

通过上述两方面的考虑,结合相关理论,客户的培育与发展阶段支持方案划分大致如图 5-3 所示。

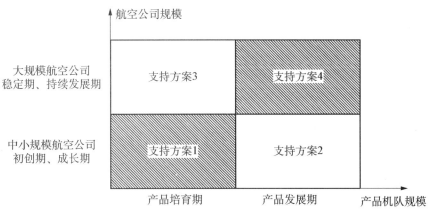

图 5-3　客户的培育与发展阶段支持方案划分

图 5-3 中分别考虑的产品的不同发展时期,与航空公司的不同发展时期,对应 4 个可能的支持方案,其中支持方案 1 为对中小型航空公司产品培育期的支持方案,是所有支持方案中支持力度最大的。支持方案 4 是对大型航空公司产品发展期的支持方案,是所有支持方案中支持力度最小的。因此本节主要对这两个支持方案进行详细描述。支持方案 2 是中小规模的航空公司在熟练使用产品后,应该以发展期对待;支持方案 3 是大规模航空公司使用新产品的情况,应该以培育期对待。支持方案 2 与 3 可由方案 1 和 4 调节得出。并且支持力度可随着客户订单数量的改变而进行调整。

4) 培育阶段的支持方案

培育阶段支持方案的重点在于保护、支援和平稳度过。培育期支持方案的目的是给客户以信心度过最初的困难时期。培育期需要经过效益随着机队增加而降低的必然阶段。因此作为制造商,应该通过国家或公司政策,对客户进行合理补助,以保护其经营,降低管理与使用费用,使其维持一个较正常的运营状态。减少客户对增加机队规模的犹豫,尽快达到规模效益分界点。

概括来说,通过给予购机折扣、融资解决方案以降低飞机的所有权成本,飞机交付后提供全方位运营保障的服务,派遣有经验的人员,在维持正常运营的同时,帮助航空公司培养员工,为其之后的自主运营奠定基础。给予一定的运营政策补贴,减少亏损情况。

（1）购机方面:购机折扣,贷款贴息,贷款解决方案,增值税减免,购机额外优惠。

（2）运营方面:减免营业税,民航建设基金,机场费用和空管收费;运营补贴。

（3）维修保障:航材维修设备,配套训练设备进口关税与增值税免征,降低维护费用。

（4）客户服务:飞行等各项训练优惠,建立备件库,建立支援中心,派遣驻场人员。

各商业类型航空公司培育阶段支持方案如表 5-12 所示。

表 5-12　各商业类型航空公司培育阶段支持方案

商业模式	支持方案					
	购机支持	运营支持	航线与时刻支持	进出口支持	机型置换支持	其他
全球网络型	• 优先购买选择权 • 回购政策	• 维护费用优惠 • 训练优惠 • 建立备件库/支援中心	• 优先审批	• 出口税和其他国内应付款补偿 • 进口税费减免	• 老旧机型收购	• 基地审批放宽
区域型	• 购机融资支持 • 价格折扣 • 回购政策 • 残值担保 • 增值税减免	• 运营补贴 • 收费减免 • 训练优惠 • 建立备件库/支援中心	• 优先审批	• 预提所得税减免 • 进口税费减免	• 老旧机型置换	• 加速折旧 • 其他融资支持
低成本型	• 全部	• 全部	• 全部	• 全部	• 全部	• 全部
全服务型	• 优先购买选择权 • 改装费用减免	• 建立备件库/支援中心 • 降低维护费用 • 训练优惠	• 全部	• 进口税务减免	• 老旧机型置换	• 加速折旧
点对点支线	• 价格折扣 • 融资支持 • 降低预付款比例 • 残值担保	• 运营补贴 • 收费减免 • 建立备件库/支援中心	• 资源预留	• 预提所得税减免 • 进口税务减免	• 老旧机型置换 • 老旧机型收购	• 加速折旧 • 其他融资支持

（续表）

商业模式	支持方案					
	购机支持	运营支持	航线与时刻支持	进出口支持	机型置换支持	其他
依附型支线	• 价格折扣 • 降低预付款比例 • 残值担保 • 回购政策	• 运营补贴 • 收费减免 • 建立备件库/支援中心	• 优先审批	• 预提所得税减免 • 进口税务减免	• 老旧机型置换 • 老旧机型收购	• 其他融资支持 • 加速折旧
包机	• 全部	• 训练优惠 • 降低维护费用 • 收费减免	• 优先审批	• 进口税务减免	• 老旧机型置换 • 老旧机型收购	• 其他融资支持

5）发展阶段的支持方案

发展阶段的支持方案重点是维持、配合和快速发展。

在发展阶段支持方案的目的是帮助客户快速进入具有规模经济效益的阶段。航空公司经过培育的困难时期，已对产品有一定的了解，有自己的运营经验，自有合理的人员配备与维护团队，此时的支持方案主要为响应客户的需求，同时提供优惠以降低飞机的使用成本，提高客户的竞争力。如航材备件的优惠，维修维护的支持等。同时，从客户的角度考虑未来的机队发展，进而考虑现有机型置换政策，残值处理等进一步发展的相关问题。目的是帮助客户在维持现有的效益状况的基础上，合理降低成本，尽快获取更高的规模效益和更低的平摊成本，使运营进入良性循环，以实现航空公司和产品双赢的局面。

发展阶段，在培育阶段支持方案的基础上可增加回购政策，残值担保，改装费用减免，同时减少培育期的收费减免，运营补贴等政策，以适应新阶段的要求。各商业类型航空公司培育阶段支持方案如表 5 - 13 所示。

表 5 - 13　各商业类型航空公司发展阶段支持方案

商业模式	支持方案					
	购机支持	运营支持	航线与时刻支持	进出口支持	机型置换支持	其他
全球网络型	• 优先购买选择权 • 回购政策 • 改装费用减免	• 维护费用优惠 • 保修期延长	• 优先审批	• 出口税和其他国内应付款补偿 • 进口税费减免	• 老旧机型置换 • 机型改装	• 基地审批放宽 • 机型置换

(续表)

商业模式	支持方案					
	购机支持	运营支持	航线与时刻支持	进出口支持	机型置换支持	其他
区域型	• 回购政策 • 增值税减免 • 降低预付款比例	• 训练优惠 • 维护费用优惠	• 优先审批	• 预提所得税减免 • 进口税费减免	• 老旧机型置换 • 机型改装	• 机型置换 • 加速折旧
低成本全服务型	• 全部 • 优先购买选择权 • 改装费用减免	• 全部 • 降低维护费用 • 训练优惠	• 全部 • 全部	• 全部 • 进口税务减免	• 全部 • 老旧机型置换 • 机型改装	• 全部 • 机型置换 • 加速折旧
点对点支线	• 优先购买选择权 • 降低预付款比例	• 收费减免 • 建立备件库/支援中心	• 资源预留	• 预提所得税减免 • 进口税务减免	• 老旧机型置换 • 机型改装	• 机型置换 • 加速折旧
依附型支线	• 价格折扣 • 残值担保 • 回购政策	• 建立备件库/支援中心	• 优先审批	• 预提所得税减免 • 进口税务减免	• 老旧机型置换 • 机型改装	• 其他融资支持 • 加速折旧
包机	• 全部	• 训练优惠 • 降低维护费用 • 收费减免	• 优先审批	• 进口税务减免	• 老旧机型置换 • 机型改装	• 其他融资支持

6）目标客户培育和发展阶段的支持方案选择流程

首先，对于目标航空公司，如对其了解程度较高，则直接根据已知数据按照经营类型和所处运营阶段进行归类。如相关数据缺乏则通过深度调研或应用相关评估方法确定该航空公司的经营类型和所处运营阶段，然后从制造商的客户支持方案中选取该类型航空公司在该阶段的支持方案，之后对其实际情况进行细微调整和改动，最终得到该目标客户的支持方案。目标客户培育和发展阶段的支持方案选择流程如图 5-4 所示。

5.5.5　案例分析

以成都航空公司为例。成都航空是规模中小的地方航空公司，航线网络属于点对点式，机队规模较小，是 ARJ21 飞机的首家用户。因此，成都航空的支持方案参考"中小型-点对点支线-培育阶段"的扶持方案。

该扶持方案为：购机支持、运营支持、航线时刻支持、进出口支持、机型置换支

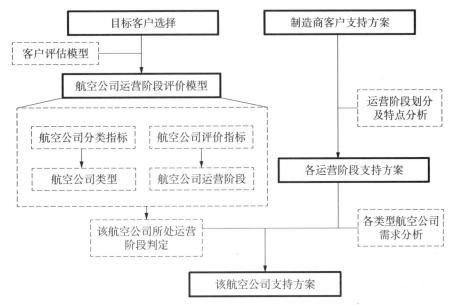

图 5-4　目标客户培育和发展阶段的支持方案选择流程

持和其他支持。

1）购机支持

对于地方性点对点支线航空公司,其资金量较小,因此给予足够的购机支持方案,以降低其购机成本和运营成本,同时给予残值担保条款以降低其未来风险。

（1）价格折扣。

（2）融资支持。

（3）降低预付款比例。

（4）残值担保。

2）运营支持

考虑其属于地方性航空公司,因此可以较容易向地方政府提出补贴和费用减免的申请。同时由于其基地相对固定,考虑建立备件库或支援中心予以支持。

（1）运营补贴。

（2）收费减免。

（3）建立备件库/支援中心。

3）航线时刻支持

点对点航空公司时刻相对固定,因此未考虑新航线审批,但建议申请新的航线资源和时刻资源,以优化其航线网络。

（1）资源预留。

（2）申请新的时刻资源。

4）进出口支持

考虑可能出现的租赁方式以及运营过程中维修备件产生的进口税，对预提所得税和进口税费给予支持。

（1）预提所得税减免。

（2）进口税费减免。

5）机型置换支持

考虑成都航现有机队的状况，提供老旧机型置换，老旧机型处置。

（1）老旧机型置换。

（2）老旧机型处置。

6）其他支持

加速折旧对于资金紧张的公司有相当大的利好，同时考虑对于成都航空的其他扩展业务给予融资支持，比如机库建立等。

（1）加速折旧。

（2）其他融资支持。

5.6 政策的制定与执行机制

5.6.1 政策制定过程

政策制定又称为政策形成或政策规划，是公共政策过程的第一阶段。一般认为，政策制定过程包括政策问题界定、构建政策议程、政策方案规划、政策合法化等阶段。

（1）政策问题界定主要包括：思考问题、勾勒问题边界、寻求事实依据、列举目的和目标、明确政策范围、显示潜在损益、重新审视问题表述等7个方面。

（2）构建政策议程，其途径主要有：政治领导人、公共组织（包括立法机构、司法机构、行政机构和其他履行公共管理职能的组织）、利益集团、大众传媒、公众突发事件、技术创新和变革、政治运动、原有的政策、专家学者、社会公众等途径。

（3）政策方案规划，主要指决策者为处理政策问题而制订相应的解决方法、对策和措施的过程，具体涉及确定目标、拟定方案、预测方案后果和抉择方案等。

（4）政策合法化，主要包括法制工作机构的审查、领导决策会议的讨论决定、行政首长签署发布政策，其过程主要包括提出政策议案、审议政策议案、表决和通过政策议案、公布政策。

5.6.2 政策有效性因素

随着中国民航市场的发展和国家战略的延伸，地方政府逐渐认识到航空运输对当地经济发展的重要性，紧随着国家发布的行业管理政策和支线航空发展政策，分别出台促进当地航空运输发展的响应举措，这些措施主要分为3类：

（1）对潜在市场进行研究。例如，甘肃省的玉树州政府，主动召开航空旅游市场调研会,会同机场、旅游局、民航西北地区管局等单位,共同对玉树州民航运输市场发展进行研讨。

(2)增强对当地航空运输的宣传。例如,义乌市政府采取"走出去,请进来"的办法,积极宣传义乌民航;青海省政府,借助"大美青海"的旅游宣传活动,对民航航线进行推介。

(3)资金激励。地方政府为当地民航运输发展提供资金支持。按照资金的作用方式,又可分为设立航空发展专项基金、直接补贴基础运营和出资支持基础建设3种类型。

除了以上3大类措施外,地区政府也采取了一些其他的措施以促进航空运输发展。例如,衢州市政府规定:凡工作人员乘飞机赴北京、深圳、厦门的,原则上必须乘坐衢州民航航班。

这些航空政策虽然有效地推动了我国支线航空的发展,但在其实施过程中仍然存在一些问题,为了准确判断目前航空政策存在的问题,首先要对影响政策有效性的因素进行理论分析。

政策的有效性主要受3个方面因素的影响,即政策的系统性、政策的合理性与明晰性,以及政策实施机制。对这些影响因素进行分析是对现有政策进行评估,以及制定未来政策的重要基础。

5.6.3 航空政策的体系结构及其系统性

任何政策都不能孤立地存在,其必须是处在一定的政策体系之中。以我国支线航空发展政策为例,其体系结构是指构成支线航空发展政策体系的各个部分及其结合方式。从纵向看,支线航空政策发展体系结构包括国家层面政策、民航运输业总体发展策略、民航局或地方政府出台的针对支线航空运输发展的具体政策3个层面;从横向看,支线航空发展政策体系应涵盖影响支线航空发展的各个主要方面。

由美国哈佛商学院的战略管理专家迈克尔·波特提出的"钻石模型"为我们把握影响航空发展的主要因素提供了有效的分析工具。波特认为产业的发展状况主要由4个因素决定,即生产要素、需求条件、相关产业和支持产业的表现,企业的战略、结构与竞争对手的表现。此外,还有两个关键的外部因素对产业发展产生较大影响,即"机会"与"政府"。机会指外部不可预测、不可控制的事件,如金融危机、战争、疾病的爆发等。政府主要指政府政策对产业的影响,政府政策通过影响产业发展的各方面因素进而对产业发展发挥作用,政府的影响在产业发展过程中非常重要,不可忽视。波特认为影响产业发展的这些要素具有双向作用,形成钻石体系。

钻石模型具体运用到民航运输业中,生产要素主要包括:机场、机队、空域、资金、人力资源等;需求条件包括市场需求及影响需求的各种因素;企业战略主要指航空公司的战略与竞争,机场的定位与表现等;相关产业和支持产业主要指飞机制造业、旅游业等产业。政府部门制定航空运输发展政策时,可以从改变生产要素的投入数量与质量、刺激市场需求、协调飞机制造及其他相关产业、影响航空公司的经营战略与竞争结构、改善基础经营管理方式等多方面考虑。

航空运输政策的制定必须要有系统观念,每一项政策都应放到政策体系中考虑,综合考察与其他政策间的关系。系统性要求各航空运输政策内、政策间不能自相矛盾,要求各政策内在逻辑严密、相关政策间的配套协调性好,以及当政策涉及多个机构时这些机构在工作上的可合作程度高。

5.6.4　政策的合理性与明晰性

政策是政府或社会公共权威在一定的历史时期为达到一定的目标而制定的行动方案和行为依据。作为政治系统输出的主要内容,政策本质上是一种权威性的社会价值分配方案。然而,政策在付诸实施之前仍然只是一种具有观念形态的分配方案,其效能必须经过实际的执行过程才能得以发挥,再好的政策也只有通过有效的执行才能保证其目标的实现,而执行政策本身也是一个极为复杂的过程,政策执行的效果往往要受到诸多因素的影响和制约,其中政策制定得科学与否对政策的执行效果至关重要,以至于最早对政策执行问题进行系统研究的美国政策科学家史密斯明确地将理想化的政策视为影响政策执行的首要因素。政策制定得科学与否主要体现在政策是否具有合理性、明晰性、协调性、稳定性以及公平性诸方面。

1) 政策的合理性对政策执行效果的影响

在现实的政治生活中,之所以有些政策得不到切实的推行,一个很常见的原因就是这些政策本身缺乏合理性。所谓政策的合理性,就是指政策本身所具有的因果联系,具体说包括几个方面的含义:首先,政策是否针对了客观的政策问题;政策规定的各项内容是否反映了客观存在着的现实情况;政策所规定的各项行为是否符合客观事物的发展规律。我们不能凭主观臆想设计一个政策问题,再凭主观想象制定一项政策,如果政策产生于这样的前提,那么政策肯定无法实施或实施以后后患无穷。

航空运输政策的合理性是指政策内容和目标必须切合我国航空运输发展实际,不能将发达国家经验的简单照搬与套用。只有当航空政策符合我国民航运输自身实际时才能产生积极效果。

政策的合理性还包括另一个方面的含义,即政策的执行是否具有现实的可能性,亦即是否具备能够切实地解决这一政策问题的条件。我们知道,任何一项政策总是要付诸实施的,而要实施就必须得具备实施的现实条件与可能,否则,无视现实条件与可能,即使是再好的政策也无法有效实施。

2) 政策的明晰性对政策执行效果的影响

政策的明晰性是政策有效执行的重要前提条件之一。作为人们行为的一种规范,政策必须明确、清晰,决不能模棱两可、含糊不清,否则就会因政策执行者对政策目标和内容的误解或曲解而造成政策执行的阻滞。美国学者霍尔珀林在研究美国总统外交政策的执行时发现,导致政策执行失败的 3 个基本原因之一就是政策执行人员无法准确地了解上级领导或决策人员所要求他们做的事情。更因为政策执行人员所得到的政策指令往往是含糊笼统的,很容易引起人们的误解,从而导致政策执行的失败。革命导师列宁也曾明确指出:"方针明确的政策是最好的政策。原则明确的政策是最实际的政策。"政策的明晰性之所以对政策的有效执行具有重要的影响,不仅是由于政策的明晰性决定着政策在执行过程中的可操作性,而且更因为模棱两可、含糊不清的政策往往给政策执行中的投机取巧者留下了钻空子的余地。

5.6.5　政策的制定与执行机制

航空政策的有效性也受到制定与执行机制的影响,因而完善航空政策制定与执行机制是提高政策有效性的重要手段。

政策制定与执行不是简单的起草与颁发,而是指"政策目标确定、政策诞生、政策完善"整个政策制定的过程及其运行方式。从最一般的意义来说,政策的制定与执行机制应包含七大环节: 政策目标、政策准备、政策效应预审、政策效应实验、政策生效、政策执行和政策反馈。

政策目标是制定政策的前提,在航空政策制定过程中,应首先明确政策制定需要达到什么样的目的。目标明确后,需要进行充分的调查研究,深入分析政策对象的现实情况,广泛征求有关专家的意见,提出政策的具体内容,形成政策草案。为了达到预期的政策效果,需要对政策草案可能产生的政策效应进行全方位的论证,并结合具体政策要求和实际情况反复修正政策,即开展政策效应预审工作。效应预审工作结束后,可以在政策正式颁发前进行试点工作,检验政策的主观预期和实际效应的偏差。最后,再对政策制定的全过程和政策本身进行审核后正式予以颁发。

对于已经正式颁发的政策,在执行过程中会出现事先未料到的新问题,因此完整的政策制定机制需要在政策生效后,对政策的执行情况进行监督和检查,并根据政策目标适时修正政策、补充政策或制定新配套政策。通过反馈这一环节,使政策制定形成一个封闭回路,没有反馈校正机制很难形成成熟、高效的政策体系。

5.7　政策效用评估

改革开放以来,我国民航业快速发展,取得了长足进步,整体发展已站在一个新的历史起点上。特别是我国民航发展成为全球第二大航空运输系统,为建设民航强国奠定了量的基础;基础设施建设和先进技术设备引进步伐加快,为建设民航强国提供了一定物质条件;力求符合国际趋势并适合中国国情的民航政府管理体制初步建立,为建设民航强国提供了重要的制度保障;航空运输市场机制和多元化竞争格局基本形成,为建设民航强国提供了市场动力;航空安全管理不断创新、航空安全水平显著提升,为建设民航强国提供了安全基础。

基于前文关于我国民航政策的分析,我们可以依据民航强国建设的关键领域来构建我国的民航政策体系。我们要依据运输规模大、安全水平高、服务质量优、创新能力强、影响范围广等民航强国建设的基本目标来确立民航发展的关键领域,如发展支线航空、国际航空、机场、空管、科教等,进而针对性地出台相关民航政策。

全面加强政策评估体系管理,是实现民航长期发展的关键环节,对民航政策实施效果的评价和反馈,对于发现和解决政策编制及实施过程中存在的问题都具有重要意义。

5.7.1　政策评估的理论基础

政策科学是一门交叉科学,它是以政治学、经济学、数学等学科的理论和方法为基础建立起来的。最初解释政府干预经济运行合理性的理论就是经济学上所讲的"市场失灵"。一项政策的出台是否合理,政府干预是否有效,就看它能不能解决市场机制在某些领域的失灵问题,能不能弥补"看不见的手"固有的缺陷。

对于政策评估者来说,在用"市场失灵"理论对某项政策给出正面评价的同时,更应该关注所谓"政府失灵"的问题。在某些领域,市场机制无法实现资源的最优配置,但政府的介入很可能使情况更加恶化。扭曲价格信号,制造寻租机会或破坏市场的公正性往往是政府干预不可避免的后果。近年来,在对国家创新系统的研究过程中,人们又提出了"系统失灵"的概念。政府所颁布的诸项政策之间往往有重叠或冲突之处。因而单独考察一项政策时会认为它是非常有效的;但如果将其置于一个复杂的政策体系之中考察时,会发现它的作用值得商榷。这就要求我们将整个政策体系纳入评估范畴,用系统的观点看问题,而不是简单地就事论事。

5.7.2　政策评估标准及模型

政策评估标准也称为政策评估指标,是衡量政策是否达到政策目标的尺度。政策评估标准的分类,大致可以归纳为以下 3 种。

1) 过程可行性标准

卡尔·帕顿和大卫·沙维奇在《政策分析和规划的初步方法》一书中说:"巴尔达奇界定了对政策设计目标会产生较大影响并会如期发挥作用的 4 种主要制约因素:技术可行性、政治可行性、经济和财政可行性及行政可操作性。我们相信,大部分的评估标准都可归入这 4 种综合类型.而且分析人员应当在每一种类型中为每一个政策问题确定相关标准。"他们在书中还指出,经济与财政可行性包括净资产变更、经济效率、成本-收益分析、利润率、成本效益等具体指标;政治可行性包括可接受性、适当性、反应、法定、公正等指标;行政可操作性包括权威、制度约定、能力、组织支持等指标。帕顿和沙维奇列出的这 4 种综合类型标准都是基于政策在执行过程中是否可行,因此,是属于过程可行性标准。

2) 结果有效性标准

威廉·N·邓恩在《公共政策分析导论》一书中,将评估标准分为 6 类:效果、效率、充足性、公平性、回应性和适宜性。国内学者也根据结果有效性原则对政策评估标准进行了分类。王传宏、李燕凌认为,政策评估标准分为:效果、效益、效率、社会公正、生产力标准。周炼石将政策评价的标准分为政策有效性(政策效果、效率、充足性、公平性、回应性、协调性)和时限性(识别时滞、制定时滞、反应时滞)。钱再见认为,政策评估标准分为政策投入、政策效益、政策效率、公平、政策回应度。王永生认为,政策评估仅以政策输出为标准是不够的,更重要的是政策效果:政策预定目标的完成程度,政策的非预期影响。与政府行为相关的各种环境变化,以及投入政策的成本等。政策评估的常用规范(即标准)应有:政策绩效、政策效率、公平性和回应度。以上这些评估标准都是从政策结果的角度衡量政策的效率、效益和效果,因此是属于结果有效性标准。

3) 事实与价值标准

谢明认为,政策评估标准包括事实标准和价值标准。事实标准又包括政策投入与产出之比例、目标实现之程度与范围、对社会的影响程度等;价值标准包括是否满足大多数人利益、是否有利于社会生产力发展、是否坚持社会公正等。胡平仁指出,政策评估标准直接决定评估的方向和结果是否正确、是否科学、是否符合实际。合法性标准、投入产出标准、系统功能标准、社会公平与发展标准应是政策评估的主要标准。宁骚也认为,政策评估标准包括事实标准、技术标准和价值标准。他认为事实标准是用数量值、统计结果等反映事物过去、现在和将来的存在情况,包括政策效率、效益、影响及回应性;技术标准是以技术手段、规范和工具服务于评估活动,应多样化、系统化与数量化;价值标准是反映评估主体的倾向性原则和准则,包括社会生产力发展、社会公正和社会可持续发展。

瑞典学者 Vedung 在其专著 *Public Policy and Program Evaluation* 中针对政策评估标准问题,归纳出了 10 种模型(见图 5-5)。

首先,对专业性非常强的某些具体政策,必须根据专家的意见制定特殊的评估标准,而不能简单地套用一般的评估准则。正如图 5-5 所示,这样的政策评估工作往往要由同行专家来进行(适用"同行评议模型")。当然,一般的政策评估都应征询专家的意见,不过在制定评估标准时只将其作为参考。

其次,排除了上述例外情况后,我们可以将余下的 9 种模型分为两大类。当成本列入考察范畴时,就存在比较政策成本与政策效果的问题,这时需要采用经济模型(其中包括了 3 类有一定差别的评估方法);否则,只将政策实施后产生的效果(效果模型)作为评估标准时,如图 5-5 所示的 6 种模型。

再次,政策实施后,可能马上见效,可能过很长一段时间才见效,也可能两种效

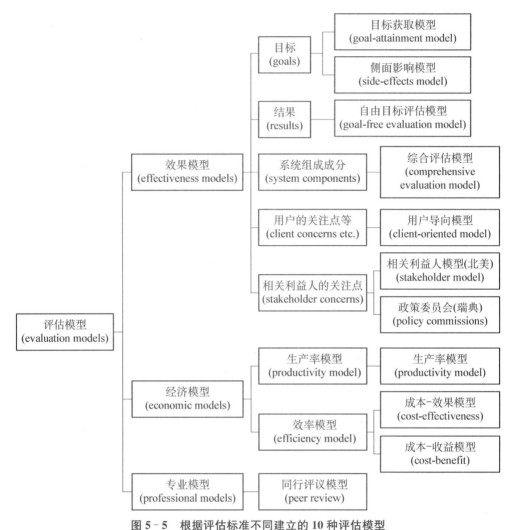

图 5‑5　根据评估标准不同建立的 10 种评估模型

果兼而有之。有时,需要对政策实施后出现的情况进行综合考察(运用"综合评估模型"),有时则只需将最终结果作为评估对象(其余的 5 种模型均属此类)。就政策实施效果而言,目前存在两套基本的评估体系——基于目标的评估和基于需求的评估。前者对应图 5‑5 中的"目标获取模型""侧面影响模型""自由目标评估模型";后者包括"用户导向模型""相关利益人模型"。

5.7.3　常用的政策评估方法

在确定了评估标准之后,选取合适的评估方法就成为待考虑的核心问题。常用的定性分析方法有同行评价、问卷调查、当面访谈、电话采访及案例研究等;定量分析方法如文献计量、专利数据统计分析、经济计量学方法、投入‑产出分析、动力学模型分析等。值得注意的是,由于各种分析方法都有一定的优缺点,适用场合各不相同,故而使用单一方法评估可能会产生非常严重的误导;过分倚重于量化评估方法,忽视必要的定性分析也是不可取的。各种不同方法之间存在互补性,在实践中需要根据具体情况选择一种主要的分析方法,同时结合其他方法分析的结果综合地做出评估结论。

5.7.3.1 政策评估的类型

政策评估可以按不同的标准进行分类。但过多过细的分类并没有太多的实用价值。从评估的实际出发,可以将政策评估分为三大类:正式评估与非正式评估;对象评估、专业评估、自我评估;方案评估、执行评估、终结评估等。

1) 正式评估和非正式评估

这类评估是从评估活动的方式来划分的。正式评估是指事先制订完整的评估方案,由专门的机构与人员按严格的程序和规范所进行的政策评估。这种评估由于评估机构与人员具有专门的知识与素养,评的资料详尽真实,评估方法手段先进,因而评估的结果比较客观、可信。

非正式评估是指那种对评估者、评估程序、评估方法、评估资料都未做严格要求所进行的局部的、分散的政策评估。非正式评估虽然其结论不一定非常可靠、完整,但其形式灵活、简单易行,有广泛的适用性。

2) 对象评估、社会评估、自我评估

这类评估是以不同的评估者来划分的。对象评估是指由政策目标集团成员进行的评估。这种政策评估可以获得第一手资料,可以对政策的成效有真实的估计,其结论具体、真切。但这种评估也有不足之处,目标集团成员只是社会的一部分,提供的资料虽然真实,但有较大的局限性。

社会评估是指在政策系统之外所进行的评估,通常有两类:一类是政府等公共部门委托的专业评估;一类是社会成员自行组织的评估。对象评估与社会评估可以统称为外部评估。

政府委托评估是指政府部门委托专业性的咨询公司,包括营利或非营利性的研究机构、大专院校的专家学者所进行的政策评估。这种评估的优点在于,评估者在一定程度上能置身于政策系统之外,从而使评估具有较大的客观性;但这种评估也有其局限性,主要是评估机构与人员容易受委托者在经费和资料两方面的限制,从而有可能削弱评估的客观性与公正性。

自我评估是由政策系统内部进行的评估。这种评估的优点在于,评估者中有政策的制定者与执行者,对整个政策过程有全面的了解,掌握大量的第一手资料,从而评估的结论较为可靠。但这种评估也有其缺点,由于评估者是政策者的制定者与执行者,可能会因为顾及政绩而夸大成绩,回避失误;可能会从部门的局部利益考虑而产生片面性;可能会受到机构内部利益和人际关系影响而失去公正性。

3）方案评估、执行评估、终结评估

这类评估是以评估实施的阶段来划分的。方案的评估是在政策实施前进行的评估,因此又称预测评估。由于政策还未执行,因此评估是预测性的。这种评估的优点在于,评估的结果可以直接用来指导政策的实施,特别是可以采取措施,将可能出现的政策负面效应减少到最低程度。但这种评估终究只是预测的,还不是现实的结论。

执行评估是在政策实施过程中进行的评估。虽然这里的政策执行还未结束,但政策推行的效果、效率和效益已经表现出来,特别是政策方案中存在的缺陷、政策资源配置中的问题、政策环境中某些条件的改变等,已经暴露出来。这种评估的优点在于评估中所获取的资料都是即时的、具体的,评估的结论是真实的、可靠的。另外,评估的结果也能立即和直接产生作用,用来对正在执行中的政策进行调整。但执行中的评估只是对进行中的一定过程所做的评定,由于过程并未结束,所以评估带有过渡的、暂时的性质。

终结评估是指政策完成后的评估,这是对一项政策的最终评估。由于政策已经执行完毕,政策的最终效果、效率和效益已经成为客观存在,评估的结论是对政策全过程的总结。这种评估要求对政策全过程有充分的认识,对政策实施后的结果有全面的把握,对以往的方案评估、执行评估有详尽的了解。

政策方案的评估方要为政策执行提供指导;政策执行评估主要用于对政策运行加以控制;政策终结的评估主要对政策制定提供指导。这3种评估分阶段贯穿于政策的全过程。

5.7.3.2　政策评估的方法

政策评估的方法是指在政策评估中采用的具体方法,它是政策评估赖以实现的手段,是政策评估系统中的一个重要组成部分。

1）过程对比法

过程对比法指的是评估者在政策执行过程中对不同阶段的政策效果进行对比检测的一种方法。它有两个方面的特点:一是,评估的对象是政策执行过程中各个阶段的效果,具有动态性和全面性的特点;二是,评估采用前后对比的分析方法,是一种将政策执行前后的有关情况进行对比分析,从而判定政策价值,提出政策建议的一种分析思路。该方法被称之为政策评估的基本方法,因为它概括了政策评估的基本特点和本质要求。该方法主要包括"始-终"对比、"始-中"对比及"有-无"对比。

（1）"始-终"对比分析。

始-终对比分析可以这样来定义:政策评估者为了考察某项政策的效果,对政策执行前和执行后的各种情况对比,以此来确定某项政策效果的方法。始、终仅是政策执行过程的两个不同的时间点,这也是我们确定该方法的基本依据。在具体的操作中,我们还可以将其进一步划分为:"前-后"对比法、"投射-实施后"对比法和

"控制对象-实验对象"的对比法。它们各有优点和不足,评估者应视具体情况综合地灵活运用。

（2）"始-中"对比分析。

"始-中"对比指的是在政策执行中的某一时间点上将政策执行的情况与执行前情况进行比较,评估的一种方法。该方法和"始-终"对比法的根本区别就在所选择的评估时间点上:前者的评估时间选择在政策执行过程中,后者选择在政策执行后,"始-终"对比分析的各种具体方法同样适用于"始-中"对比分析法。

"始-中"对比分析中要特别注意政策运动规律中政策效力规律的影响。政策效力规律是政策运动的基本规律。政策效力是指一项政策付诸实施后所产生的对现实生活的实际效力,它又可分为政策正效力和政策负效力。相应地,政策效力规律也可分为正效力周期规律和负效力周期规律。

我们以政策正效力周期运动不规则曲线来说明对"始-中"对比分析应予以重视的原因(见图5-6)。一般而言,政策正效力运动过程有3个阶段,即政策效力低效期、政策效力增效-高效期和政策效力递减期。

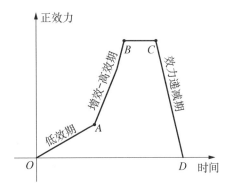

图5-6　政策正效力周期运动不规则曲线

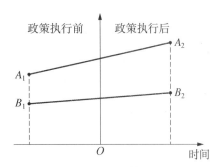

图5-7　"有-无政策"对比分析

（3）"有-无政策"对比分析(见图5-7)。

这一方法是在政策执行前和执行后这两个时间点上,分别就采取某一政策和无政策两种情况进行前后对比,然后再对两次对比结果进行比较,以确定被评估的那项政策的效果。A_1和B_1分别代表政策执行前有无政策两种情况,A_2和B_2分别是政策执行后有政策和无政策两种情况,(A_2-A_1)为有政策条件下的变化结果,(B_2-B_1)为无政策条件下的变化结果。$(A_2-A_1)-(B_2-B_1)$便是政策的实际效果。这种方法的长处是能够比较有效地将被评估政策的"纯效果"从政策执行后产生的总效果中分离出来,所以是测量政策"纯效果"的主要方法。

2）价值分析法

所谓价值分析,就是对政策方案进行功能-成本的比较研究,力图以最低的政策成本,获取政策方案的最大功能。这种方法的内涵有如下几点。

(1)价值分析的目的是以最低的总成本,获取政策所能达到的最大功能。

(2)价值分析的核心内容是功能分析,即从政策方案所能达到的功能出发,进行"回溯式分析",以寻求实现这些功能的最佳途径。

(3)价值分析是一种有组织的活动,它的主要手段是充分调动政策主体在政策研究、制定、执行和监督等各个环节上的积极性与主动性,尽可能地提高政策方案的价值和功能。

应当指出,这种方法中的价值概念,其确切含义为一个政策方案能够发挥的功能与其消耗的成本之比,换言之,政策方案的价值取决于提供可靠功能的最低消耗。依据政策评估的一般顺序,我们可以将价值分析分为 3 个基本的步骤:选择对象、功能分析、改进方案的制定与实施。

5.7.4 民航政策评估的应用

要让政策评估达到最终提高效率的目的,不但要求设计科学合理的各项评价指标,更需要在管理工作中加强计划,加强监督、检查和记录,在评价时务必客观、公正和公平。通过政策效用评估,可以持续改进政策实施中存在的不足,从整体上提升民航政策的效率。因此,建立以评估与反馈为重点的事后总控,需要健全的民航政策评估制度,按照标准的政策评估步骤准确把握政策的实施情况。

1)建立健全民航政策效用评价的指标体系

运用可操作化可量化的方式。逐渐从粗放型管理向量化指标型管理方式转变,加强政策评估的客观性和科学性。指标体系的科学与否,直接关系到政策评估的质量。经济效率是民航政策评估的一部分,相当一部分民航系统政策的效用体现在社会收益上,而社会收益又是难以用定量指标进行考评的。因此,民航政策效用评估的指标并不能简化为经济效益,有必要在大量研究的基础上纳入新的指标,不仅包括定量指标,还应包含相关定性指标。从社会效益看,可以通过定性的方法,考察民航政策的实施是否符合民航业长期发展的大方向,是否符合民航局的各项方针政策,是否有利于民航强国建设。从经济效率看,考评经济效率主要是通过投入、产出对照来进行的,检验民航资金投入是否科学、合理,是否产生了预期的经济收益,是否发挥了民航业对经济发展的促进作用等。总之,指标的构建不仅要加强基础理论研究工作,还要根据客观情况、新发现的问题,总结实践及试点经验,及时对指标的内容予以更新取舍,达到逐步完善的目的。

2)展开民航资金使用的效用评估工作

根据开展财政支出效用评估工作的主体和客体不同,可以将民航财政支出的效用评估工作分为 3 类:项目效用评估、各单位财政支持效用评估和综合效用评估。项目效用评估的主体是财务部门、项目实施单位及其主管部门,评价对象是项目的效益。由于项目支出内容十分广泛、项目间差异大、项目效益不确定性大,对财政支出项目开展效用评估,对合理安排民航经费、提高资金效益具有十分重要的作用。单位财政支出的效用评估对象是各部门和基层预算单位的资金使用效益。单位财政支出效用评估是部门财政支出效用评估的基础,单位作为财政部门预算管理的基层单位,其支持效益直接反应为财政支出的总体效益,因此是财政部门预算管理的重要内容之一。财政支出综合评价的主体可以是监督机构、研究机构等,评价对象是民航支出的整体效益,是部门财政支出效益的综合反应。综合效用评估对象具有整体性,其范围可以是整个民航业的资金效率,也可以是某一范围内发生的资金支出。

上述 3 类资金效用评估工作的相互关系,可以概括为 3 点:一是,目的相同,评价工作都以提高民航资金效益为目的,进而评估政策实施效用;二是,层次分明,项目支出效用评估是各单位评价工作的一个重要方面,而综合效用评估又要以项目评估与各单位、部门的财政支出的效用评估为基础;三是,差别显著,项目支出效用评估是具体财政支出项目的社会效益和经济效益的总体评价,部门、单位财政支出效用评估侧重于财务管理效率评价。

第 2 篇　产品战略

　　开发一个商用飞机项目动辄需要投资数百亿元,其投资回收期更是长达十余年,即便对于波音公司、空客公司这样领先市场的飞机制造商而言也不是易事,新进入市场的制造商更应该慎之又慎。市场需要什么样的飞机？这是摆在飞机制造商面前的第一个问题,也是开展后续一切工作的根本导向。为了准确回答这个问题,飞机制造商们无一例外地需要进行大量的市场分析、需求预测、客户需求调研等市场工程工作。在此基础上,飞机制造商须进一步明确第二个问题,即自身要发展什么样的飞机产品。围绕这一问题,飞机制造商需要进行客观的竞争环境分析、自身优劣势及机遇挑战分析,综合权衡各方因素之后提出产品市场定位,明确产品发展方向和主要技术性能指标,并评估其市场前景、市场竞争力及预期市场份额。在完成产品规划和市场可行性分析之后,还需要进一步进行项目的经济可行性评估,测算飞机研制的费用需求和盈亏平衡点,从而为项目的投融资及风险控制奠定基础。

　　在第6章中,我们重点从市场细分、市场定位、市场要求与目标的制定、产品竞争力分析和市场分享量预测等方面展开,以详细阐述商用飞机项目的市场可行性分析的具体工作内容及主要方法。

　　飞机制造商研发新机的成本是昂贵的,对研发成本的控制、飞机运营成本的评估和优化,是现代民用飞机研发过程中的核心任务。尤其是方案设计阶段和初步设计阶段,虽然人工和费用的投入很低,但却决定了飞机全寿命成本(包括飞机研制成本+全寿命运营成本+处置成本)的85%。在第7章,我们重点介绍了进行商用飞机项目全寿命周期成本测算的基本方法、流程和工具软件,并以案例形式解析了进行项目盈亏平衡分析的主要过程。

　　商用飞机项目的研制周期较长,从可行性研究及方案设计阶段,到详细设计和试制验证阶段,再到交付运营以及其后的持续改进和系列化发展阶段,如何把最初的市场要求落实到产品研制之中,如何持续跟进市场需求的变化,如何以同一飞机平台满足不同细分市场、不同客户的差异化需求,这无疑是商用飞机项目研制的成功关键,也是市场工程的核心要务。在第8章中,我们聚焦产品实现的过程,对设计要求确定、市场要求符合性评估、选项研究及设置、客户构型管理、产品改进升级等内容进行了系统阐述。

6 项目市场可行性

6.1 市场分析及市场定位

市场定位是指确定目标市场后,企业将通过何种营销方式、提供何种产品和服务,在目标市场与竞争者以示区别,从而树立企业的形象,取得有利的竞争地位。市场定位的最终目的是提供差异化的产品或服务,使之区别和优越于竞争对手的产品或服务,不论这种差异化是实质性的、感觉上的,还是两者兼有的。虽然服务产品的差异化不如有形产品那样明显,但是,每一种服务都使消费者感受到互不相同的特征。所以,企业进行市场定位时必须尽可能地使产品具有十分显著的特色,以最大限度地满足顾客的要求。为达到此目的,服务企业的市场定位必须遵循如下原则:

(1) 重要性原则。即差异所体现的需求对顾客来说是极为重要的。

(2) 显著性原则。即企业产品同竞争对手的产品之间具有明显的差异。

(3) 沟通性原则。即这种差异能够很容易地为顾客所认识和理解。

(4) 独占性原则。即这种差异很难被竞争对手模仿。

(5) 可支付性原则。即促使目标顾客认为因产品差异而付出额外花费是值得的,从而愿意并有能力购买这种差异化产品。

(6) 盈利性原则。即企业能够通过产品差异化而获得更多的利润。

目前大中型客机的生产制造商主要有波音、空客、庞巴迪以及巴航工业公司,这几家公司生产的产品几乎涉足了所有的细分市场。纵观商用飞机发展历史,我们发现贴合市场需求是产品最终成功的最为关键的因素,商用飞机需要根据客户的需求来生产系列化产品,以满足不同的目标市场的特殊需求,进而可以和竞争对手形成差异化的定位,以此占领市场份额。

财政补贴与政治干预在细分市场开拓和市场定位的过程中存在着保驾护航的作用,飞机产品在整个过程中都需要来自政府的支持,尤其在研制的初期,政府的干预可以帮助打开市场。但是干预和补贴需要一个适度的范围,因为这不是主导因素。

　　飞机产品的高新技术在拥有新的目标市场后进行运用才具有突破性的效果。在市场拥有同类产品的情况下,由于先进的技术并不能让终端消费者直接体验到,因此只能增加不必要的成本。

　　寡头垄断企业对后进企业影响巨大,因此在决定开发新的产品之前,首先应对市场垄断者的产品市场定位做出分析判断,明确其准备开发的市场以及逐步退出的市场,作为自身市场定位的重要参考。

6.1.1　民用飞机市场细分研究

　　一般民用飞机市场具有市场竞争国际化、需求周期化以及市场开拓、销售周期和投资回收周期长的特点。此外,民用飞机市场客户主要是航空公司,还有租赁公司。基于这些市场特点,在研究客机的市场细分问题时,需要从全球考虑并且涉及航空公司的购买需求研究。

　　在市场细分的过程中,有按照机队特征和购买决策的过程来分类的,这两个细分变量主要是通过调查问卷,运用数学的聚类分析的方法分析所获得的。机队的特征可以表现为许多方面,其中最为常见的为按照飞机的座位数进行细分,因为座位数不仅会影响价格和上座率等因素,更是会对航空公司的成本-收益率产生直接的影响;可以从航程、巡航速度等角度着手,这些方面的能力直接影响可飞航线的长度;还有从机队中不同类型飞机的构成以及机龄对市场进行细分的。购买决策的过程则主要是指购买过程中所考虑的成本和收益的问题。大多数航空公司购买决策受首次的购买成本以及运营成本构成的影响非常大,这就是全生命周期成本理论,一架空客 A320 运营 20 年的运营维护费用和这架飞机的售价相当,因此可以看出飞机的运营维护成本非常高。

　　在商业的市场预测报告中,根据地理区域划分市场也是一种很常见的细分方法。根据中国商飞公司的细分标准,把全球地理区域市场划分为中国、亚太地区、北美地区、拉美地区、欧洲、俄罗斯和独联体、中东地区、非洲 8 个地理区域。航空公司所处的不同地理区域的特征决定了航空公司需要不同类型的客机来满足需求,航空公司的地理区域细分变量特征和飞机的航程、售价、座位数等因素又存在着关联。

　　除此之外"休闲型"和"商务型"、运输模式、乘客的类型、经济形势、交通密度、环境法规等因素均会影响对飞机的采购需求,均可以作为细分的标准,选择哪些变量依据具体情况来确定。

6.1.2　客机市场定位研究

　　市场定位首先要确定目标市场。确定目标市场,是指企业在细分市场的基础上,根据自身资源优势所选择的主要为之服务的那部分特定的顾客群体。企业在选择最佳细分市场作为主要目标市场时需考虑细分市场的潜力,细分市场的竞争状况,企业资源与市场特征的吻合度,细分市场的投资回报水平。在对每个细分市场的企业盈利潜力进行充分评估后,为了有效地选择目标市场,企业通常有3种目标市场选择策略:无差异市场策略,差异性市场策略,集中性市场策略。

在选择目标市场的过程中,最重要的一个环节就是结合自身的资源优势,根据实际情况来选择目标市场。在进行民机市场定位时,我们需要对该类型飞机的目前市场环境、未来市场需求、差异化产品定位进行分析。

民机产品的市场定位分为产品定位和目标市场定位两个部分。民机产品的定位主要基于对全球航空市场航线和竞争产品的研究、市场的需求预测以及客户的需求,通过航线分析得到市场对特定类型客机的航程和座级两个重要指标,通过对竞争产品的研究了解市场上最有竞争力的机型的市场定位,然后结合客户的需求和公司自身的发展战略以及产品的可实现性,最终确定产品的市场定位和市场策略。此外,民机产品的市场定位还需考虑民机的系列化发展、产品的目标竞争机型和产品的市场进入时间等因素。

在确定产品市场定位后,根据民机产品的市场适应性和经济特性以及销售计划确定民用飞机产品的目标市场。

6.2　市场要求与目标选定

民用飞机市场要求与目标(marketing requirements and objectives,MR&O)的选定方法主要是通过对宏观市场的分析预测、竞争产品和竞争环境的分析、目标市场的客户调研,同时考虑公司的市场和产品战略,选定产品的市场定位和MR&O。它是一个以满足客户的需求为目的、多方位、多因素考虑和权衡的过程。

民用飞机市场要求与目标内容(见图6-1),一是关于产品和市场的定位,二是产品的运营和技术要求。

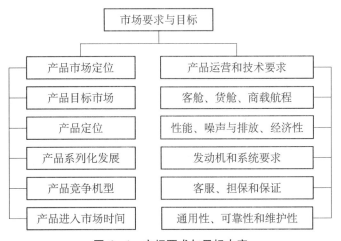

图6-1　市场要求与目标内容

制订 MR&O 的关键在于对民机市场和竞争产品的深入了解，对公司产品战略和销售策略的把握。制订民机市场要求与目标一般包括以下 6 个方面的研究：

(1) 航空市场分析与预测。

(2) 竞争环境和竞争产品分析。

(3) 市场调研。

(4) 产品市场定位分析。

(5) 产品运营和技术要求分析。

(6) 产品竞争力分析和市场分享量评估。

6.2.1　航空市场分析与预测

民机 MR&O 制定的第一步是对全球航空市场的分析和预测。一般来讲，民用飞机通常分为支线飞机、单通道飞机和宽体飞机。通过对目标机型所在市场进行研究分析，了解目标市场机队的历史及当前机队情况，并根据分析结果预测未来市场需求、市场对目标机型的需求变化、飞机技术规格以及产品的潜在目标市场。

经过市场分析可以初步得出目标机型的座级和航程定位以及 MR&O 中该类飞机的基本要求。表 6-1 概括了民机市场分析的基本框架。

表 6-1　民机市场分析的基本框架

序号	分 析 框 架	分 析 内 容
1	民用飞机市场概况	客机市场、货机市场、当前飞机生产商及机型概述
2	民用飞机市场发展历程	民用飞机市场发展(包括客运市场、各区域市场运力、客机市场周期性分析、燃油价格走势、不同机型差异等)
		飞机机队历史发展(按座级分析的机队发展、飞机平均座位数分析、机队订单分析、飞机交付情况分析)
3	民用飞机机队现状	现役民用飞机机队分析(按座级、机型、地区和机龄划分)
		民用飞机封存情况(按座级、机型、地区和机龄划分)
		储备订单分析(按座级、机型、地区和机龄划分)
		民用客机航线网络研究(按座级、机型、地区和机龄划分)
4	民用飞机需求预测	市场分析和经济预测
		民用飞机需求预测(包括的飞机替代预测、交付预测、机队预测以及影响因素)

6.2.2　竞争环境和竞争产品分析

在市场分析和预测的同时，还需对目标市场的制造商、竞争产品发展和竞争产品的技术发展进行研究。

对目标市场制造商的研究主要针对制造商的发展历史、公司的分布、公司的发展战略、历年的公司财务状况、各机型的生产情况和客户服务情况进行研究；竞争产品的分析主要集中于目标市场竞争产品发展历程研究,特别是了解其系列化发展的情况,以及对竞争产品最新采用的技术进行研究。

通过产品的竞争环境分析,为产品策略和销售策略的制定提供依据。对于竞争产品的分析至关重要,从产品进入市场来看,我们可以选择直面竞争,也可以选择差异化竞争策略,这就需对竞争产品的性能全面了解,最终确定竞争机型,也就是设计目标对比机型。

6.2.3 市场调研

在航空市场分析与预测和竞争分析完成后,须对目标市场的客户需求进行分析,这就需要进行市场调研。对于民用飞机产品而言,主要客户分为旅客、航空公司和飞机租赁商,其中旅客也是航空公司的客户。

1) 旅客市场调研

旅客作为航空公司的客户,对其调研是必不可少的。通过旅客调研了解产品需求,将感知信息变为可用数据,利用数据分析提出与产品设计和市场定位相关建议,最终指导产品的设计。

旅客市场特征的调研一般包括对旅客旅行目的和消费行为分析两部分。按旅客旅行目的划分,调研包括旅客市场构成、旅客出行目的、旅客出行资金来源、旅客航程特征、旅客收入等。按照旅客的消费行为划分,调研包括旅客购票关系、旅客购票方式行为、旅客获取航空公司信息途径、旅客对航空公司偏好等。

在进行旅客市场特征调研时,需进行进一步细分,以得到来自市场的产品需求。比如,一般来讲我们将旅客按照出行目的进行旅客群体的细分,分为公商务旅客和休闲旅客两大类,根据公商务旅客和休闲旅客的占比,在考虑宽体客机客舱布局时,可给出公务舱和经济舱空间占比;再如,对于单通道客机货舱托运货物比例的研究,可为客机的货舱空间设计提供参考指标等。

2) 航空公司和租赁公司调研

航空公司和租赁公司的调研与制订 MR&O 关系密切,因为设计飞机产品归根到底是为客户服务的,为了保证未来产品能够满足航空公司运营经济性等需求,必须实地了解航空公司的真实需求。其独立于任何具体的模型,实地调研通过与主要利益相关机构(航空公司、租赁公司、融资机构)进行一系列的定性访谈和定量问卷调查,旨在了解客户对飞机产品的需求,并通过已获得的反馈,知晓潜在客户在选择飞机之时的主要考虑因素,预计其产品的发展方向。

航空公司调研的过程一般包括以下 6 个部分:确定调研目标、设计调研方案、制订调研工作计划、组织实地调研、调查资料的整理和分析、撰写调研报告。

民机产品从设计到实现周期较长,要从产品设计方案还未确定起就开始与客户紧密沟通,在每一轮的市场要求与目标的修订过程中组织相应的调研活动,以在市场要求与目标中体现客户的需求。

6.2.4　民机产品市场定位分析

民机产品的市场定位在 MR&O 中属于核心内容。

6.2.5　产品运营和技术要求分析

除了市场定位和产品定位外,产品运营和技术方面的要求也是制订民机 MR&O 的重要组成部分。这部分指标的确定是在产品市场定位和产品本身定位、竞争机型分析和客户调研之后进行。

产品运营和技术要求分析如表 6-2 所示。

表 6-2　产品运营和技术要求分析

序号	类　别	内　容
1	客舱	客舱布局标准、客舱环境要求
2	货舱	货物装载要求、货舱指标
3	商载航程	标准旅客商载、航线覆盖能力
4	性能	场域特性、飞行最大使用高度、飞机的巡航速度、空中交通管制的适应性
5	噪声与排放	外场噪声、舱内噪声、污染物排放
6	经济性	每座/航段直接运营成本、每座/航段现金运营成本
7	发动机和系统要求	发动机选装要求、ETOPS 要求、航电飞控等主要系统要求
8	客户服务	客户服务清单、客户服务网络
9	担保和保证	飞机型号的担保有效期以及所需的相关担保和保证内容
10	通用性	同一系列内不同子型号的通用性要求及不同系列间的通用性要求
11	可靠性和维修性	签派可靠度和直接维修成本

6.2.6　产品竞争力和市场分享量分析

为了确定 MR&O,在飞机初步设计方案确定后,还需进行产品竞争力分析和市场分享量评估。

产品竞争力包括对飞机的产品分析:适应性、舒适性、环保性、系列化与通用性、维修性、可靠性,飞机服务分析,还包括产品支援和增值服务。通常飞机竞争力评估使用竞争力打分模型,以经济性为主要考量指标,并评估产品在各运营地区国家和品牌影响,最后计算出产品在各个地区的市场分享量。市场分享量将会指导项目的销售活动,同时也是项目能否实施的关键因素之一,因为要想研发一型飞机必须有足够的市场分享量,来保证项目最终达到盈亏平衡。

民用飞机 MR&O 的确定,必须进行充分的民用航空运输市场和航空公司等客户调研以及翔实的论证,并进行多轮的迭代、更新,以最终形成既反映市场需求、又符合公司经营发展战略的民机产品市场要求与目标。

　　通过以上章节的论述可以看出，MR&O 的确定本身就是非常复杂的过程，是桌面研究与市场调研、竞争产品分析与客户需求权衡后的产物。但是，MR&O 的确定不是一蹴而就的，在 MR&O 形成后，首先须提交设计部门进行评估，在设计部门得到市场输入开始方案设计后，考虑技术可实现性提出建议，并与市场团队进行协商，最终市场部门根据权衡结果对 MR&O 进行修订或更改。除了考虑技术可实现性外，来自市场的变化、客户需求的变化、销售中大客户的特殊意见等，都会影响MR&O 的制订。市场要求与目标权衡流程，如图 6－2 所示。

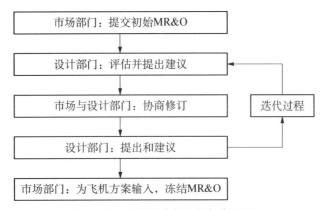

图 6－2　市场要求与目标权衡流程

6.3　产品竞争力分析及市场分享量预测

6.3.1　产品竞争分析

　　影响竞争力的因素很多，包括宏观和微观环境影响。宏观包括：人口、经济、自然、技术、政治和文化等；微观包括：企业、供应商、营销中介、顾客、竞争者和公众等。从民机制造商的角度，首先应考虑产品竞争因素，而民机制造商的客户最关心的产品竞争因素包括：安全性、经济性、舒适性、适应性、通用性、系列化和残值等。

　　在 AEA（欧洲航空公司协会）公布的关于支线飞机的设计要求中，其一般要求包括：

　　（1）优先性：以经济性和使用可靠性为优先。

　　（2）发动机：优选双发飞机，且发动机位置设计应充分考虑在所有飞行阶段发生一发停车时，具有良好的操纵品质。

　　（3）先进性：以产生最大经济效益为目的，将大量先进科技用于飞机设计。

　　（4）维护性：低维护成本，高利用率、高派遣和可靠性。

　　（5）转场时间：在满足发动机和刹车冷却要求条件下，转场时间小于 30 min。

(6) 全天候运行能力：具备 CAT ⅢA 能力，CAT ⅢB 能力可选。

此外，AEA 还针对燃油量、速度、起飞/着陆场长、单发爬升升限、初始爬升高度、最大巡航高度等性能数据，PCN 值和转弯半径，重量、设计航程和商载能力、噪声、客舱布局、货邮能力、动力装置、空勤和驾驶舱布置以及地面操作设备分别提出要求。

通过咨询公司桌面研究和航空公司市场调研可知航空公司购机影响因素，综合考虑后购机因素排名如表 6-3 所示。

表 6-3　综合考虑后购机因素排名

综合排名	主要指标	综合排名	主要指标
1	安全性和可靠性	5	飞机可选/灵活性
2	运营经济性	6	通用性（系统、机组等）
3	购买价格或租金	7	售后服务
4	维护性和机队一致性		

另外，影响购机的因素包括：环保性、融资方式、残值、广泛可获得性和受欢迎程度、制造商品牌、舒适性、飞机性能和市场适应性等。甚至还包括市场份额和外交等。

但一般安全性是客户采购飞机的基本要素，即不达标无法进入市场。所以客户采购时判断也较为直接，即取得适航证与否或事故率等。而其他因素则是需要多方位判断的。

1) 经济性

航空公司选购飞机有两个最根本的出发点：一是保安全，二是能赚钱（经济性）。飞机安全性的判断依靠国家强制性法规（适航规章）。飞机经济性主要依靠DOC 分析。只有经济性更好的飞机才能在相同的市场环境中为航空公司获得更大的利益。

飞机总运营成本（total operating cost，TOC）可划分为两部分：直接运营成本（direct operating cost，DOC）和间接运营成本（indirect operating cost，IOC）。DOC 包括固定成本和现金成本。固定成本主要是所有权成本；现金成本主要是燃油成本、维护成本、空勤成本、机场收费，导航收费，餐食费、地面服务费和民航建设基金等。TOC 分析是运营经济性分析的工具，例如，与飞机上座率和机票折扣率假设条件相结合，分析飞机机票折扣率的盈亏平衡点，有助于评定飞机产品的市场价值。

经济性也是所有航空公司所关心的核心竞争因素。

2) 舒适性

舒适性是航空公司的客户所关心的。旅客对舒适性的要求是相同的，不同的是不同的旅客为舒适性而买单的意愿强烈程度。头等舱和公务舱旅客的核心需求是旅客的身价、舒适的座椅和宽敞的环境;而经济舱旅客的核心需求是适宜的价格带来的可接受的座位安排。这就导致了航空公司有了不同的经营策略和理念。从针对的客户群来说,可简单划分为:高端客户覆盖、大众客户覆盖和全客户覆盖。

舒适性主要体现在客舱布局,包括:座椅宽度、间隔、客舱空调、客舱照明和舱内噪声等。其中最主要的是座椅间隔。

针对不同的航空公司应有不同的舒适性定位。最简单的方法就是多舱布局,一般来说现在可分为头等舱、商务舱、豪华经济舱和经济舱。

3) 适应性

适应性主要是机场和航线适应性,是航空公司实际运营中最关心的竞争因素。直接决定了航空公司的目标市场。通常不同的航空公司对适应性的要求是不同的。例如,长航程、大客流量要求飞机更大,更宽;短航程、小客流量、地形复杂机场和航线要求飞机小而灵活。

机场适应性主要包括飞机等级序号(aircraft classification number,ACN)和道面等级序号(pavement classification number,PCN)的匹配情况,最大起飞重量限制,起飞场长,环境温度对起飞的限制,越障限制等。

航线适应性主要包括单发升限与最低安全高度,双发延程(extended-range twin-engine operational performance,ETOPS),供氧能力等。

4) 通用性

通用性也是航空公司实际运营非常关心的竞争因素。通用性的作用是实现混飞机队,降低航材费用,降低培训成本,简化机队和保持市场灵活性。

这会直接或间接地影响飞机的经济性。实现混飞机队可以大大降低飞行员的储备且提高灵活性。简化机队将直接使得航材费用、所需飞行实力(即飞行员数量)、培训费用等大大降低。对航空公司而言,在非基地机场,通用性会显得尤为重要。通用性好的飞机可以大大提高飞机利用率,飞行时间随之大幅提高,这也正是航空公司所期待的。

5) 系列化

系列化同样也会极大地影响市场竞争力。航空公司只有拥有不同座级的飞机才能确保飞机满足广阔的市场需求,同时也只有这样才能保证较强的市场灵活性,可以用同一类飞机来服务不同的市场。

民机呈系列化发展趋势。成功的飞机在设计之初就规划出基本型、加长型、缩短型等不同座级的系列产品,也有不同航程的系列产品。系列化发展可以用较低的投入扩充企业的产品线,更好地满足不同市场、不同用户的需要。航空公司也希望能在同一家制造商买到系列化的、满足不同市场需要的产品。所以系列化的民机产品,能够更好地满足航空公司的需要,更受航空公司青睐。

6）残值

残值是影响经济性的一个重要因素之一,是在进行 DOC 分析之前所必须设定的约束参数之一。残值和飞机寿命也息息相关。影响残值主要因素包括:可靠性和使用寿命、改货机的能力、零部件的保障和技术的先进性。残值高会给航空公司带来潜在的更大收益。

不同航空公司的定位也会影响其对飞机残值和使用时间的设定。例如,新加坡航空公司一般只使用新飞机,用不了几年后就会转手再引入新飞机。

6.3.2　市场分享量预测

飞机的市场竞争力决定了飞机在市场上的地位,也决定了飞机的市场占有率。构成飞机市场竞争力的因素很多,这些因素可归纳为 3 个层面:产品层面、企业层面和国家层面。与产品直接有关的影响因素包括飞机的经济性、性能、舒适性、环保性、系列化与通用性、可靠性、维修性、售后服务等。与企业有关的影响因素包括企业的形象声誉、市场营销和企业实力。与国家有关的影响因素包括国家间的政治关系和经贸关系。

1）形象声誉

由于大型民用飞机投资大、使用时间长,产品又非常复杂,航空公司在购买新飞机时,肯定会考虑制造商品牌形象,以前的使用经历和行业中的声誉。这都会影响航空公司的决策,并对新进入该行业的厂商设置了障碍。航空公司使用飞机过程中若出现过可靠性和维护成本方面的问题,在考虑是否引进该制造商新产品时还会受到其影响。

2）市场营销

营销能力包括市场研究和产品销售。市场分析和预测关系到厂商对飞机研发和产量的控制。影响民机市场需求变化的因素有很多,这包括对市场总需求和对某一型号的需求的各种影响因素。飞机制造厂商通过对市场的分析和需求的预测,决定是否开发新型号或增减某种机型的产量。由于民机项目的投资很大,且是不可挽回的,因此任何新型号的研制都必须在市场分析基础上,按预测的需求量衡量成本和投资回报。对于新机型开发,制造厂商要计算出所有同类具有竞争力的机型的市场总需求量。然后根据市场预测和先锋用户订单来决策,这是决定其市场份额和商业成功的关键。

产品销售包括选择合适的销售目标,建立完善的销售网络,采取正确的销售策略。现有的大型民机市场已被波音、空客公司垄断,对新进入市场的制造商,需要在一些区域市场先取得突破,建立自己的优势,才能打破垄断格局。

3）企业实力

民用飞机产业是技术、资金高度密集的行业,产业链长、风险高,因此飞机制造商的实力对于航空公司选择机型而言是尤为重要的考量因素。技术研发能力、供应链管理能力、资金实力及融资能力、风险管控能力等,都是用户持续运营飞机并获得持续保障、支持的坚实后盾。

4) 政治影响

政府政策作为影响飞机市场的重要因素,对制造商的市场份额具有"立竿见影"的作用。飞机贸易不可避免地受到政治因素的影响。双方交恶的国家,实现飞机的销售是不可能的,会受到政府的限制,在使用上,客户也会担心能否获得制造商持续的售后支持和零备件供应。国家间良好的双边关系是飞机销售重要的前提条件。此外,有强大政治影响力的国家,能通过外交手段为自己国家的飞机制造商创造更有利的竞争环境,提升竞争地位。

一些民间组织(如环保组织)的影响力,也不容忽视,他们的态度会很大程度上影响到政府的态度。如俄罗斯制造的民用飞机绝大多数只能在国内航线上运营,而在欧洲航线上却因其不符合环保要求而被禁止使用。

政府政策对飞机销售的影响是巨大的,如政府为保护国内市场,对国外同类飞机的进口设置关税等壁垒;再有政府会为本国制造商就飞机销售提供一系列优惠措施(如补贴、出口信贷等),以形成价格上的竞争力。

5) 经贸关系

制造商所在国与用户国家的贸易关系也很大程度地影响着飞机的市场竞争力。作为价值量巨大的飞机贸易,往往会被作为平衡两国贸易差额的商品,一些飞机的采购订单就是在这样的背景下产生的。

采用层次分析法,选取上述对市场竞争力起主要影响的,相互独立的变量构建市场竞争力评估模型(见表6-4)。参照 ICAO 区域划分方法,将世界市场划分为 8 个区域,分别为中国、亚太、北美、欧洲、中东、拉丁美洲、独联体和非洲。并通过德菲尔法分别对各区域确定各评估指标的权重。

表6-4　市场竞争力评估模型示例

一级指标	权重/%	二 级 指 标	权重/%
产品	30.0	性能	12.0
		舒适性	9.0
		环境友好性	6.6
		系列化与共通性	7.8
		维修性	10.2
		可靠性	14.4
		产品支援	26.0
		增值服务	14.0
经济性	40.0	直接运营成本	100.0

（续表）

一级指标	权重/%	二 级 指 标	权重/%
企业	15.0	形象/声誉	25.0
		市场营销	40.0
		企业实力	35.0
国家	15.0	政治影响	60.0
		经贸关系	40.0

　　采用5分制,对于几个相互竞争机型在不同地区就各评估指标给出相应分值,再按照该地区的各指标权重计算出各机型的综合评估分值。依据该竞争力评价结果,对每一地区市场中各机型可能获得的市场占有率做出判断,竞争力评价结果越高,该机型的市场分享量越高。汇总各地区的市场分享量,则可得出各机型的全球市场分享量。

　　需要注意的是,评估指标的选择、权重的确定,以及各机型在不同地区的分值评估,既需要长期积累的民机市场数据库的支持,又离不开专家的经验,需要经过多次迭代,并与历史分享量数据相比较,最终得出符合实际的市场竞争力评估结果,进而得到较为可靠的市场分享量数据。

7 项目经济可行性

7.1 项目成本测算

民用飞机的研发过程,通常分为下述 4 个阶段。

1) 概念设计阶段

在概念设计阶段,设计师依据航空市场和客户需求的调研和分析、设计和制造技术基础的评估、同类机型的竞争评估、适用的适航要求、可利用的资源和经费的分析,确定飞机设计技术要求,包括:座级、航程、速度、机场适应性、不同商载和航程的飞机系列化发展概念、候选发动机、初步重量和性能估算、DOC(直接运营成本)评估、进入市场的时机,以及项目研发里程碑计划等。在该阶段,要求探究最大可能的设计空间,设计多种可替代飞机方案,进行大范围的权衡迭代研究。在该阶段结束、向决策部门提出立项申请时,应选择出唯一的候选技术方案,并向潜在客户征求意见。

2) 初步设计阶段

在初步设计阶段,对概念设计阶段提出的候选的技术方案进行细化和优化,民用飞机的优化目标通常是:在满足市场需求的前提下,追求最低的直接运营成本。设计工作范围包括:利用 CFD(计算流体力学)、选型风洞试验、地面试验和结构分析等对设计方案进行技术参数优化;对关键技术进行专项评定、风险评估和性能担保分析,确定其可行性;确定总体布局、结构布局、系统构架,选择外部合作伙伴;对发动机做出选择并提出技术性能要求,对飞机各系统提出技术性能要求,并开始招标选择系统供应商。初步设计阶段结束的标志是设计方案冻结。飞机制造商通常要向飞机潜在客户征求对设计方案的意见,在获得客户一定数量的订单后才开始详细设计。

3) 详细设计阶段

在详细设计阶段,要把初步设计阶段的设计定义变成千万个可供制造的实际零部件。利用 CAD/CAM(计算机辅助设计/制造)、定型风洞试验、工程模拟器和"铁鸟"等完成气动、结构、机载系统和动力装置安装的详细设计。完成工程设计决策所需的各种结构、系统试验。系统供应商将派出工程师组成联合工程队进行系统定义和协调。完成工装和工艺设计。该阶段结束时，首架样机完成总装和首飞。

4) 样机制造和合格审定阶段

在样机制造和合格审定阶段，完成用于全机静力实验和疲劳实验的样机的制造和装配，完成用于合格审定试飞的样机的制造和装配，并按合格审定要求试飞，直至取得飞机型号合格证。

众多型号的实践经验表明，民机项目具备学科专业广、研制周期长、投资费用大和项目风险高等突出特点，民机研制费用如表 7-1 所示。无论是干线航空两巨头波音公司(Boeing)和空客公司(Airbus)，还是喷气支线机两强加拿大的庞巴迪公司(Bombardier)和巴西航空工业公司(Embraer)，均为研制项目的预算投入绞尽脑汁、费尽心思，以确保型号项目经济可行，风险可控。当然，民机型号研制的收益和外部红利也是相当可观的，诱使日本、俄罗斯和中国等国家涉足现代民机制造领域，分享民用航空市场的大蛋糕。

表 7-1　民机研制费用

机　　型	座级	研制周期	首次服役时间	2004 年研制费用(美元)
Douglas DC-3	30	——	1936	4.3 Million
Douglas DC-6	50	——	1946	144 Million
Boeing 707	150	——	1958	1.3 Billion
Boeing 747	400	——	1970	3.7 Billion
Boeing 777	350	——	1995	7.0 Billion
Airbus A380	550 以上	——	2007	14.4 Billion

资料来源：http://people.hofstra.edu/geotrans/eng/ch3en/conc3en/table_aircraftdevcosts.html。

针对不同的工业基础，各国飞机制造商纷纷展现了自己的特色，飞机项目的研制程序和成本分摊各有不同。我国以往飞机研制项目经费预算的通常做法是，按照设计费、制造工时费、成品材料采购费、试验和试飞验证费等进行分类测算和综合，对于设计和制造能力不足部分，提出技术引进、设备改造和扩大厂房设施等专项经费。其中，设计费(包含设计、试验和管理等参研人员的工资、材料费、资料费、差旅费、办公设施使用维护费和管理费等)按 14 万元/人·年计算；原型机制造工时费(包含消耗)按 49 元/工时计算；试验和试飞验证费用包括风洞试验、结构试验、系统试验和适航验证试飞等。在研制经费主要来自国家拨款的条件下，这种项目经费预算方法适合于向国家申请研制经费。

现代民用飞机大多由多家利益和风险共享的飞机研发机构和制造商合作研发和生产，且要依据市场的需求不断推进产品的技术更新和系列化发展。传统的飞机项目研制经费预算方法,不利于项目研制经费的合理分摊、管理和控制,不利于项目的长期发展,不利于产品开发的市场化。因此,引入民机全寿命周期成本就成了必然的选择。

全寿命周期成本(life cycle cost,LCC)的概念来源于美国军用装备成本控制研究项目,该项目由美国军方后勤管理研究所承担,主要用于解决装备"从摇篮到坟墓"(cradle-to-grave)整个过程中的成本分析、控制和优化等问题。欧美装备制造发达国家不断拓展全寿命周期成本的应用范围,目前已经广泛应用于各种产品的设计研发领域,在民机制造领域也进行了广泛的探索。民用飞机是典型的资本和技术密集型产品。对于商用飞机来说,飞机制造商是飞机研发的投资者和决策者,从市场获得投资收益;客户是飞机的使用者,由于客户必须通过飞机经营收益获得现金流回馈,因此,客户也是飞机研发的"隐形"决策者,飞机全寿命成本最低也是客户追求的关键目标。虽然民机全寿命周期成本还没有在学术上形成统一的意见,但是并不妨碍全寿命周期成本理念在民机设计过程中的应用,尤其是具体的成本分析方法已经成功地应用于民机的研制过程之中,这些估算方法可以为制造商协调研制成本和直接运营成本提供有价值的依据。

7.1.1　全寿命周期成本组成

根据美国国防部 2007 年颁发的"运行和支持成本估算指南",并结合商用飞机的特点,飞机全寿命成本可定义为下述 4 项按顺序的、但互有重叠的成本之和。

1) 设计成本(非重复成本,non-recurring cost)

包括概念设计、初步设计和详细设计;机体结构和系统的试验和验证;适航验证和试飞;新工艺的开发;工装的设计和制造等。

2) 制造和采购成本(重复成本,recurring cost)

包括原材料、发动机和设备成品的采购,机体制造,飞机总装,产品质量控制和批生产试飞等。

3) 运营成本(total operating cost)

包括运行期间的所有权成本(折旧、利息和保险),现金成本(燃油、空勤、维修、起降、地面操作和导航费等)和间接成本。

4) 处置成本(disposal cost)

飞机进入处置阶段发生的成本。对于军方采购的装备系统来说,处置成本主要指装备的非军事化、去毒化或长期储存的成本。对于商用飞机来说,在飞机处置阶段,关注焦点是飞机的残值。飞机可能转售或租赁给其他用户运营,或改装成货机,或被封存/解体。

7.1.2　成本估算方法

根据 Niazi 和 Dai 的研究结果,成本估算方法体系如图 7-1 所示。该体系采用

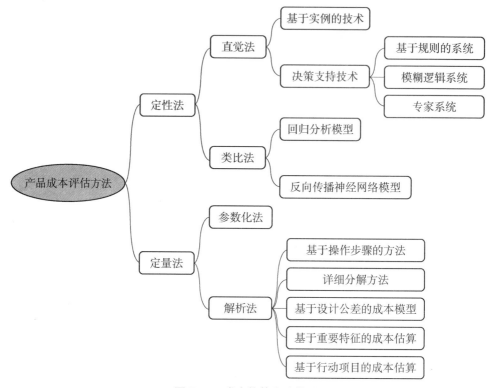

图 7 - 1　成本估算方法体系

分类方法,比较全面概述了产品全寿命周期中的不同成本估算模型,可作为针对特定产业发展更准确的估算方法的基础。

目前,工程中采用的计算方法主要有如下几种。

1) 参数费用法(parametric cost estimating)

根据同类机型的历史统计数据,利用回归分析方法建立研究对象的特征参数(如几何尺寸、飞机重量、飞行高度和飞行速度等)与开发成本之间的函数关系,利用该费用函数预测新机型的成本费用。参数费用方法使用简单,但需要采用相同研制生产环境下的模型对新型号进行费用估算,无法用于非相同环境下的成本评估。

2) 工程费用法(industrial engineering cost method)

是一种"自下而上"的费用估算方法,主要基于工作分解结构(WBS)和成本分解结构(CBS)进行工作分解和成本分解。将 CBS 中每个单元的费用累加起来,便得到该型号项目的总费用。

3) 类比费用法(analogy cost method)

是一种常用的初步费用估算方法,它是将正在研型号直接与具有同样特征的类似型号进行比较,并估算其费用。类比费用法是一种精度相对较差但容易实现的一种通用方法,其精度往往与使用者的经验息息相关。

4) 外推费用法(extrapolation cost method)

与类比法相比,它是一种相对准确的费用估算方法。新型号与原准型号技术状态差异的大小决定了评估方法的准确性,一般情况下应用于民机型号改型设计费用的估算。

依据民机型号研制阶段工作的划分、每个阶段的特点,在不同的开发阶段适用于不同费用估算方法,民机研制各阶段适用的估算方法如表 7-2 所示。同时,经济性估算方法需要考虑如何促进技术的发展,考虑长期性、全局性和战略性的影响因素,这也是经济性估算中具有较大不确定性的因素。

表7-2 民机研制各阶段适用的估算方法

费用估算法 \ 民机研制阶段	方案论证阶段	工程预发展阶段	工程发展阶段 早期	工程发展阶段 后期	批产阶段	使用运营阶段
参数费用方法	适用	较适用	较适用	不适用	不适用	不适用
工程费用方法	不适用	较适用	适用	适用	适用	适用
类比费用方法	较适用	较适用	适用	不适用	不适用	不适用
外推费用方法	不适用	较适用	适用	适用	适用	适用

7.1.3 成本分析工具及软件

目前在航空业界较为广泛应用的分析工具主要是 DAPCA、PRICE 和 SEER。

1) DAPCA(development and procurement costs of aircraft)

DAPCA 由 RAND 公司开发,该公司受雇于美国军方开展飞机寿命周期费用分析工作,于 1967 年首次发布了飞机开发与采购成本分析 DAPCA Ⅰ,之后不断发展完善,目前的版本是 DAPCA Ⅳ。DAPCA 模型是典型的参数费用法,它统计回归了 34 个军用机型的制造成本数据,以机体重量、飞行速度和飞机架数等指标特征参数,建立了研制工时、工装设备工时、制造工时和质量控制工时与特征参数之间的函数关系式,工时乘以劳动费率即获得了部分开发费用。同时,分析回归了特征参数与发展支援、飞行试验、制造材料和发动机采购等方面的费用关系式。两方面求和后获得飞机型号的开发和采购成本。

2) PRICE(parametric review of information for costing and evaluation)

PRICE 由美国 PRICE 系统公司开发。在预先建立的工艺成本数据库基础上,该软件能够相对快速和准确地估算项目研制的各个阶段,覆盖产品全寿命周期。可以用于飞机产品成本估算的工具主要有:估算硬件研制与采购成本(PRICE H)、估算硬件使用和保障成本(PRICE HL)。

3) SEER(system evaluation and estimation of resources)

SEER 由 Galorath 公司开发。自上而下的参数化的算法,具有较强的知识库功能,用户可以自定义知识库,在早期项目参数信息有限的情况下借助知识库以及用户自定义的知识确定成本模型。SEER - H 可以生成新产品开发全生命周期的成本、给出系统、子系统开发、生产、运行和维护以及解散成本,具有决策支持功能。

7.2　基于总体参数的全寿命周期成本估算方法

在飞机初步设计阶段结束时,设计部门将确定飞机的座位数、设计航程、发动机需求和设计重量等初步设计技术数据。这些初步设计技术数据与飞机研发、制造和运营成本之间有着内在的关联性。依据这些初步设计技术数据,利用以往型号积累的成本数据,对飞机的研发成本、制造成本、运营成本、飞机目标价格和盈亏平衡点进行初步分析和优化,是欧美飞机制造商常用的一种飞机经济性评估方法。

7.2.1　研制成本模型建模方法

飞机的设计重量,是涉及飞机商载、航程、速度以及起降能力等基本性能的重要技术参数,也是与飞机所有组/部件都关联的唯一技术参数。在初步分析中,我们可以假定,飞机的研发成本与飞机基本空重成正比。"基本空重"定义为使用空重扣除使用项目重量后的重量。图 7 - 2 给出了大型商用飞机非重复成本(NRC)与基本空重的关系曲线。

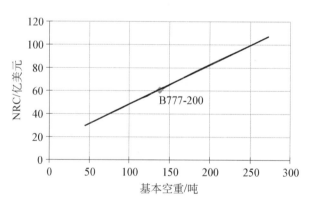

图 7 - 2　大型商用飞机非重复成本(NRC)与基本空重的关系

下述研发成本的分析步骤,基于研发成本与基本空重成正比的假设。

1) 把飞机按组/部件分解成若干成本模块

图 7 - 3 给出飞机组/部件分解。可以多层次分解,装配和系统列为单独模块。本文的分析仅限于第一层次的成本分解。

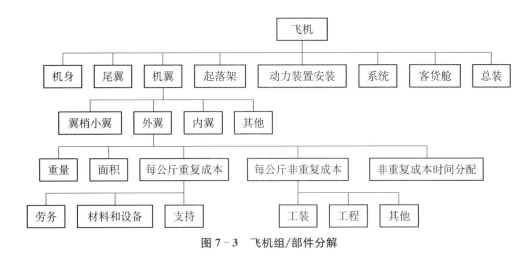

图 7 - 3 飞机组/部件分解

图 7 - 4 为典型喷气式商用飞机的重量分解统计。

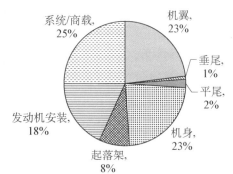

图 7 - 4 典型喷气式商用飞机的重量分解统计

<small>(基于 MD80、DC - 10 - 30、B737 - 200、B747 - 100 和 A300 - B2)</small>

2) 确定每一成本模块的设计重量和"每公斤重量设计/制造成本"

"每公斤重量设计/制造成本",可利用过去项目历史数据的回归分析来确定,并应用"判断因子"修正到当前的项目。"判断因子"包括构型因子、复杂性因子、复合材料因子、熟练因子和共通性因子等。

3) 确定设计成本和制造成本(即非重复成本和重复成本)

(1) 非重复成本(non-recurring cost):仅发生一次的成本,即设计成本。成本模块的重量与相对应的每公斤重量设计成本之乘积,就是该成本模块的非重复成本。所有成本模块的非重复成本之和,就是总的非重复成本。非重复成本应该按比例分配到下述成本项目上。

a. 工程设计:包括总体定义和构型控制、机体设计和分析,以及系统综合。

b. 制造工程:包括制造工艺、程序和计量方法等。

c. 工装设计：工具和型架的设计。

d. 工装制造：工具和型架的制造。

e. 其他：研发支持（风洞试验、强度和疲劳试验等）和试飞验证。

表7-3为美国大型喷气客机"每磅非重复成本"。

表7-3　美国大型喷气客机"每磅非重复成本"

成本项目	工程设计	制造工程	工装设计	工装制造	试飞和支持	总计
成本比例	40.0%	10.0%	10.5%	34.8%	4.7%	100.0%
						单位：美元/磅
机翼	7 093	1 773	1 862	6 171	833	17 731
尾翼	20 862	5 216	5 476	18 150	2 451	52 156
机身	12 837	3 209	3 370	11 169	1 508	32 093
起落架	999	250	262	869	117	2 499
发动机安装	3 477	868	913	3 025	408	8 691
系统	13 723	3 431	3 602	11 939	1 612	34 307
客/货舱	4 305	1 076	1 130	3 746	506	10 763

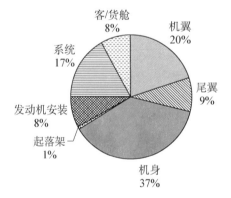

图7-5　典型非重复成本按部件分解（美国大型商用喷气机）

图7-5给出了典型非重复成本按部件分解（美国大型商用喷气机）。

（2）重复成本（recurring cost）：每架机均发生的成本，即制造成本。成本模块的重量与相对应的每公斤重量制造成本之乘积，就是该成本模块的重复成本。所有成本模块的重复成本之和，就是总的重复成本。重复成本应该按比例分配到下述成本项目：

a. 劳务成本：制造、装配和总装。

b. 制造材料：原材料、外购产品和设备。

c. 产品支持：质量控制、产品工装支持、工程设计支持。

美国大型喷气客机"每磅重复成本"如表7-4所示。

表7-4　美国大型喷气客机"每磅重复成本" （单位：美元/磅）

成本项目	劳务	材料	其他	总计
机翼	609	204	88	900
尾翼	1 614	484	233	2 331

（续表）

成本项目	劳务	材料	其他	总计
机身	679	190	98	967
起落架	107	98	16	221
发动机安装	248	91	36	374
系统	315	91	46	452
客/货舱	405	100	59	564
总装	58	4	3	65

图 7-6 给出了典型重复成本按部件分解（美国大型商用喷气机）。

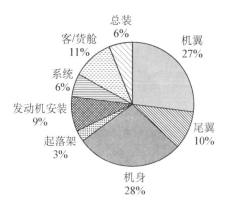

图 7-6　典型重复成本按部件分解（美国
大型商用喷气机）

在重复成本模型中，应考虑熟练系数影响。随着生产架数的增加，每架机的生产加快，材料浪费减小，重复成本降低，这就是熟练系数影响。熟练系数的计算模型如下。

① 熟练系数：生产第 X 架飞机的熟练系数是 $X \cdot n$，$n = \lg b / \lg 2$，b 是熟练因子。

② b 的典型值：中国航空工业缺乏民机制造的熟练系数统计值。b 值建议采用，劳务成本取 0.85，材料成本取 0.95，其他（包括质量控制和产品支持等）取 0.95。$b = 0.85$ 的含义是：产量每翻一番，生产时间（或成本）按因子 0.85 降低。图 7-7 给出了典型的熟练曲线。

7.2.2　影响民机研制成本的若干因素

中国航空工业缺乏按部件分解和以重量定成本的可利用的历史数据，只能借鉴国外可利用的资料，因此，需要充分考虑中外民机研制的差异与特点，并根据经验给出修正因子。

7.2.3　中外不同研究体制的比较

波音公司将研制阶段一般分为项目定义阶段、费用定义阶段、生产阶段；空客公

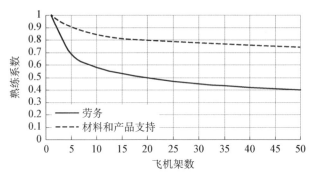

图 7 - 7　典型的熟练曲线

司的研制阶段一般分为可行性研究阶段、概念阶段、定义阶段、研制阶段；我国民机飞机项目阶段分为立项论证阶段、可行性论证阶段、预发展阶段、工程发展阶段和批生产和产业化阶段。中外民机项目研制流程对比，如表 7 - 5 所示。

表 7 - 5　中外民机项目研制流程对比

波音公司	空客公司	国内制造商
项目定义阶段	可行性研究阶段	立项论证阶段
-建立构型的基线	-业务规划	可行性论证阶段
-编制里程碑计划	-市场态势分析	预发展阶段
-确定工作分解结构（WBS）	-市场需求分析	-初步总体方案定义
费用定义阶段	概念阶段	-初步设计
-受控和批准的构型定义	-确定最有希望的飞机概念阶段	工程发展阶段
-详细设计	-飞机级概念的最佳化阶段	-详细设计
-市场销售活动	定义阶段	-全面试制
-设计成套性文件	-形成飞机构型基线阶段	-试飞取证阶段
-购置设备的图样/文件	-确定飞机规范和商业方案阶段	批生产和产业化阶段
生产阶段	研制阶段	
-合同所必需的活动	-飞机零部件设计阶段	
	-零件试制阶段	
	-零件制造、部件装配和试验阶段	
	-飞机总装阶段	
	-地面试验和首飞准备阶段	
	-符合性验证和型号合格审定阶段	
	-完成飞机投入营运前的准备阶段	
	-飞机研制结束工作阶段	

从波音和空客两家公司的民机研制阶段的划分来看，波音公司从项目定义阶段入手，一开始就建立了飞机构型的基线、编制了分解为职能部门的里程碑和进

度计划,以及建立产品家族的分解结构,即进入了具体的型号研制工作。空客公司虽然从可行性研究阶段入手,但该阶段的主要工作是进行市场和需求分析,即为接下来的概念阶段和定义阶段做好市场和需求分析,随后就进入具体的型号研制工作。因此,波音和空客公司的研制阶段均以直接进入具体机型和型号的研制入手,并没有立项工作。而我国飞机研制阶段划分的第一个阶段就是立项论证阶段,这是显著区别于国外民机制造商之处。中外民机研制体制不同,具体表现为以下几项。

1) 不同的企业发展模式

目前企业对高新技术领域的发展模式主要有技术引领型和项目推动型两种。技术引领型主要是指企业以某方面的科研、装备和人才等方面的优势为依托,通过强大的技术优势引领企业产品的发展,逐步形成产品在市场上的优势地位,技术引领型发展模式"正三角"格局(见图7-8)。项目推动型是以重大项目为载体,依靠重大项目推动科研、装备和人才的发展和储备,并适时转变发展方式,实现可持续发展,项目推动发展模式"倒三角"格局(见图7-9)。可见,技术引领型和项目推动型的发展模式对于现有技术条件的要求和发展的阶段目标都有明显的不同。

图7-8　技术引领型发展模式"正三角"格局　　**图7-9　项目推动型发展模式"倒三角"格局**

欧美民机研发采用的是技术引领发展模式的"正三角"格局,而国产民机研发是典型的项目推动型发展模式。中国民机企业与欧美在民用航空科技上的较大差距,是两国采用不同发展模式的直接原因之一。美国凭借博大的基础理论研究奠定其科技优势,从而具备了技术引领型发展模式的基础。而目前我国基础研究的现状决定了与其将资金拼命投入基础研究之中,不如将资金投入到重大项目中去,通过重大项目来推动科学技术和相关产业的发展。同时通过国际合作和技术引进充分利用和发挥欧美技术的溢出效应,力争实现跨越式发展。这也是符合我国目前的基础理论研究现状和基本国情的。

2) 不同的时间和资金投入

对于技术引领型和项目推动型发展模式而言,由于其发展的已有科学技术基础不同,因而其发展的时间周期和资金投入量也有明显的不同。波音和空客公司已有的型号发展时间节点和资金投入经验不能完全照搬到我国商用大型客机项目中来。我国民机相关科研技术是从无到有的过程,没有现成的经验可以照搬,科学技术每前进一小步,都是需要从头开始研究,需要巨大的资金和时间投入,而且越接近核心技术其成本就会越高。因此,应该理性地看到,我国民机发展与欧美相比会有更漫长的过程和更多的资金投入,切不可不顾事物发展规律盲目追求进度和低投入。

7.3　某机型盈亏平衡分析算例

本节以某型宽体客机为例,按照图 7 - 10 完成盈亏平衡分析流程。

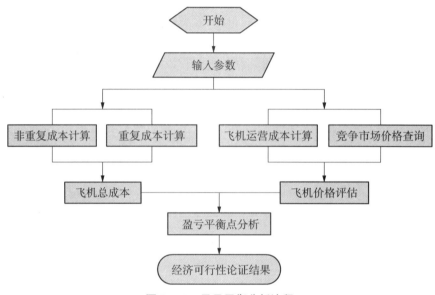

图 7 - 10　盈亏平衡分析流程

研发成本计算

(1)重量分解。根据某机型的飞机设计手册得到重量分解如表 7 - 6 所示。

表 7 - 6　某机型的重量分解

重量分解	重量/kg	占比/%	重量分解	重量/kg	占比/%
机翼	30 340	23.0	动力装置	21 087	16.0
垂尾	3 461	2.6	系统	13 812	10.5
平尾	1 460	1.1	客/货舱	20 752	15.7
机身	29 264	22.2	空机重量	131 821	
起落架	11 645	8.8			

(2)单位重量非重复成本和重复成本。在同类型号成本数据回归分析基础上,

综合考虑到研制国工业基础、飞机设计技术水平和民机型号研制经验,确定单位重量非重复成本和重复成本(见表7-7和表7-8)。

表7-7 某机型单位重量非重复成本

成本项目	工程设计	制造工程	工装设计	工装制造	试飞和支持	总计
成本比例	50.0%	7.5%	7.5%	25.0%	10.0%	100.0%
						单位:美元/公斤
机翼	15 637	2 346	2 346	7 819	3 127	31 274
尾翼	45 993	6 899	6 899	22 997	9 199	91 986
机身	28 301	4 245	4 245	14 151	5 660	56 603
起落架	2 202	330	330	1 101	440	4 404
发动机安装	7 664	1 150	1 150	3 832	1 533	15 328
系统	30 254	4 538	4 538	15 127	6 051	60 508
客/货舱	9 491	1 424	1 424	4 746	1 898	18 983

表7-8 某机型单位重量重复成本

成本项目	劳务	材料	其他	总计
成本比例	60%	30%	10%	100%
				单位:美元/公斤
机翼	609	204	88	900
尾翼	1 614	484	233	2 331
机身	679	190	98	967
起落架	107	98	16	221
发动机安装	248	91	36	374
系统	315	91	46	452
客/货舱	405	100	59	564
总装	58	4	3	65

(3) 非重复成本和重复成本。根据重量分解和单位重量成本数据,计算获得非重复成本和重复成本(见表7-9和表7-10)。

表7-9 某机型非重复成本(单位:百万美元)

成本项目	重量/kg	工程设计	制造工程	工装设计	工装制造	试飞和支持	总计
成本比例		50.0%	7.5%	7.5%	25.0%	10.0%	100.0%
机翼	30 340	474	71	71	237	95	949

（续表）

成本项目	重量/kg	工程设计	制造工程	工装设计	工装制造	试飞和支持	总计
尾翼	4 921	226	34	34	113	45	453
机身	29 264	828	124	124	414	166	1 656
起落架	11 645	26	4	4	13	5	51
发动机安装	21 087	162	24	24	81	32	323
系统	13 812	418	63	63	209	84	836
客/货舱	20 752	197	30	30	98	39	394
	131 821	2 331	350	350	1 166	466	4 662

表 7 - 10　某机型重复成本（单位：百万美元）

成本项目	重量/kg	劳务	材料	其他	总计
成本比例		60%	30%	10%	100%
机翼	30 340	18.1	9.0	3.0	30.1
尾翼	4 921	7.6	3.8	1.3	12.6
机身	29 264	18.7	9.4	3.1	31.2
起落架	11 645	1.7	0.9	0.3	2.8
发动机安装	21 087	5.2	2.6	0.9	8.7
系统	13 812	4.1	2.1	0.7	6.9
客/货舱	20 752	7.7	3.9	1.3	12.9
总装	131 821	5.7	2.8	0.9	9.4
		68.8	34.4	11.5	114.7

（4）确定飞机价格。假设确定飞机基本价格为 140 百万美元，并考虑表 7 - 11 所示飞机定价因素。

表 7 - 11　飞机定价因素

收 益 分 析		备　　注
单机基本价格/百万美元	140	依据市场定价方法确定飞机基本价格
成交价平均折扣/折让率	12%	包括：市场促销、启动客户折让、订单量折让、附加折让和特别折让等
销售成本	1%	包括国内外销售代理、销售机构和销售推广的支出
飞机交付费用	0.50%	包括客户接待和飞机移交中的各种费用
销售中的索赔和诉讼费等	0.2%	
客户服务支出	5%	包括客户培训、技术支持和现场服务等销售合同协议项目
单机销售收益/百万美元	114	飞机售价—销售成本、成交折扣和售后费用

（5）盈亏平衡分析（见图 7-11）。根据非重复成本、重复成本和飞机销售收益，计算出盈亏平衡点。

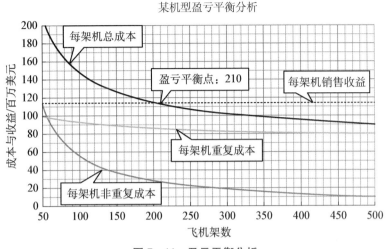

图 7-11 盈亏平衡分析

8 产品实现

8.1 从市场要求到设计要求

全世界民用飞机制造商的研发理念早已经由"以产品为导向"向"以市场为导向"的转换。这种转变很大程度上顺应了航空运输市场的变化,即以满足顾客的欲望和需要为核心,标志着全球民机制造业逐步步入了成熟期。

在 20 世纪 80 年代以前,全球民用航空制造业美国一家独大,民机市场相对较小,其需求局限于美国和欧洲等主要发达国家。飞机是否能够飞的更快、更远,载运能力是否更大等飞机的硬性性能指标是制造商能否获得市场的关键。因为在当时科技水平和生产能力限制下,主制造商只有尽一切努力改进产品,提高性能,才能满足用户对飞机技术、性能、操作性等方面的需求,只有通过加强产品的研发与制造,才能获得市场竞争优势。这种以产品为导向的市场营销理念是当时特定市场条件下的产物。

1978 年美国放松管制以后,全球航空运输业进入了大发展时代,航空运输业的爆发式增长激发了庞大的民用飞机需求,竞争也越加激烈。运营的经济性越发成为航空公司关注的核心问题。随着航空运输市场的膨胀,主动适应市场变化,更关注客户需求和经济性的制造商得以生存与发展,发展至今形成了波音公司和空客公司双寡头垄断中大型民机市场的格局。

波音和空客两家公司对于市场研究的投入不但没有减少,而且还在不断加大,由于对市场的不同认识导致了两家公司在特定时期针对产品的策略也有区别。在 21 世纪初,两家公司对市场预测的最大区别是空客公司认为超大型飞机的需求量大,开发重点投入到 A380 超大型飞机用于缓解大型机场的时刻紧张和减少单位座位成本,而波音公司另辟蹊径,更倾向于开发点对点的中型宽体飞机 B787 以提高飞机的效率和节约旅客的时间。从目前 A380 的销量来看,波音公司在 21 世纪初对宽体飞机的市场把握更为精确。这种以"市场为导向"的产品开发理念将会持续主宰未来的飞机产品开发。

市场要求不仅局限于飞机的需求量和飞机座级,还包括很多其他的客户要求。由于飞机产品的特殊性,其面向的对象包括航空公司的管理者、飞行员、维修人员、财务人员、乘务员、旅客等不同的需求用户。因此在用户逐渐成为设计中心的情况下,如何发现并挖掘这些用户对象的需求,并将用户需求转化为产品要求,进而形成具体产品的功能设计要求,便成为飞机研发一个非常重要的课题。

需要说明的是,市场要求不等同于设计要求,市场要求并不能全部直接转换为产品的设计要求,市场要求只是设计要求一个非常重要的来源。

市场要求着眼于把控宏观趋势和所有用户的直观实用性需求,主要关注飞机的座级、经济性、舒适性、性能、使用需求、售后服务和保障体系等。而设计要求更强调产品功能定义把握和控制、设计原理和方法使用、材料和新技术选用、重量指标分解以及系统集成等技术性要求等。

在以"市场为导向"的飞机研发理念中,往往首先以航空运输市场研究为切入点,并主要以目标客户为调研对象,通过观察、访谈、调研、桌面研究等各种方法整合所有的客户需求,并经过去伪存真的判断后形成制造商内部的市场要求。这些需要贯彻的市场要求一般需要公司高层批准后生效,批准的市场要求与目标(market requirements and objectives, MR&O)会成为产品开发的纲领性指导要求。一款飞机的 MR&O 要求将在很大程度上反映到飞机的设计要求中,并最终体现在飞机产品中。

飞机制造商的设计部门在项目正式立项和开展研发时需要制订详细的设计要求与目标(design requirements and objectives, DR&O)用于指导飞机设计部门的研发工作,其中 MR&O 是 DR&O 的主要输入依据之一。由于 MR&O 的编制人员是市场相关人员,而 DR&O 的编制人员是飞机设计工程师,因此针对同样一个问题,DR&O 与 MR&O 两者的描述有着明显的区别。比如市场要求的经济性指标"现金运营成本(cash operating cost, COC)"要比竞争机型降低 10%,而设计要求往往体现在更多的指标上,比如飞机采用的复合材料比例和位置、发动机的耗油率要求、飞机的设计重量要求等。

由于市场要求具有一定的时效性,而制造商的技术储备和能力又具有一定的局限性、研发资金也需要来源。因此市场要求转换为设计要求需要经过多轮的方案、技术和经济可行性的论证过程。

飞机研发过程中市场要求向设计要求转换的主要工作流程见图 8-1 所示。

市场要求转换为设计要求需要大量的研究工作,通常需要进行应用情景调研和描述、人机环境工程及交互研究、另外还要考虑到适航取证等因素。表 8-1 对市场要求与设计要求进行了举例说明。

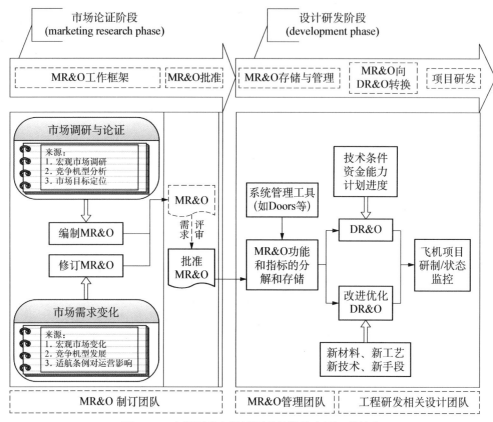

图 8-1　市场要求向设计要求转换的主要工作流程

表 8-1　市场要求与设计要求举例

序号	市场要求	情景描述	相关人机环境	设计要求
1	运送活物	何种情形,运输何种动物、温度环境、氧气含量、装载位置等	工人装载、卸载方式等	如形成的设计要求(包括适航限制要求等)为:安装货舱加热系统,系统的用电、引气、维修、可靠性等一些设计参数要求
2	上网功能	各种飞行阶段、音频和视频并发观看、上网设备等	旅客、乘务人员等	如形成的设计要求(包括适航限制要求等)为:采用的上网方式是卫星模式还是地空模式、带宽需求、安装位置、维修、可靠性等参数

（续表）

序号	市场要求	情景描述	相关人机环境	设计要求
3	运送残障人士	伤残程度、卧躺或斜躺、过道走动时无障碍等	残障人员、运送人员、运输工具、工具存储方式等	如形成的设计要求（包括适航限制要求等）为：手推车或担架、设备的安装位置、设备的大小等设计要求
4	……			

市场要求向设计要求转化还要考虑下列因素：

（1）可行性：目前的技术及制造商资源是否有能力、是否能在现行的情况下与进度时间表等现实条件下开发出完全满足市场的这些要求。

（2）必要性：市场的这些要求是否有需要满足，满足这些要求制造商需要付出的代价以及是否有足够的市场效益支撑产品的运营等。

经过上述验证，并结合前面所叙述的相关利益合作伙伴、竞品分析、标杆市场及企业内部研讨会等所得到的需求，从而得到完整的用户设计要求。

市场要求向设计要求的转换需要市场人员与工程设计人员密切的配合，在一些特定的情况下，市场要求也会等同于设计要求，并没有很明显的界限。比如客舱座椅宽度不能低于 17 in(in＝2.54 cm)，即可以看作市场的要求也可以在特定情况下直接作为设计要求。

8.2 市场要求符合性评估

市场要求先于设计要求，但是并不是所有的市场要求都能够在设计要求中得到贯彻和执行，对这些差异性的要求应该进行影响评估。尤其是那些对飞机产品竞争力具有非常大影响的指标，比如直接运营成本等经济性要求。

按照现代飞机研发的经验，民用飞机由于兼顾进度和飞机交付的要求，在前几批次交付客户的飞机或多或少存在一定的性能不达标情况，需要在后期通过持续改进和优化不断地提升飞机的性能指标，这些偏离情况也需要进行市场影响的符合性评估，从而有利于飞机产品的定位和推销以及改进升级。

市场要求/需求也会随着政策、环境、经济乃至政治的变化随时发生变化。对研发或现有产品的市场要求进行持续的符合性评估，始终是飞机制造商所面临的一个重要工作。

2008 年，油价达到了每桶 145 美元的峰值，庞巴迪推出的 C 系列飞机以复合材料机身和拥有极具燃油效率的 GTF 发动机等先进技术，成为最大的卖点。进入 2015 年后，随着国际油价暴跌至其峰值价格的约 1/3，航空公司选择拥有最新技术的 C 系列飞机而不是老旧的 A319 和 B737 - 700 等二手机的需求不是那么强烈,这些因素对 C 系列飞机的早期市场开拓造成了较大的打击。

市场要求的符合性评估主要目标是:

(1) 制订合适销售策略:针对不断变换的市场和现有的产品,需要分析目标市场、运行环境等,有时还需针对特定用户开展专项研究。

(2) 产品改进升级要求:符合性评估能够找出产品的缺点,通过高层决策机构和设计研发评估形成相对合理的改进策略。

飞机需要进行符合性评估的典型性市场要求包括:

(1) 座级、取证及投放市场要求。

(2) 系列化发展规划要求。

(3) 驾驶舱要求。

(4) 客舱要求。

(5) 货舱要求。

(6) 商载航程要求。

(7) 使用环境要求。

(8) 发动机和系统选用。

(9) 可靠性和维修性要求。

(10) 地面服务要求。

(11) 运营经济性要求。

(12) 客户服务要求。

(13) 客户担保和保证要求。

市场要求符合性评估目标的主要工作流程和要求如图 8 - 2 所示。

正因为市场是多变的,而飞机产品的研发又比较漫长。因此更需要针对研发中的或现有产品进行市场符合性评估,以期待针对合适的市场制订合理的销售策略和产品改进目标,甚至是新产品的替代开发方案。

8.3　选项分析研究

制造商们为了方便飞机的客户化,提供了大量可供客户选择的设备,范围覆盖了发动机的型号至客舱的内饰。这些灵活性使得航空公司在创造各自独特的飞机品牌方面可以吸纳更多流行的元素,同时也能满足他们各自的运营要求。

客户化的可选构型(selection configuration)一般是主制造商基于客户的最大化选型需求而设置的,这些需求主要包括(但是不限于):

(1) 航空公司独立的品牌形象(主要通过外部涂装和客舱装饰实现)。

(2) 市场目标客户/乘客的定位(主要通过客舱布局和娱乐系统实现)。

(3) 航空公司运营航线需求(主要通过重量、航程、ETOPS、RNP 等拓展功能

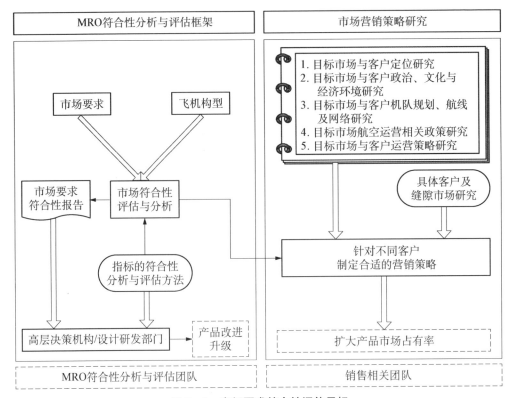

图 8-2 市场要求符合性评估目标

实现)。

(4) 所在国适航取证需求(主要通过满足相关适航规章要求的选装或改装实现)。

(5) 采购具有价格竞争力和售后服务竞争力的供应商设备和产品(主要通过设备或系统选装项目实现)。

(6) 不同机型机队之间设备和产品最大化的统一性,降低维修成本(主要通过选择单一供应商设备、件号或系统选装项目来实现)。

可选构型中的选装设备(equipments)按照商务分类原则,主要可分为 SFE 和 BFE。其中 SFE 是由飞机制造商直接提供的可选设备,而 BFE 是在飞机生产阶段,由航空公司全权负责直接与供应商协商选购。另一种情况是卖家购买设备,它其实也是一种 BFE,不过是由制造商代表客户进行选购的。

按照现有制造商的经验,航空公司在选型时客制化程度最大的 SFE 设备主要包括:

(1) 旅客座椅。

（2）厨房和盥洗室。

（3）航电设备。

（4）客舱娱乐系统。

BFE 与 SFE 的主要区别如图 8－3 所示。

SFE与BFE的主要差异

Seller Furnished Equipent
（卖方提供设备）

- Commercially managed between airline &
  aircraft mfg.
  航空公司与飞机制造商协商商务问题
- Generally included in airframe price
  通常包含在机体价格中
- Limited selectable options/suppliers
  可选项目/供应商较少
- Supplier & aircraft mfg. often in long
  term partnerships
  供应商与飞机制造商是长期合作伙伴
- Typically covered under aircraft OEM warranty
  通常由OEM提供担保
- Warranties set forth will apply to SFE
  担保条款适用于SFE项目

Buyer Furnished Equipent
（买方提供设备）

- Commercially managed between airline &
  BFE suppliers
  航空公司与BFE供应商协商商务问题
- Generally not included in airframe price
  通常不包含在机体价格中
- Many selectable options/suppliers
  可选项目/供应商较多
- Airline responsible for ensuring on-time delivery
  航空公司负责确保按时交货
- Allows for more branding & differentiation
  允许更多的塑造品牌形象和差异化构型定制
- Warranties set forth will not apply to BFE
  制造商的担保条款不包括BFE项目

图 8－3　BFE 与 SFE 的主要区别

按照客户化的选型理论，所有的系统、结构、动力装置乃至客舱装饰和外部涂装均可以作为可选构型供客户选装，构型是否可选可根据具体飞机产品的策略而定。

民用飞机可将选装项目划分为以下几类：

（1）总体要求（general requirement）类选装项目。

（2）客舱设施及厨房插件（cabin facilities and galley inserts）类选装项目。

（3）客舱内装饰（interior）类选装项目。

（4）外部涂装（external livery）类选装项目。

（5）系统及设备（system and avionics equipment）类选装项目。

（6）发动机（engine）与辅助动力装置（APU）类选装项目。

总体要求类选装项目主要是根据飞机运营注册/所在国、地区或特定航线的运营规章制度限制要求所设置，这些总体性的要求往往还涉及多个独立的系统或航电类选装项目的组合。

根据其他主制造商主流机型的选装项目设置经验，可考虑的总体类部分选装项目清单如表 8－2 所示。

表 8-2 总体类部分选装项目清单

序号	运营需求	备 注
1	适航认证	FAA、EASA 以及出口适航证等
2	起降包线及15节顺风认证	根据客户需求,可提供高原、高高原起降能力及扩展起飞能力,需要与发动机等系统选项协调选择
3	ETOPS 能力	120 min、180 min 等延程运行能力,用于远程、跨水域的运行,需要与防火、发动机可靠性等各种系统和指标协调选择
4	重量构型能力	不同的最大起飞重量、最大零油重量、最大着陆重量等组合选项,以满足特定市场需求
5	标记标牌	按照所在国需求,提供双语、字体大小等标记内容
6	飞机标识要求	按照所在国注册需求,根据客户的标识进行涂装
7	全天候运行能力	提供 CAT Ⅱ 或 CAT Ⅲ 等不同等级能力的运行能力,需要与航电和系统设备选项协调管理
8	测量单位	需要客户及所在国取证要求,提供不同单位的标识和使用要求
9	技术出版物	根据客户需求,提供不同适航当局要求的出版物格式
10	RNP/PBN	所需导航性能及基于性能的导航功能,主要用于复杂机场、航路和气象条件的运营

系统及设备类选装项目主要涉及从 ATA21 至 ATA46 章中各个系统。

按照商务分类的 SFE 和 BFE 设备往往由该类选装项目组成。

根据其他主制造商主流机型的选装项目设置经验,可考虑的部分系统及航电设备类选装项目清单如表 8-3 所示。

表 8-3 系统及航电设备类部分选装项目清单

序号	系统或航电设备	子系统或设备	备注/说明
1	空调系统	座舱压力调节速率	飞机上升或下降过程中的座舱压力改变的速度,改善人体的舒适度
		设备冷却系统	用于冷却电子电气设备舱中的设备
		温度和湿度控制系统	主要用于改善人体舒适性及货舱运输活物等
		污染物控制系统	主要包括臭氧、颗粒物过滤功能,改善客舱环境
2	自动飞行系统	自动飞行系统	根据客户的需求,并结合航电设备的选择改善起降或巡航阶段自动飞行能力
3	通信/导航系统	高频收发机(HF)/甚高频收发机(VHF)	主要用于建立地面、空管、飞机间以及航空公司运控中心的联络功能

序号	系统或航电设备	子系统或设备	备注/说明
		/卫星通信系统(SATCOM)	
		/通信选址报告系统(ACARS)	
		/无线互联系统(WiFi)	
		记录系统	包括固态飞行/语音记录器、数据监控组件及无线快速存储设备(WQAR)等
		/监控系统	
		防撞系统	包括防撞计算机、S模式应答机等,用于防止地面或空中危险接近和相撞;各种型号和不同供应商的气象雷达可供客户选装
		/近地警告系统	
		/气象雷达系统	
		驾驶舱门监视系统	按照所在国取证要求和客户的需求加装
		平视显示器(HUD)	HUD还包括视景增强系统、合成视景系统等
		/传感器	传感器选装主要是包括AOA、PITOT、TAT等不同的供应商
		应急定位仪(ELT)	需要所飞航线选择合适的设备,并提供不同供应商的选择能力
		/无线电高度表	
		ADS-B in/Out	自动相关监视系统,用于提高和改善安全性能
		飞行管理系统	根据运营需求,提供第二套飞行管理系统的选装功能
4	货舱系统	货舱装载系统	包括散货舱、集装箱、集装盘等多种可选构型
5	燃油系统	燃油箱	一般利用货舱空间改造为一个或多个辅助燃油箱
6	防火系统	货舱灭火系统	选装项目与ETOPS等密切相关
7	起落架系统	机轮、轮胎和刹车系统	主要是选择不同供应商或型号
8	照明系统	旅客照明	包括普通照明、情景照明等
		应急照明等	包括不同型号或供应商的照明系统等
9	氧气系统	机组氧气系统	一般而言配合运营要求改装
		旅客氧气系统	一般而言配合运营要求改装

在民用客机设计领域,由于客舱是航空公司产生利润的核心部分,因此其在载客人数、舒适性、灵活性,乃至客机改货机的能力一直是所有飞机制造商重点考虑的内容。

每款机型的客舱最大装载人数严格受到适航相关规章的限制,因此客舱的布置需要综合考虑市场定位、应急出口的类型和数量选择旅客座椅、客舱设施、厨房插件等。

客舱设施及厨房插件的部分选装项目清单如图 8-4 所示。

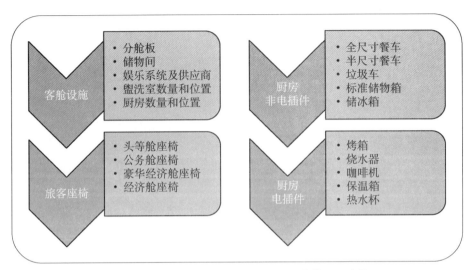

图 8-4 客舱设施及厨房插件的部分选装项目清单

客舱内部装饰也是改善客户乘坐体验的重要内容,客舱装饰最重要的是客舱各壁板和天花板材料和颜色的设计、地毯和门帘的选择。客舱内部装饰结合客舱娱乐设施和座椅的选择是体现航空公司品牌形象的核心。

依据其他飞机主制作商的经验,客舱内部装饰将会形成航空公司的颜色装饰规范,相关客舱内装饰部分选装项目清单如图 8-5 所示。

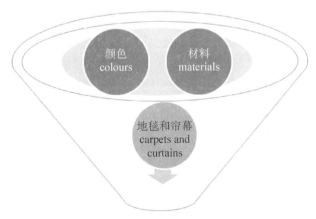

图 8-5 客舱内装饰部分选装项目清单

航空公司的外部涂装是客户展示外在形象的主要界面,飞机主制作商需要提供外部涂装的选装能力,但是受限于适航规章和制造商内部的限制,飞机外部涂装分为可客户化区域和不可客户化区域。

依据其他飞机主制作商的经验,民用飞机典型的客户化和不可客户化区域如图8-6所示。

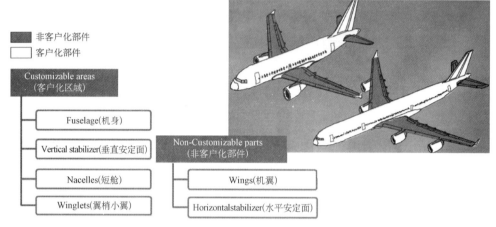

图 8-6　民用飞机典型的客户化与非客户化区域

主制造商一般可提供免费的外部涂装设计及喷漆服务,但是航空公司/客户如需要进行深度的外部涂装需求,主制造商一般会收取额外的服务费用。

外部涂装一般可选装项目包括漆料供应商、喷漆工艺等。

发动机作为飞机价值最大的部分,其在整个产品生命周期中的维护成本也占了很大的比例,因此发动机的选择在航空公司显得非常重要,主要涉及发动机和 APU的主要选择内容如图 8-7 所示。

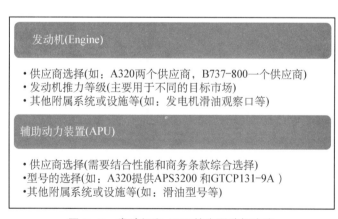

图 8-7　发动机和 APU 的主要选择内容

选项设置的主要原则包括：

（1）市场趋势研究：如系列化选项，这些选项包括加长型、缩短型等各种改型，很少有制造商靠一款机型打天下，因为这对于飞机的共通性、占领不同细分市场都非常不利。如目前 A320 系列飞机共计有 A318/319/320/321 四款机型，市场目标从 120～220 座级，而针对目前航空运输市场单通道飞机大座级趋势的需求下，A320 换发型号暂时只推出了 A319neo/A320neo/A321neo 共计 3 款机型，暂时放弃了座公里成本相对更高的 A318。

（2）市场差异研究：如航空公司需要根据不同的航线选择合适的商载航程能力，这时制造商可以设计和提供 STD/ER/LR 等选项；不同航空公司的战略不同，其对客舱布局的需求也不同，如低成本和包机航空公司偏爱高密度客舱布局，而传统航空公司对客舱的舒适性要求相对较高，可能更喜欢混合客舱布局和间距相对较大的经济舱布局。

（3）商务策略研究：制造商有时会依靠飞机构型的差异定制合适的销售策略，比如 B787 的最大起飞重量就是按照每增加一磅的重量收取 99.40 美元的额外费用进行销售。

（4）适航取证/运营规章研究：如技术出版物因交付的国家和地区不同，其格式需按照 FAA/EASA 或其他审查机构的不同而分别编制；如有些航线需要 180 min 的 ETOPS 能力，而另外一些航线则需要 220 min 的 ETOPS。

（5）目标客户/客户偏好研究：比如航空公司对其机队维护的通用性要求，往往要求具有统一的漆料供应商，如某一机型现仅有 PPG 与 AKZO 两种漆料的供应商，而客户希望使用另一种与 A320 通用的宣威漆料，制造商可按需进行取证和设置。

（6）增加多供应商：根据客户的特点，采用其他机型的成熟产品以增加航空公司机队的通用性，或增加供应商的数量以强化客户对设备供应商的商务谈判能力，比如厨房和盥洗室插件。

（7）技术趋势研究：如平视显示器（HUD）、自动相关监视系统（ADS - B）等可提供飞机更高安全性、准点率和空域容量的新技术，很有可能会进行大范围的扩展和使用，因此这些选项的设置会提高飞机对未来技术的适应性。而随着全球化以及个人电子设备的普及，可以增加机上互联网（WiFi）选装项目，这些项目甚至有可能在未来成为每架飞机的标准构型配置。

飞机选项设置和变化应是一个持续优化和更新的过程，应综合工程与制造的可行性、进度与成本、运营与维护、市场销售、商务策略等多方面的因素。另外，在实际设定选项时，制造商还需针对目标航空公司、系统供应商的产品以及相应的市场份额进行一定的调研，以研究不同航空公司对选装项目的偏好程度，以便制造商更好地权衡选项的取舍。

过去几十年，由于来自航空公司的压力不断增加，普遍希望飞机制造商通过压缩可选项目的数量来降低购机成本。因为这些选项增加了新飞机的采购成本，不仅是因为它们造成的低效生产和额外成本，还由于许多产品和设备的交付周期比较漫长，这也阻碍了飞机制造商提高生产效率，尤其在众多的 BFE 设备上表现得更为明显。

而对于金融投资者们，特别是飞机租赁方，他们也在谋求减少选项的数目，这样在租赁的飞机到期返还时可以减少翻新的成本和时间。严格来说，减少飞机选项还可以增加飞机转售的价值，这对飞机投资者们来说是非常重要的。

为了帮助削减成本以及增强对投资者的吸引力，飞机制造商们已经在新机型的研发上着手开始推行标准化飞机的概念。在标准化飞机的概念下，合格的选项应该由诸多业界领先的供应商们提供设备，设备的囊括范围也很广。因此航空公司拥有一定的弹性可以定制他们需要的飞机零部件，以便于塑造其独特的品牌形象，但也是尽可能在飞机的标准化基础上完成。曾经有一些功能特征是可选的，如卫星通信、大型货舱门、双套平显以及飞行娱乐系统，在这种新的客户化概念下已成为标准构型配置。

标准化飞机概念的关键准则如下：

（1）易于构型配置：必须保证大部分常用的、合格的可选特征是标准构型，便于飞机构型配置。

（2）易于构型重新配置：飞机必须易于升级、更新以及重新配置。诸如备装措施、常用附件和多功能部件等的设计特征，使得客舱内饰的重新配置与升级更加方便、费用也更加低廉。

（3）易于改装：必须易于在机队之间的改装。重新配置的便捷以及较少的 BFE 选项使得机队之间的改装更加容易，同时也增加了飞机残值。

（4）利于融资：标准化飞机可以创造更大的市场机会，同时飞机作为金融抵押品，标准化可以减小其价值的波动。

比如 B787 飞机相比之前的宽体飞机将之前大量的选装构型直接提升为标准构型，B787 标准化飞机前后构型对比如图 8-8 所示。

8.4　客户构型管理

航空公司的多样性和复杂性以及构型要求的千差万别，导致了飞机主制造商需要专业的平台、工具以及人员来收集、整理和处理客户的构型需求。

比如空客总部客户选型主要涉及两个机构，分别是：

（1）合同（商务条款）管理部门（SYSCONF front office）。

（2）知识（客户构型）管理部门（SYSCONF back office）。

其中合同（商务条款）部门主要的工作内容和要求包括：

Feature（特征能力）	Previous Aircraft(先前飞机)				B787	
	Standard 标准项目	Option 选装项目	Interior selections 内饰选装	Buyer Furnished 买方提供	Stand ard 标准项目	Option 选装项目
Increased Baseline takeoff weight capability（起飞基准重量增加的能力）		●			●	
SATCOM（卫星通信）		●		●	●	
VHF and HF radios（甚高频与高频通信）				●	●	
Dual head-up displays（双套平显）		●			●	
Dual EFB（双套电子飞行包）					●	
Quick Access Recorder(QAR)（快速记录器）		●		●	●	
330 minute ETOPS type design（330 min ETOPS能力）		●			●	
Emergency and overwater equipment（应急与跨水飞行设备）		●		●	●	
Foreign certification（跨国适航取证）	●				●	
Standard seat tracks with standard power connections（标准电源连接的标准座椅导轨）		●			●	
Plug and play IFE distribution sytem（即插即用及播放飞行娱乐分配系统）		●			●	
Large aft cargo door（大后货舱门）		●			●	
Provisions for overhead crew rest installation（顶部机组休息区的备装措施）		●			●	
Galley shells and inserts（厨房及插件）			●	●		●
Premium and handicap-accessible lavatories（豪华与残障人士盥洗室）			●			●
Overhead flight and cabin crew rests（顶部飞行与客舱机组休息区）		●				●
Additional crew and passenger oxygen（增加的机组与乘客氧气）		●				●

图 8 - 8   B787 标准化飞机前后构型对比

a. 记录客户需求,并传递至知识(客户构型)管理部门。

b. 协助客户选择目录选项中的构型,或记录客户需求进行评估。

c. 创建客户更改需求单。

d. 依据 RFC 创建规范更改单,其中客户的定制需求还需要知识(客户构型)管理部门牵头进行技术可行性研究。

e. 将 SCN 提交客户进行决策(同意或拒绝)。

其中知识(客户构型)管理部门主要的工作内容和要求包括:

a. 跟踪知识(客户构型)管理部门的需求输入。

b. 依据客户需求创建技术解决方案或实施方案。

c. 牵头对技术可行性进行验证并分析对重量的影响。

空客公司将所有飞机的客户构型定义信息上传到其面向航空公司的信息化平台 Airbus World 供客户下载相关信息,提供给客户的主要信息包括:

(1) 选型客户参与程序及型号取证数据清单。

(2) 标准技术规范与选项目录。

(3) BFE 设备及供应商/及各架次飞机的交货状态。

(4) 机队情况/客户选型记录。

(5) 飞机主要的属性信息,包括架次号、发动机序列号、APU 等。

(6) 客舱与外部涂装效果图。

(7) 单机更改(MOD)汇总清单。

(8) 更改请求清单(RFC)。

(9) 规范更改单(SCN)与制造商规范更改单(MSCN)。

客户飞机的构型是在标准构型或基本不变构型基础上进行客户化配置所生成的,因此买卖飞机的双方需要针对每架/批次的飞机进行客户化的工作,即按照客户实际构型/选型需求对飞机的构型进行定义后,才能保证接下来的飞机工程设计、配置以及生产制造得以顺利地进行。

波音公司飞机的客户化、设计、制造和交付全流程所产生的构型控制数据,及其主要的负责部门如图 8-9 所示。

其中客户提出的超越选装清单中的特殊构型需求,需要经过制造商内部的评估流程,波音公司客户需求/更改评估的主要流程如图 8-10 所示。

客户需求评估的主要步骤包括:

(1) 客户向合同部门提出需求。

(2) 工程部门提供技术解决方案。

(3) 技术可行性评估与决策。

(4) 成本与价格评估与决策。

(5) 买卖双方决策客户化构型。

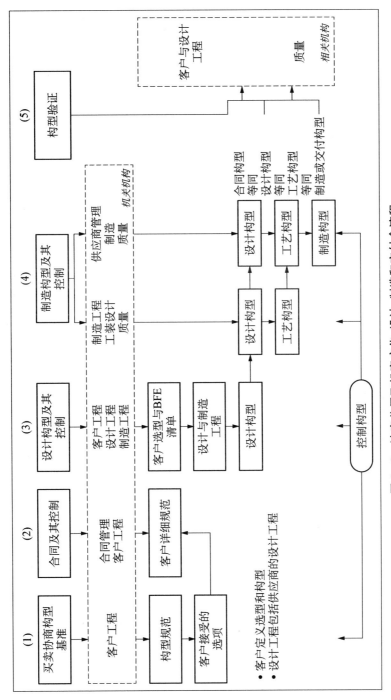

图 8 - 9 波音公司飞机客户化、设计、制造和交付全流程

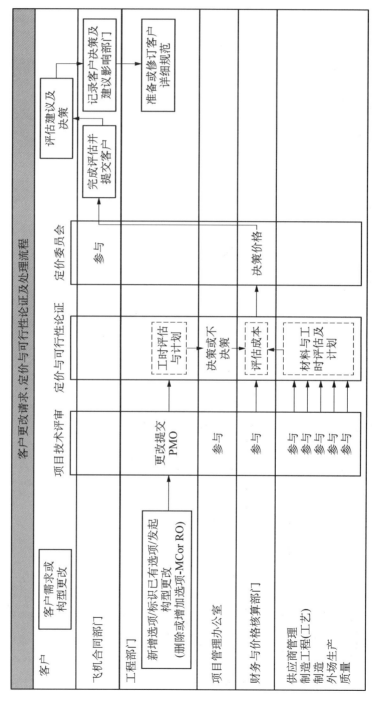

图 8 - 10 波音公司客户需求/更改评估的主要流程

（6）更改客户的详细技术规范。

8.5 产品改进升级

从莱特兄弟发明第一架飞机至今,航空科学技术已经在多层次、多方位实现了巨大的技术突破,包括气动设计、结构和材料、电子技术、信息技术、发动机技术、导航技术等,从当初的冒险活动,发展到为少数人服务的奢侈品项目,到了今天民航飞机俨然成了经济、安全、舒适、快捷的大众化出行工具。

如今最新研发的 B787、A350XWB 等机型为代表的飞机已经在主结构上采用大量的复合材料,进一步提高了气动和发动机效率,B787 更是创新性地采用了全电系统。这些最新型飞机较低的燃料消耗和污染排放、较低的维修成本,以及高效及舒适的客舱环境,可实现更多的点对点的不经停的执飞航线,可以在降低民众出行成本的基础上更加促进民航运输业的发展。

航空科学技术作为推动民航运输业和制造业的强大动力,其发展趋势主要表现在如下几个方面。

（1）飞机在气动、结构、材料、航电系统等方面有望进一步获得突破。

（2）实施新一代通信、导航、监视和空中交通管理（CNS/ATM）系统,提高新技术应用比例,如自动相关监视系统（ADS-B）、卫星跟踪系统等。大幅度提升现有空管系统覆盖不足、标准不一致、人员负担重等缺陷。

（3）机场的信息化和自动化程度进一步提高和扩展。

（4）信息和互联网技术广泛应用到航空运输市场的方方面面。

（5）发动机燃油效率和污染物排放将进一步获得进展和提升。

正是基于科学技术的飞速发展,早期研发的飞机逐步落后于时代或市场的发展趋势,为了谋求生存和发展,制造商必然会不断地采用新的技术和手段以推出新的产品来满足市场的要求。

事实上,飞机的研发周期过长、成本巨大,制造商推出全新机型的风险巨大,往往也不现实。因此制造商一般会在现有产品基础上推出升级版本的飞机,不断地让老旧机型焕发新的生命力。比如,B737 飞机从 20 世纪 60 年代推出至今的 50 多年以来,从初始型号的 B737Classic、B737 Next Gen 以及最新型号的 B737Max 系列。A320 从 20 世纪 80 年代至今也经历了 30 多年的历史,通过多次的改进目前又推出了大受欢迎的 A320neo 版本,这新机型相比最初的型号已是脱胎换骨,但是,这些产品的升级换代都是通过逐步的改进并非一蹴而就形成。

飞机产品的改进升级是方方面面的,如自从 1988 年首架 A320 交付以来,空客公司一直在对其进行技术改进,每年在此方面的投入更是高达数亿欧元,涉及气动性能优化、减重、发动机效率提升等多个方面,包括:

（1）提高飞机的商载航程能力:如 A321 飞机的最大起飞重量从之前的 89 tf 提

升到 A321neo 的 97 tf,其标准商载航程能力也从 3 200 n mile 延伸至 3 700 n mile,结构重量也通过采用新技术进一步降低。

(2) 改进飞机的气动效率:如从传统翼梢装置到鲨鳍小翼,鲨鳍小翼能够帮助 A320 飞机降低 4% 的燃油消耗,增加 100 n mile(185 km)航程,或在同等航程情况下增加业载 450 kg。首架装配鲨鳍小翼的 A320 飞机于 2012 年交付用户,目前绝大多数的客户都为自己新交付的 A320 系列飞机选装了鲨鳍小翼,更有客户为了提升现有 A320 机队的燃油效率,选择为其现役 A320 系列飞机改装鲨鳍小翼。鲨鳍小翼也是向 A320neo 迈出的坚实一步。

(3) 优化客舱布局和空间利用率:如 2015 年 3 月份,西班牙伏林航空公司接收了首架空间改进和客舱布局优化的 A320 飞机,最大座位数由之前的 180 座提高到 186 座;空客公司还进一步计划将最大座位数提升至 189 座,这些都是针对低成本/廉价航空公司快速崛起敏锐的市场反应。

(4) 引入美学设计并改进人机工效:A320neo 不仅在机上娱乐系统以及机上 WiFi 等方面相比 A320ceo 进行改进以提高乘客的飞行体验,还在 LED 照明、颜色和材料规范上面进行了大量的舒适性体验设计。

(5) 采用更好效率的发动机:如 A320neo 采用了 CFM 公司最新研发的 LEAP-1A 系列发动机和 PW 公司的齿轮传动 GTF 发动机。A320neo 则是 A320 系列飞机持续改进项目的最新结晶。A320neo 是 A320 新发动机选项(new engine option)的简称。

另一方面,空客公司在新机型 A350XWB 采用的一些新技术又"反哺"现有机型,进一步促进 A320 以及 A330 系列飞机的持续改进。如 A330neo 就应用了和 A350XWB 类似的融合式鲨鳍小翼。对现有机型的持续改进和全新机型的推出,相辅相成,为市场提供可满足不同需求的产品。

与全新机型相比,对现有机型的持续改进的优点可体现在交付时间短、与现有机队通用性强、人员培训时间短、成本低等方面。截至 2015 年 6 月份,A320neo 系列共获得 3 797 架确认订单,获得了空前的成功。

从 2012 年至今空客公司已对 A320 进行了电子飞行包(EFB)、鲨鳍小翼、全 LED 照明、防冲出跑道系统、客舱空间拓展选项、智能卫生间等大大小小 10 余个项目做了改进。未来,空客公司还将对 A320 在电动滑行(eTaxi)系统、辅助动力装置(APU)、降低维护成本等多个领域进行升级改造。

近几年来 A320 飞机持续改进主要进展和计划,如图 8-11 所示。

尽管在各方面得到有效提升,但 A320neo 在运营和维护方面和现款 A320 仍保持了极高的通用性。A320neo 与 A320ceo 飞机拥有 95% 的通用性,制造商的宗旨就是要用最小的改动换来最大效率的提升。这样 A320neo 就能很好地继承现款 A320 高可靠性、高经济性、优异操控性等一系列优势。对于飞行员来说,A320neo 在驾驶舱方面与

图 8 - 11　A320 飞机持续改进主要进展和计划

现款几乎没有任何区别,所以他们在驾驶 A320neo 时不会感到有任何不同。

在 2014 年范堡罗航展开幕的第一天,空客公司宣布采用了与 A320 一样的换发策略将 A330 飞机改进为 A330neo,对其进行了诸多气动性能改进,包括对上部机腹整流罩的优化,1 号缝翼的优化等。小翼由复合材料制成,相比现款 A330 的小翼,它与大翼完全融为一体,尺寸更长,翼展也由之前的 60.3 m 增加到 64 m,有效提高了飞机的升阻比,减小了阻力。但同时 A330neo 更长的翼展并没有超过现款 A330 所使用的登机口限制,仍然满足 E 类机场的要求,地面运行不需要做任何改变。A330neo 继承了 A330 系列较好的经济性、多功能性以及极高的可靠性,是目前市场上运营成本最低的中程宽体客机。

波音公司十多年前最新的产品是 20 世纪 90 年代启动研制的 B777,B787 项目尽管也刚启动不久,但产品线相比空客公司显得较为老旧,订单与交付量逐渐被空客公司所超越。而在最近的十年时间里,在波音公司 CEO 麦克纳尼的推动下,波音公司先后密集启动了四大产品系列的研制工作,波音公司近十年来推动的民机项目如表 8 - 4 所示。

表 8 - 4　波音公司近十年来推动的民机项目

系列	型号	启动时间	交付时间	替换系列
B787	B787 - 8	2004/4/26	2011/9/26	B767
	B787 - 9	2005/12/20	2014/7/9	
	B787 - 10	2013/6/18	预计 2018 年交付	
B747 - 8	B747 - 8F	2005/11/14	2011/10/12	B747 - 400
	B747 - 8I	2005/11/14	2012/2/29	
B737Max	B737Max 7	2011/8/30	预计 2019 年交付	B737NG
	B737Max 8		预计 2017 年第三季度交付	
	B737Max 9		预计 2018 年交付	

系列	型号	启动时间	交付时间	替换系列
B777X	B777-8X B777-9X	2013/11/17	预计 2020 年交付	B777

从表 8-4 可以看出，其中除了 B787 机型外，其他全部是针对现有机型的改造升级。从近几年的表现来看波音公司民机产品的更新换代，使它的民机产品线更加完整和更有竞争力。尤其在宽体客机方面，波音公司最为畅销的 B777 飞机与空客 A330 飞机同样也经过了不断的改进和升级来提升产品的市场号召力，并降低开发全新机型的风险。

2014 年的范堡罗航展上，波音公司公布了 B777 最新远程双发宽体改进型号 B777X 创造的创新乘客体验的新细节。通过 B777 广泛受欢迎的内饰基础，并应用了 B787 梦想飞机的客舱创新，波音公司将继续向旅行大众提供超群水平的舒适度，以及增强航空公司运营灵活性方面的领先地位。

B777X 内饰的诸多先进之处包括：

(1) 更高的客舱湿度，与 B787 梦想飞机相当。

(2) 更低的客舱压力高度(6 000 ft)，比目前正常要求低 2 000 ft。

(3) 改进的空气过滤，采用最新的过滤技术以提升空气清洁度。

(4) 舷窗比竞争机型大 15%，而且位于机身更高位置，由此靠近更多乘客的视线高度。环境灯光也得到了改进。

(5) 全新的内饰设计可以让航空公司按照客舱级别定制客舱架构。这一创新包括一整套可灵活调整的零部件，能够组成不同的头顶天花板和行李舱构型，从而让航空公司创造出独特而且富于变化的客舱体验，同时满足航空公司和乘客双方的需求。

(6) 客舱比竞争机型宽 16 in，可允许航空公司选择不同类型的、最宽可达 18 in 的经济舱座椅。

(7) 新一代 LED 照明，进一步增强整个飞行过程中的乘客体验，并赋予航空公司更多打造自身品牌的机遇。

(8) 更低的客舱噪声，通过新的发动机短舱设计、新的高涵道比发动机、更好的隔音措施，以及在客舱中设置数量更多的低出气速度、低噪声空调喷嘴。

波音公司表示，除了上述宣布的先进特征外，还将继续探索其他新方法，以创造出更佳飞行体验。

从波音公司和空客公司的产品改进可以看出现有平台的重要性，以及"有节制发展"的产品升级改型策略对降低成本和风险、提高制造商竞争力的重要性。

国产飞机 ARJ21、C919 乃至后期的宽体飞机投入市场时难免不会遇到其他机型同样的问题,尤其是已经取得型号合格证的 ARJ21 - 700 飞机未来改进的目标主要是瞄准下一代支线飞机(如巴航工业的 E2 以及正在试飞的 MRJ)所拥有的发动机、机身材料等竞争优势。因此,渐进式的产品改进是最具成本效益的解决方案之一。通过不断的市场需求捕获,融合进产品的改进和改型研发中将是未来国产民机发展的一个极具重要的切入点。

结　束　语

　　经历了十多年的磨砺,中国的民用飞机制造业终于迎来了新的辉煌。具有自主知识产权的 ARJ21 - 700 新支线飞机通过了中国民用航空局的适航审定,获得了型号合格证,并顺利投入航线运营。C919 大型客机也已经于 2017 年 5 月 5 日首飞成功。今天的成果来之不易,凝聚了无数民机人的艰辛付出,但我们也不得不清醒地认识到,这还只是商用飞机项目成功的第一步,即研制成功,更加艰巨的市场成功、商业成功还有待我们持之以恒的努力和超越自我的创新开拓。

　　市场工程在这一征程中任重道远,同时也大有作为。国产民用飞机的市场开拓不仅需要丰富的理论支持、经验借鉴,更需要大胆探索、创新实践。我们对现有的市场工程研究成果进行总结,一方面希望为国产民用飞机市场工作一线的同志提供参考,一方面也希望能够吸引更多的有志之士加入这一领域,共同为中国大飞机梦的实现贡献才华。

参 考 文 献

［1］ COMAC market forecast 2014 - 2033［R］. Comac，2014.

［2］ Glennon J. Harrison，Challenge to the Boeing-Airbus duopoly in civil aircraft：issues for competitiveness［R］. Congress Report Service，July 25，2011.

［3］ Current market outlook 2015 - 2034［R］. Boeing，2015.

［4］ Global forecast report 2015 - 2034［R］. AirBus，2015.

［5］ Douglas A. Irwin，Nina Pavcnik. Airbus versus Boeing revisited：International competition in the aircraft market［J］. Journal of International Economics，2004，64（2）：223 - 245.

［6］ Michael Barnett. Boeing product & strategy overview［R］. September 2012.

［7］ K. J. Mason. Airframe manufacturers：which has the better view of the future? -A note on airline customers and airline strategy［J］. Journal of Air Transport Management，2007，13（1）：9 - 15.

［8］ 于勇，范玉青.飞机构型管理研究与应用［J］.北京航空航天大学学报，2005，31（3）：278 -283.

［9］ 王庆林，余国华，王睿.构型管理［M］.上海：上海科学技术出版社，2010：169 - 194，240 -254.

［10］ 于良春，姚丽.中国民航业的规模经济效益及相关产业组织政策分析［J］.产业经济研究，2006（2）：18 - 23.

［11］ 保罗·克拉克.大飞机选购策略［M］.北京：航空工业出版社，2009.

［12］ 空中客车中国公司企业资讯部.解析空客产品持续改进战略［J］.空运商务，2015（4）：39 - 48.

索　引

大飞机出版工程
书　目

一期书目（已出版）

　《超声速飞机空气动力学和飞行力学》（译著）

　《大型客机计算流体力学应用与发展》

　《民用飞机总体设计》

　《飞机飞行手册》（译著）

　《运输类飞机的空气动力设计》（译著）

　《雅克-42M和雅克-242飞机草图设计》（译著）

　《飞机气动弹性力学和载荷导论》（译著）

　《飞机推进》（译著）

　《飞机燃油系统》（译著）

　《全球航空业》（译著）

　《航空发展的历程与真相》（译著）

二期书目（已出版）

　《大型客机设计制造与使用经济性研究》

　《飞机电气和电子系统——原理、维护和使用》（译著）

　《民用飞机航空电子系统》

　《非线性有限元及其在飞机结构设计中的应用》

　《民用飞机复合材料结构设计与验证》

　《飞机复合材料结构设计与分析》（译著）

　《飞机复合材料结构强度分析》

　《复合材料飞机结构强度设计与验证概论》

　《复合材料连接》

　《飞机结构设计与强度计算》

三期书目（已出版）

　《适航理念与原则》

《适航性：航空器合格审定导论》(译著)

《民用飞机系统安全性设计与评估技术概论》

《民用航空器噪声合格审定概论》

《机载软件研制流程最佳实践》

《民用飞机金属结构耐久性与损伤容限设计》

《机载软件适航标准 DO－178B/C 研究》

《运输类飞机合格审定飞行试验指南》(编译)

《民用飞机复合材料结构适航验证概论》

《民用运输类飞机驾驶舱人为因素设计原则》

四期书目(已出版)

《航空燃气涡轮发动机工作原理及性能》

《航空发动机结构强度设计问题》

《航空燃气轮机涡轮气体动力学：流动机理及气动设计》

《先进燃气轮机燃烧室设计研发》

《航空燃气涡轮发动机控制》

《航空涡轮风扇发动机试验技术与方法》

《航空压气机气动热力学理论与应用》

《燃气涡轮发动机性能》(译著)

《航空发动机进排气系统气动热力学》

《燃气涡轮推进系统》(译著)

《燃气涡轮发动机的传热和空气系统》

五期书目(已出版)

《民机飞行控制系统设计的理论与方法》

《民机导航系统》

《民机液压系统》(英文版)

《民机供电系统》

《民机传感器系统》

《飞行仿真技术》

《民机飞控系统适航性设计与验证》

《大型运输机飞行控制系统试验技术》

《飞行控制系统设计和实现中的问题》(译著)

《现代飞机飞行控制系统工程》

六期书目（已出版）

《民用飞机构件先进成形技术》

《民用飞机热表特种工艺技术》

《航空发动机高温合金大型铸件精密成型技术》

《飞机材料与结构检测技术》

《民用飞机构件数控加工技术》

《民用飞机复合材料结构制造技术》

《民用飞机自动化装配系统与装备》

《复合材料连接技术》

《先进复合材料的制造工艺》（译著）

七期书目（已出版）

《支线飞机设计流程与关键技术管理》

《支线飞机验证试飞技术》

《支线飞机电传飞行控制系统研发及验证》

《支线飞机适航符合性设计与验证》

《支线飞机市场研究技术与方法》

《支线飞机设计技术实践与创新》

《支线飞机项目管理》

《支线飞机自动飞行与飞行管理设计与验证》

《支线飞机电磁环境效应设计与验证》

《支线飞机动力装置系统设计与验证》

《支线飞机强度设计与验证》

《支线飞机结构设计与验证》

《支线飞机环控系统研发与验证》

《支线飞机运行支持技术》

《ARJ21－700新支线飞机项目发展历程、探索与创新》

《飞机运行安全与事故调查技术》

《基于可靠性的飞机维修优化》

《民用飞机实时监控与健康管理》

《民用飞机工业设计的理论与实践》